FELIX WILMING

MEHR POWER FÜR DEIN GEMÜSE

VOM SAMENKORN
ZUR XXL-ERNTE

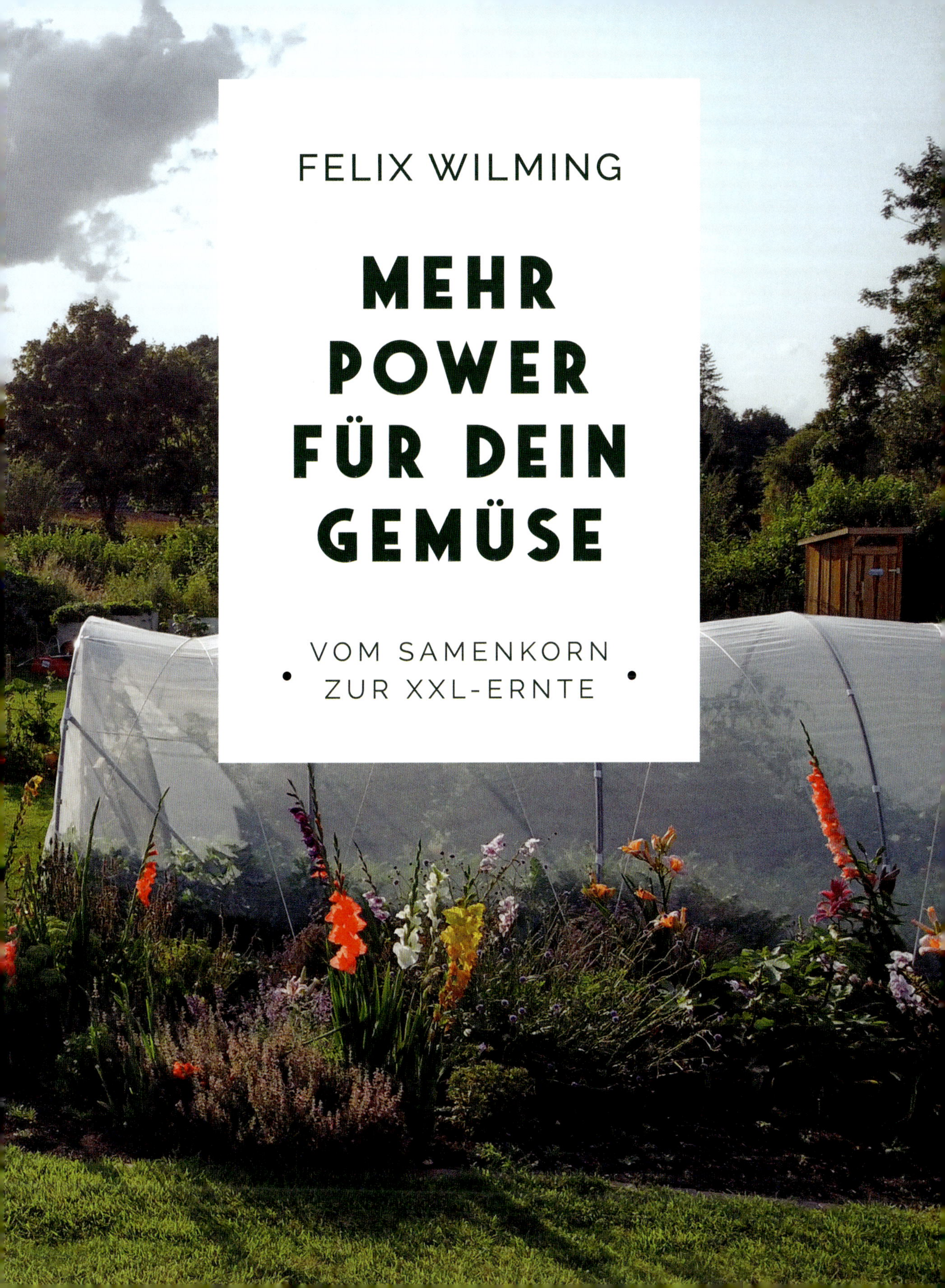

FELIX WILMING

MEHR POWER FÜR DEIN GEMÜSE

VOM SAMENKORN ZUR XXL-ERNTE

INHALT

VORWORT

Wenn ihr gerade dieses Buch in der Hand habt, dann vielleicht, weil ihr nicht so richtig zufrieden seid mit euren bisherigen Erfolgen im Garten oder weil ihr einfach noch mehr ernten wollt als bisher – und das am besten ohne großen Mehraufwand. Und eins kann ich euch schon mal sagen: In beiden Fällen ist mein Gartenbuch genau das Richtige für euch.

Ich habe das Gärtnern nicht neu erfunden und auch nicht auf die Kommastelle genau berechnet, wie viel Gartendünger welche Pflanze braucht, um optimal zu wachsen. Aber das macht eine große Ernte auch gar nicht aus. Es geht vielmehr darum, zu verstehen, wie einfach das Gärtnern ist, wenn man nur einige wichtige Grundsätze beachtet. Vieles lernt man ohnehin dazu, wenn man einfach drauflosarbeitet. Denn erfolgreich gärtnern heißt vor allem, zu beobachten und seinen Garten immer besser kennenzulernen. Jede Pflanze zeigt uns, was sie braucht. Wir können ihr ansehen, ob sie zu viele oder zu wenige Nährstoffe bekommt, ob sie durstig ist oder krank wird.

Außerdem ist es wichtig, von Anfang an ertragreiche, resistente und zum Standort passende Sorten auszuwählen. Wobei genau das gar nicht so einfach ist, wenn man bedenkt, wie viele Sorten und Saatguthersteller es da draußen gibt. Ich habe früher ganz oft den Fehler gemacht, nach dem Aussehen der Frucht zu entscheiden – und bin dabei immer wieder auf die klassischen Tricks der Marketingwelt mit ihren wundervollen Fotos reingefallen. Es ist aber viel wichtiger, sich an der Beschreibung und den Eigenschaften einer Sorte zu orientieren als an der Optik. Was bringt mir der schönste Kürbis, wenn er schon vor der Ernte an Mehltau eingeht? Was die herrlichste Tomate, wenn sie wegen Kraut- und Braunfäule nach nur wenigen Erntetagen keinen Ertrag mehr liefert?

Mit selbst gezogenen starken Jungpflanzen lässt sich schon mal ein guter Vorsprung herausholen. Genauso ist immer wieder erstaunlich, welche Rolle der Standort spielt und wie die gleichen Pflanzen an unterschiedlichen Plätzen im Garten komplett anders wachsen. Das Wetter spielt natürlich auch eine entscheidende Rolle in der Gartensaison – wobei es Zeiten gibt, in denen es im Grunde irrelevant ist, und andere, teilweise sind es einzelne Tage, wo es auf den Punkt stimmen muss. So können zum Beispiel schon ein paar kalte Nächte Ende Mai die Ernte so weit hinauszögern, dass am Ende der Saison viele grüne und unreife Früchte übrig bleiben. Als Hobbygärtner habt ihr zwar nicht auf jede Situation Einfluss, ihr könnt das Ganze aber zumindest in die richtige Richtung lenken und mit den richtigen Tipps und Tricks extrem viel ernten.

In meinem Buch erfahrt ihr, wie ich mit dem Gärtnern angefangen habe und warum ich in den letzten 13 Jahren drangeblieben bin. Was ich gelernt habe, welche Methoden ich heute nutze und wie ich dadurch meinen Ertrag im Garten deutlich erhöhen konnte.

Ich wünsche euch viel Spaß beim Lesen und natürlich eine großartige Ernte im eigenen Garten!

Felix

Mein Garten

Während ich gerade hier sitze und an diesem Gartenbuch schreibe, frage ich mich selbst, wann das eigentlich alles angefangen hat mit dem Gärtnern. Und ich bin ehrlich: Ganz genau kann ich es gar nicht beantworten.

Schon als Kind war ich immer gerne draußen. Wenn irgendwo in der Nachbarschaft ein Rasenmäher losging, war ich dabei und lief nebenher. Direkt vor unserer Haustür lag ein großer Acker. Ich musste nur oben aus meinem Kinderzimmer in den Flur gehen und konnte, wenn ich aus dem Dachfenster blickte, den Landwirten bei der Arbeit zusehen. Und genau das tat ich auch. Stundenlang. Voller Interesse.

Ich habe auch eine Zeit lang Fußball gespielt, aber Gänseblümchen pflücken und den Maishäcksler hinter dem Fußballfeld beobachten hat mir deutlich mehr Spaß gemacht. Wenn die Gegenspieler währenddessen an mir vorbeirannten und ein Tor schossen, kam das natürlich nicht so gut an.

Die Maishäcksler waren überhaupt das Highlight des Jahres. Erst schaute ich stundenlang zu, wie die riesigen Traktoren die Ernte einfuhren, und dann machte ich mich mit Einkaufstaschen ausgerüstet selbst auf den Weg und suchte den ganzen Maisacker nach übrig gebliebenen Maiskolben ab, um danach stundenlang die Körner für mein eigenes Vogelfutter abzupulen.

Das erste eigene Gemüsebeet im Garten meiner Eltern. Natürlich viel kleiner als heute.

WIE ALLES BEGANN

So richtig mit dem Gärtnern angefangen habe ich etwa 2012. (Als kleine zeitliche Orientierung: Ich bin 2000 auf die Welt gekommen, mein Alter entspricht also immer der Jahreszahl). Die Landwirtschaft faszinierte mich, und als die Aussaat auf dem Acker wieder losging, nahm ich Hausarrest oder eine andere Strafe in Kauf und traute mich, ohne vorher zu fragen, in unserem Garten einen Teil des schönen grünen Rasens für einen eigenen Acker umzugraben. Ich hatte aber Glück und meine Eltern ließen mich das Beet anlegen. Unter einer Voraussetzung: Ich müsste mich ordentlich drum kümmern und ich sollte auf keinen Fall noch mehr

umgraben. Die ersten Kulturen auf diesem Stück »Land« waren dann Pflanzen, die ich aus der Landwirtschaft kannte: Kartoffeln, Mais und Getreide. Erbsen und Sonnenblumen. Außerdem noch Hirse für meine Wellensittiche.
Schon in meiner zweiten Gartensaison 2013 wollte ich dann mehr Gemüse anbauen und mich mit meinen eigenen Nahrungsmitteln versorgen. Maximale Ernte war schon damals die Idee. Als es so weit war, hatte ich allerdings keinen blassen Schimmer, wohin mit dem ganzen Gemüse. Also belud ich den Anhänger meines Kettcars und fuhr vollgepackt mit Kartoffeln, Mais und Salaten durch die Straße. Ich klingelte überall in der Nachbarschaft an den Türen und verschenkte meine Ernte.
Die zwei folgenden Jahre verbrachte ich damit, herauszufinden, was man überhaupt alles im eigenen Garten anbauen kann. Und so wurde aus einem landwirtschaftlich inspirierten Acker mit Getreide und Mais ein etwa zehn Quadratmeter roßes Gemüsebeet mit Erbsen, Zwiebeln, Möhren, Kartoffeln – und Paprika. »Die klappen bei uns bestimmt nicht, dafür ist es nicht warm genug«, dachte ich zwar. Aber ich wollte es trotzdem ausprobieren. Also habe ich mir im Gartencenter einige vorgezogene Jungpflanzen gekauft. Ich setzte sie in einen Kübel und konnte tatsächlich eine Miniernte einfahren. Deshalb kann ich euch hier gleich einen ersten Rat geben: Hört nicht darauf, wenn irgendjemand behauptet, etwas würde nicht klappen. Probiert es selbst aus – und wenn es dann wirklich nicht klappen sollte, könnt ihr immer noch schauen, woran das liegen könnte. Ich garantiere euch, dass ihr mit der Zeit immer mehr Erfolg bei der Kultur haben werdet.
Obwohl ich hoch und heilig versprochen hatte, es nicht zu tun, nutzte ich, als meine Eltern einmal nicht zu Hause waren, die Chance und ergänzte mein Beet kurzerhand um einen weiteren kleinen Acker. Das kam bei meiner Mutter allerdings nicht so gut an, und so musste ich die Grasnarbe direkt wieder zurückverlegen. Meine Schwester war auch nicht wirklich begeistert, dass im Garten jetzt viel weniger Platz zum Spielen war und stattdessen überall Gemüse wuchs. Und so zog sie mir von meinem Taschengeld »Miete für den Garten« ab, wie sie es nannte.
Erst 2015 bekam ich noch ein etwa 25 Quadratmeter großes Stück Beet dazu. Ich war mit einem guten Freund zu meinem Onkel gefahren und hatte ihm von der Idee erzählt, noch mehr anzubauen. Daraufhin durfte ich in einer kleinen Ecke seines Gartens loslegen.

Nutzgarten

Begonnen habe ich mit dem, was auch auf dem Feld wächst: Mais, Getreide und Kartoffeln.

YouTube-Start mit Hindernissen ...

Etwa zur gleichen Zeit startete ich meinen eigenen YouTube-Kanal unter dem Namen »Der Hobby Garten« und nahm mein erstes Video mit der Handykamera auf – in total schlechter Qualität. Ich war ein Riesenfan von

Ralf Roesberger, der mit seinem Selbstversorgerkanal meine Motivation anstachelte und mein Gartenwissen vergrößerte. Und so fing ich an, mich mit Bodenverbesserung auseinanderzusetzen, säte die erste Gründüngung aus und kalkte den Gartenboden. Meine ersten Videos hatten aber gerade mal um die 30 Aufrufe und davon waren die meisten Aufrufe von Bekannten aus der Gegend oder von mir selbst.

Es gab damals noch nicht sehr viele Gartenkanäle, aber ich entdeckte zwei, die mir besonders gut gefielen. Arthur ist etwa in meinem Alter und hatte zu der Zeit mit »Arts Garten« ebenfalls einen eigenen YouTube-Kanal. Mittlerweile ist er als »Bodenständig« ziemlich bekannt. Und ich lernte Stefan mit seinem YouTube-Kanal »Stefans-Hobby-Garten« kennen. Mit beiden habe ich mich auf Anhieb wunderbar verstanden, denn wir hatten alle das gleiche Ziel: Wir wollten möglichst viel im eigenen Garten ernten und dieses Erlebnis mit unseren Zuschauern teilen.

Ein Jahr war ich mittlerweile dabei und YouTuber zu sein machte mir wirklich Spaß. Ich war 16 Jahre alt und als schüchterner Teenie freute ich mich sehr über erste Follower und Kommentare. Auf der anderen Seite ging es an den Wochenenden langsam mit den Partys los und auch dort wussten viele, was ich machte. Ich hatte das Gefühl, alle würden mich mustern, und aus der Ferne hörte ich sie lachend sagen: »Schau mal, da ist dieser Hobbygärtner.« Ich war verunsichert und Kommentare wie »Keine Frau möchte einen Mann, der sich die Hände dreckig macht« oder »Du siehst doch selbst aus wie ein Lauch« brachten mich dazu, dass ich nach einer weiteren dieser Partys unter Tränen um 2 Uhr morgens meinen YouTube-Kanal »Der Hobby Garten« löschte.

Fast hätte ich alles über den Haufen geworfen. Aber zum Glück kam dann doch alles anders.

Am nächsten Tag war ich mir schon gar nicht mehr so sicher, ob das mit dem Kanallöschen wirklich die richtige Lösung war. Mit Arthur und Stefan hatte ich erste Freunde kennengelernt, die mich motivierten, weiterzumachen. Was ein Glück! Dumm nur, dass ich in meiner Verzweiflung »endgültig löschen« statt »vorerst deaktivieren« angeklickt hatte. Also startete ich neu, nun noch persönlicher mit »Felix Hobby Garten«. Der Name ist die Kurzform von »Felix sein Hobby ist der Garten« und bezieht sich nicht nur auf einen Hobbygarten.

… und andere Unterbrechungen

Dann lernte ich meine erste große Liebe kennen. Ich bin ehrlich: In jenem Sommer habe ich wirklich nur das Nötigste im Garten getan. Ein Fehler! Denn als die Liebe in die Brüche ging, merkte ich, wie sehr er mir fehlte. Also ging es zurück an die Gartenarbeit!

Im folgenden Jahr baute ich wieder so viel an, dass ich zur Erntezeit noch einmal Kettcar und Anhänger hervorholen musste, um meine Ernte bei den Nachbarn gegen eine kleine Spende einzutauschen. Am Ende kam ich auf immerhin 100 Euro, die ich an das örtliche Tierheim spendete, aus dem wir zwei Jahre vorher unseren Hund Codin geholt hatten. Ich wollte die gute Arbeit dort unterstützen.

Garten trotz Ausbildung

Die Schulzeit war vorbei und ich meldete mich für eine Freizeit in Sardinien an. Ich war gerade 18 geworden und der Start ins Berufsleben stand vor der Tür. Vorher wollte ich noch einmal raus, etwas erleben. Ein bisschen Bammel hatte ich schon: 14 Tage Zeltlager im Ausland. Keiner, den ich kannte. Es waren dann aber mit die schönsten Wochen, die ich bisher erlebt habe. Ich fuhr mit dem Stand-up-Paddleboard in den Sonnenuntergang aufs Meer hinaus, das Wasser war wunderschön hellblau. Ich schlief eine Nacht am Strand, wir zündeten dort ein Feuerwerk und genossen die Gemeinschaft. In einer kleinen Gruppe fuhren wir auf Mountainbikes den Strand entlang, kilometerweit hin und zurück. Die Natur war einfach faszinierend. Ich lernte neue Freunde kennen und erzählte ihnen von meinem Hobby und Social Media. Und ich tat es anscheinend mit so einer Begeisterung, dass die Leute auf einmal cool fanden, was ich machte. Voller Vorfreude auf den Garten flog ich zurück.
Einige Tage später startete ich mit meiner Ausbildung im Alten- und Pflegeheim. Der perfekte Ausgleich zum Garten – oder andersherum? Nach den Tagen in der Schule ging es fast jeden Abend in den Garten. Das Arbeiten im Schichtdienst gefiel mir gut. An den einen Tagen konnte ich morgens ausschlafen und schon vormittags meine Gartenvideos filmen. An den anderen Tagen hatte ich bereits um 13.30 Uhr Feierabend und den Nachmittag frei zum Gärtnern. Auch heute noch ist der Schichtdienst ein wesentlicher Grund dafür, dass ich so einen großen Garten überhaupt nebenbei bewirtschaften kann.

2018: VOLLE KONZENTRATION AUF DIE GARTENARBEIT

Nachdem ich ein paar Jahre Gartenerfahrung gesammelt hatte, wollte ich endlich probieren, eigene Pflanzen heranzuziehen. Ich entschied mich für weiße Plastiktrinkbecher als Anzuchtgefäße, weil man sie gut mit einem dicken schwarzen Stift beschriften konnte. Und als Pflanzerde nahm ich einfach Erde aus dem Beet, die sehr sandig war. Die Erde war aber viel zu schwer und die Pflanzen

Man lernt aus seinen Fehlern: Weiße Plastikbecher und normale Erde sind für die Anzucht nicht optimal.

Statt jeden Stick mit dem Sortennamen zu beschriften, gibt es einfach eine Nummer – und die »Auflösung« dazu notiere ich einmal auf meinem Handy.

entwickelten sich schlecht. Außerdem hatte ich vergessen, Löcher in die Becherböden zu piksen, damit das Wasser ablaufen konnte. Und so ging es am Ende doch wieder ins Gartencenter, wo ich vorgezogene Pflanzen bekam.

Im selben Jahr fand auch das allererste Garten-YouTuber-Treffen in Erftstadt statt. Ich war so aufgeregt, dass ich im Hotel nichts essen konnte und morgens am Gelände der Erste von etwa 2000 Leuten war. Kurz darauf kamen Sascha von »Selfbio« und Florian vom Kanal »Selbstversorger Rigotti«. Als treuer Fan war ich natürlich superaufgeregt und freute mich umso mehr, dass die Betreiber der beiden großen Kanäle mich sogar kannten und mir zur Begrüßung die Hand gaben.

Das ganze Treffen war dann unglaublich. Ich erinnere mich, dass einer meiner Zuschauer vor Ort war und ein Selfie mit mir wollte. Er blieb zwar der Einzige, aber das Erlebnis motivierte mich, unbedingt weiterzumachen. Bis heute treibt es mich unglaublich an, wenn ich mich mit anderen Gärtnern austausche.

Zu meinem YouTube-Kanal kam noch der eigene Instagram-Kanal, auf dem ich Bilder und Storys direkt aus dem Garten teilen kann, und eine Facebook-Gruppe namens »Gemüsegarten & Selbstversorgung«. Eine Gruppe zum Chatten, wie in einem Forum, in dem meine Zuschauer neben den YouTube-Kommentaren auch Bilder aus ihren eigenen Gärten teilen konnten. Die

Gruppe bekam in den folgenden Jahren immer mehr Zuwachs, sodass sie heute mit über 220.000 Mitgliedern zu einem der größten Gartennetzwerke zählt. Aus zeitlichen Gründen führt mein Gartenfreund Arthur sie mittlerweile weiter und ich bin nur noch als stiller Mitleser aktiv.
Mit Wassermelone und Erdnüssen versuchte ich mich in jenem Jahr das erste Mal auch an exotischen Kulturen: Die Melone wuchs in einem kleinen Kübel mit etwa 15 Liter Erde. Sie trug zwei Früchte, die täglich größer wurden. Die erste erntete ich leider zu früh, sie war noch unreif und ungenießbar. Die zweite aber war perfekt. Ich hatte außerdem zwei Erdnusspflanzen gesetzt, die ohne große Pflege eine Handvoll Ertrag lieferten. Ich habe die Erdnüsse roh probiert: Ihr Geschmack erinnerte mich ein bisschen an Maiskörner, die sind ähnlich weich und mehlig.
Meine Ernte war 2018 trotz der extremen Trockenheit ein großer Erfolg. Ich wässerte jeden Abend mit dem Gartenschlauch und kaum eine Pflanze wurde aufgrund von zu viel Regen krank.

Klappt nicht gibt's nicht: Das war von Anfang an mein Motto, und daher habe ich ständig Neues ausprobiert.

2019: EINE REICHE ERNTE BRAUCHT MEHR PLATZ

Nachdem ich zwei Jahre in Folge 100 Euro »Erntegeld« an das Tierheim gespendet hatte, kam mir die Idee, im Frühjahr einen Pflanzenverkauf für den guten Zweck zu veranstalten. Also nahm ich mir vor, so viele Jungpflanzen wie möglich heranzuziehen. Diesmal klappte es! Die Pflanzen waren in der passenden Erde deutlich größer geworden als bei meinem ersten Versuch, und so traute ich mich, zwischen 50 Cent und einem Euro für sie zu verlangen. Zusammen mit der Jugendgruppe, die an dem Tag Waffeln verkaufte, konnte ich am Ende des Tages 520 Euro spenden.
Das zweite große Garten-YouTuber-Treffen in Erftstadt folgte nur wenige Tage später. Ich hatte noch Pflanzen übrig und mit Arthur zusammen einen eigenen Stand. Alle großen Gartenkanäle waren an diesem Tag dabei, »Selfbio« zum Beispiel, »Gartengemüsekiosk«, »der Selbstversorgerkanal« und »Selbstversorger Rigotti« um nur einige zu nennen. Ich hatte das Gefühl, dass unsere Community noch größer geworden war. Als Garten-YouTuber kannte ich bisher außerdem nur die Namen meiner Zuschauer. Bei diesen persönlichen Treffen lernte ich nun auch die Gesichter dazu kennen.
Ich wollte unbedingt mehr anbauen und die beiden kleinen Parzellen bei uns zu Hause und bei meinem Onkel reichten mir nicht mehr aus. Ich wünschte mir einen richtig großen Garten, in dem auch Platz für ein Gewächshaus oder ein Hochbeet wäre. Wassermelonen, Paprika und Erdnüsse: Ich brauchte einfach viel mehr Platz für noch mehr solcher Experimente. Einen eigenen Garten zu finden erschien mir aber erst einmal ziemlich unrealistisch. Wie, bitte, sollte ich günstig an ein Riesengrundstück kommen?

Von der Wiese zum Garten: Wer weiß, ob ich mich darauf eingelassen hätte, wenn ich vorher gewusst hätte, wie viel Arbeit das ist.

Ich trat einer regionalen Facebook-Gruppe bei und fragte, ob jemand ein Stück Garten für mich und meine Gartenpläne zur Verfügung stellen könnte. Und dann passierte etwas, mit dem ich nie gerechnet hätte: Ich bekam gleich zwei seriöse Antworten. Eine war von dem Tierheim, an das ich schon mehrfach gespendet hatte. »Wir haben dahinten so viel Platz, den wir nicht nutzen. Wir wären froh, wenn es dort ordentlich wird.« Und so hatte ich Ende 2019 mit 420 Quadratmetern meinen ersten großen Garten. Obwohl: Erst einmal war mein Garten eine einfache Wiese mit vielen Maulwurfshügeln und anderen Unebenheiten. Naiv wie ich war, dachte ich: »Das grabe ich doch mit links in wenigen Tagen um.« Aber falsch gedacht! Die Grasnarbe war wirklich sehr gut verwurzelt. Also besorgte ich mir eine Gartenfräse und legte fünf etwa gleich große Beete an. Als ich so weit war, ging es bereits auf den Herbst zu. Also säte ich erst mal eine Gründüngung aus, um den Boden zu verbessern.

2020: EINEN GROSSEN GARTEN EINRICHTEN

Der Garten war angelegt. Dennis, ein weiterer Gartenfreund, hatte mir einen Folientunnel geschenkt, den wir an einem Vormittag gemeinsam aufbauten. Ich pflanzte Obstbäume und baute ein Hochbeet – wenn man es so nennen wollte. Es war eine handwerkliche Katastrophe, schief und krumm, aber es erfüllte seinen Zweck. Mit dem neuen Garten lernte ich auch Niklas kennen. Er war damals mit einer ehemaligen Klassenkameradin aus der Realschule zusammen und bot mir seine Hilfe an, die ich gut brauchen konnte. Denn ein größerer Garten bedeutet auch deutlich mehr Arbeit.
Die neue Gartensaison stand vor der Tür. Bis ich allerdings etwas anbauen konnte, war noch einiges zu tun. Denn nicht nur die Gründüngung war kräftig gewachsen, sondern auch die alte Grasnarbe, die ich nicht tief genug eingefräst hatte. Also besorgte ich mir im Mietshop wieder eine Gartenfräse, diesmal eine stärkere, und fräste die Beete noch mal neu um. Dabei brachte ich gleich Kalk und eine Menge organisches Material wie Rasenschnitt und Laub mit ein, um den Boden aufzuwerten. Im Nachhinein stellte sich heraus, dass es ein Fehler war, den Boden schon so früh vorzubereiten und nicht noch abzuwarten. Der Rasen wuchs nämlich prompt wieder an, und so musste ich letztendlich doch alle fünf Beete per Hand umgraben. Später las ich, dass man die Grasnarbe am besten vorher abschält. Gut, das wusste ich jetzt auch.

Ein Naturhochbeet aus Grassoden

An einigen Stellen hatte ich zusätzlich die Grasnarbe entfernt, um ein paar Beerensträucher zu pflanzen. Und diese Grasnarbe nutzte ich für ein ganz besonderes Projekt: ein Naturhochbeet aus Grassoden. Dafür werden die Grassoden als Umrandung übereinandergestapelt. Die Wurzeln verzweigen

sich miteinander und der Rasen fängt wieder an zu wachsen. Dazwischen steckt man noch ein paar Samen rankender Kapuzinerkresse, und schon hat man ein natürliches und bewachsenes Hochbeet. Für mehr Stabilität sollte die Grasnarbe noch mit dünnen Holzästen durchstochen oder von außen gestützt werden.

Parallel zu den ganzen Arbeiten plante ich alles für meinen ersten Jungpflanzenverkauf im eigenen Garten. Erstmalig konnte ich die Pflanzen dafür im Folientunnel heranziehen, was auch gut funktionierte. Alles war geplant, aber dann kam im März 2020 Corona. Veranstaltungen waren erst mal untersagt. Weil die Pflanzen trotzdem unter die Leute gebracht werden mussten, bauten wir an der Straße vor dem Tierheim einen eigenen Drive-in auf, wo Vorbeifahrende Pflanzen bestellen konnten. Die wurden dann in Kisten gepackt und ohne Kontakt in den Kofferraum geladen. Das Ganze funktionierte wirklich gut, und so konnten wir am Ende stolze 1686,40 Euro spenden. Trotzdem blieben noch jede Menge Pflanzen für mich selbst übrig, und so pflanzte ich eine Menge spannender Kulturen in den Garten. Erstmalig versuchte ich mich auch am Kohlanbau: Eine ganze Parzelle plante ich für Rotkohl, Kohlrabi, Blumenkohl, Brokkoli und Wirsing ein.

Kleiner Ausschnitt aus meiner Anzucht im Gewächshaus.

Zur Coronazeit wurden viele Menschen zu Hobbygärtnern und machten ihre Gärten schön – man konnte ja sonst nicht viel unternehmen. Das merkte ich auch in meiner Facebook-Gruppe, der in den Frühjahrsmonaten auf einen Schlag 100.000 neue Mitglieder beitraten, um Gartentipps zu finden.

Ich bekam von verschiedenen Radiosendern Anfragen für Interviews und drehte mit einem bekannten deutschen TV-Sender in meinem Garten. Vor allem aber hatte ich eine erste Kooperation mit meinem YouTube-Kanal abgeschlossen und bekam ein wunderschönes Gewächshaus aus Glas geliefert. Ich hätte nie gedacht, dass ich einmal mit Glasreiniger und Fensterputzer im Garten stehen würde. Aber so kam es dann doch dazu.

Das Tierheim bot mir ein leer stehendes Häuschen an, in dem wir erstmalig unseren Gemüseverkauf starteten. Mein altes Kettcar mit Hänger war mittlerweile verkauft. Mit meinen 1,92 Metern passte ich leider schon länger nicht mehr hinein. Ansonsten hätte ich es sicher noch länger genutzt.

2021: NOCH EINE NUMMER GRÖSSER

Ich war genervt: Nun hatte ich endlich einen eigenen richtig schönen Garten angelegt und niemand konnte ihn sehen. Denn auch im zweiten Jahr im neuen Garten konnte ich aufgrund der Coronavorgaben keine Veranstaltung anbieten und es blieb wieder nur die Möglichkeit, meine Jungpflanzen per Drive-in zu verkaufen. Aber mal ehrlich: Würdet ihr einfach so telefonisch bei einem jungen Mann Pflanzen bestellen, die er euch dann ohne jede Beratung in den Kofferraum packt? Für einen ergiebigen Pflanzenverkauf war das alles definitiv nicht optimal, geregnet hat es an dem Tag noch dazu. Dennoch konnten wir erneut 1000 Euro an den Tierschutz spenden.

Ich merkte den Sommer über, dass irgendwas nicht stimmte, und als ich zum Gespräch gebeten wurde, war mir schon klar, was passieren würde. Ich konnte leider nicht weiter beim Tierheim bleiben. Der Platz, wo mein Garten war, sollte anders genutzt werden. Ich war wirklich traurig, denn ich dachte, dass es so eine Möglichkeit nicht zweimal geben würde. Aber dann erinnerte ich mich daran, dass ich damals ja zwei seriöse Antworten auf den Post in der lokalen Facebook-Gruppe erhalten hatte. Eine kam vom Tierheim, die andere von der Firma Heilen, einem Unternehmen für Heizungs-, Lüftungs- und Sanitärtechnik. Neben dem Firmengelände befand sich eine über 2000 Quadratmeter große Wiese, auf der in den letzten 20 Jahren nicht viel passiert war. Mal standen Pferde drauf, mal wurde einfach nur zweimal im Jahr gemäht. Ich hatte Glück, denn diese Wiese war immer noch frei und ich durfte sie für meine Gartenarbeit nutzen.

Mit jedem Umzug wurde mein Garten größer und die Arbeit mehr – genauso wie die Ernte.

Wie es weitergehen würde, wusste ich nun also. Aber nicht, wie ich einen ganzen Garten von A nach B bringen sollte. Ich erntete die letzten Kulturen ab und die Beete wurden leerer. Das war einfach. Aber was war mit den zwei Gewächshäusern und den Obstbäumen, mit den ganzen Gartengeräten und dem Equipment? Ich beschloss, einen großen Umbautag zu veranstalten, an dem ich gemeinsam mit meinen Zuschauern den großen Umzug vollbringen wollte. Ich machte Werbung für die Aktion und fing an, erste Kleinigkeiten selbst zu erledigen. Ich hatte enorm Spaß daran, eine so große Wiese einzuteilen, und stellte mir vor, wo ich alles wieder aufbauen würde.

Die Umbauwoche

Niklas und ich hatten bereits einige Tage vorher Urlaub genommen und fingen an, den alten Garten abzubauen. Die alte Gewächshausfolie schnitten wir einfach durch, sie war ohnehin schon alt und porös. Das Gestänge danach abzubauen war einfach. Wir mieteten uns einen Radlader und fuhren alles zum neuen Garten rüber. Glücklicherweise lagen nur 1,1 Kilometer dazwischen, gut fünf Minuten Fahrt.

Wir schoben den alten Garten platt und nahmen unsere restlichen Sachen mit in den neuen. Dort frästen wir dann die Grasnarbe ab, darin waren wir mittlerweile ja Profis, und sammelten sie auf einem großen Haufen. Heute wachsen dort Kürbisse.
Der »Umzug« war dann an einem wunderschönen Spätsommertag im goldenen Oktober. 20 motivierte Helfer hatten sich eingefunden, um uns zu unterstützen. Zum Glück, schließlich mussten ja auch noch die fünf meterlangen Stangen vom Folientunnel zum neuen Garten transportiert werden. Für jede davon brauchte es vier Personen und einen 20-minütigen Fußmarsch. Danach bauten wir den Folientunnel gemeinsam wieder zusammen. Zu meiner großen Erleichterung hatte auch der Sponsor meines Gewächshauses die Teilnahme am Umbautag zugesagt, denn das Glashaus war wirklich meine größte Sorge. Jetzt bauten es geschulte Mitarbeiter im alten Garten ab und im neuen wieder auf. Wir anderen steckten Blumenzwiebeln, pflanzten Obstbäume, bauten den Staketenzaun auf, frästen das Gemüsebeet und befüllten meine 16 Hochbeete. Innerhalb von zwei Tagen wurde aus einer einfachen Wiese ein schön angelegter Garten.

Ein unglaubliches Erntejahr

Das neue Jahr war gekommen, alles begann zu wachsen und auch die Gartencommunity wurde größer. Der nächste Pflanzenverkauf für den guten Zweck stand vor der Tür und im vierten Versuch konnte das Event nun endlich auch im Garten selbst stattfinden. Der Andrang war so groß, dass wir gar keine Zeit hatten, Bilder zu machen. Am Ende des Tages konnten wir insgesamt 1600 Euro an das Lingener Hospiz und den Freundeskreis der Ukrainefahrer spenden.
Es wurde ein supertrockenes und warmes Jahr – optimal für Paprika, Melonen und Tomaten. Überhaupt war 2022 eines der besten Erntejahre, seit ich mit dem Gärtnern angefangen hatte. Nicht zuletzt, weil ich im neuen Garten motiviert wie noch nie startete und den ganzen Sommer meine Freizeit quasi im Gemüsebeet verbrachte.

Einfach mal im Garten chillen: Dazu ist meistens leider viel zu wenig Zeit. Da ist definitiv noch Luft nach oben.

DIE LETZTEN 2,5 JAHRE

Mit den Jahren hatte ich mir einiges an Wissen über Aussaat und Anzucht angeeignet. Aber ich merkte, dass viele andere Hobbygärtner damit ihre Probleme hatten. Weil eine erfolgreiche Anzucht

nun mal die Grundlage für eine reiche Ernte ist, beschloss ich, ein Programm zu schreiben, »reiste« damit durch die Gartencenter und bot vor Ort Workshops an. Die große »Aussaat Fertig Los«-Gartencenter-Tour ging über zwei Jahre und war mit über 520 Besuchern an 21 Terminen ein voller Erfolg. Zahlreiche angehende Hobbygärtner kamen vorbei, um von mir zu lernen, wie sie erfolgreich eigene Gemüsepflanzen heranziehen.
Mein Pflanzenverkauf hat sich ebenfalls etabliert, und so konnte ich allein in den letzten drei Jahren 10.000 Euro an Organisationen wie das Lingener Hospiz, ein Kinderhospiz, eine Leiterrunde, eine Fußballmannschaft für Kinder mit und ohne Handicap sowie ein Projekt zur Unterstützung eines Waisenhauses in Uganda spenden.
Und weil ich im neuen Garten nun superviel Platz hatte, entschied ich mich dazu, nicht mehr nur Gemüse anzubauen. Ich legte zwei neue Staudenbeete mit Dahlien, Allium, Hortensien, Tulpen, Lilien, Gladiolen und vor allem Malven an. Jede freie Ecke im Garten wurde bepflanzt mit Wein, Clematis, Rosen, Bambus, Weißdorn, Flieder, Aronia, Holunder und vielen weiteren Pflanzen. Jetzt blüht der Garten das ganze Jahr über.
Aktuell habe ich vier Gewächshäuser, 16 Hochbeete, 400 Quadratmeter Gemüsebeet, zwei Staudenbeete und zwei Gartenhäuser. Eine Bewässerungsautomatik ist mittlerweile auch verbaut. Und die Gartencommunity? Die wird ebenfalls immer größer. Ich komme gerade erst von einem Garten-YouTuber-Treffen zurück. Es ist immer wieder schön, seine Zuschauer aus den Kommentaren zu treffen. Aber auch so glaube ich, dass sich das Hobbygärtnern seit Corona etabliert hat. Ob wohl der Typ von der Party damals immer noch glaubt, Gärtnern sei ein langweiliges Hobby, bei dem man sich nur die Hände schmutzig macht?

Malven

Meine Lieblingsstauden! Sie sind recht anspruchslos, meist zwei-, manchmal auch mehrjährig, können bis zu 3 Meter hoch werden und haben dann wirklich eine reiche Blüte.

EIN BLICK IN DIE ZUKUNFT

Wie es weitergeht? Ein Garten ist wirklich niemals fertig und auch so ständig im Wandel. Eine »Chill-Ecke« mit Palmen, Sand und Pool klingt doch super. Und wie wäre es mit Laufenten zu den Hühnern? Oder einfach noch einer schönen Staudenrabatte? Für die Zukunft plane ich, irgendwann mein eigenes Haus mit Garten zu kaufen. Ein Schritt, auf den ich mich wirklich freue. Denn aktuell fahre ich jeden Tag zweimal je zehn Minuten von zu Hause zu meinem Garten und wieder zurück. Das klingt erst mal nicht viel, aber in der Woche kommen so über zwei Stunden zusammen. Außerdem würde ich einfach gerne wie früher abends auf der Terrasse sitzen und dem Rasensprenger beim Wässern meiner Beete zusehen. Meine persönliche Gartenreise ist auf jeden Fall noch lange nicht zu Ende und ich bin gespannt, wie sich die nächsten Jahre entwickeln.

KAPITEL 1

DER GROSSEN ERNTE DEN WEG BEREITEN

Einfach Samen in die Erde, warten und ernten? Klappt manchmal auch. Aber wenn ihr von Anfang an ein paar Dinge beachtet, könnt ihr ohne mehr Aufwand noch viel höhere Erträge einfahren.

Wenig Aufwand, viel Ertrag

Auf den folgenden Seiten geht es darum, wie ihr mit möglichst wenig Einsatz das Maximum an Ernte einfahrt. Darum, welche Gartenarbeiten besonders wichtig sind und welche man getrost auch einfach mal sein lassen kann. Mit diesem Thema kenne ich mich bestens aus. Schließlich frage ich mich selbst ständig, wie ich bei meiner 39-Stunden-Woche als Altenpfleger und meinem Nebenberuf als Content Creator, in dem ich wöchentlich Gartenvideos und Gartentipps für meine Zuschauer produziere, möglichst viel ernten kann, ohne mehr Zeit als nötig zu investieren.

Arbeit gibt es im Garten immer. Aber wenn man sich die Zeit richtig einteilt, macht es trotzdem viel Spaß.

Die wichtigste Erkenntnis ist, zu akzeptieren, dass ein Garten nie »fertig« ist. Niklas, mein guter Freund, der mir bei der Gartenarbeit hilft, sagt oft: »Wenn wir das jetzt noch gemacht haben und da drüben aufgeräumt haben, dann ist erst mal alles fertig.« Nur: So weit ist es noch nie gekommen. Denn wenn wir in einer Ecke des Gartens fertig sind, ist in einer anderen schon wieder etwas Neues zu tun. Außerdem fallen mir ja immer neue Projekte ein. Es wird also nie langweilig im Garten. Gärtnern ist ein echtes Vollzeithobby.

DIE ARBEIT AUFTEILEN

In meinem Garten fallen viele Arbeiten an, auf 2500 Quadratmetern mit so vielen Pflanzen und dazu noch Hühnern ist eigentlich immer was zu tun. Ich bin froh, dass ich meine Gartenhelfer habe, die mich unterstützen. Aber auch wenn ich mal alleine im Garten bin, schaffe ich durch eine gute Arbeitsaufteilung einiges. Gemeint ist damit, dass jede Aufgabe ihre Zeit hat: Im Frühjahr geht es bei mir hauptsächlich um die Aussaat, im Sommer um die Pflege der Pflanzen und im Spätsommer und Herbst um die Ernte der Früchte. Neue Projekte und die Bodenvorbereitung für das nächste Gartenjahr passieren den Winter über bis in den Frühling.
Im Winter ist zudem ein guter Zeitpunkt, die Beete für die neue Saison zu planen. Dabei geht es vor allem immer wieder darum, wie sich auch im darauffolgenden Jahr die meiste Zeit einsparen und letztendlich die größtmögliche Ernte erzielen lässt.

Die Beetplanung läuft immer gleich ab: Ich fliege mit meiner Drohne den Garten ab und fotografiere die einzelnen Bereiche. Dann schaue ich, was ich noch verändern will, wo ich Platz habe und wie dieser Ort im nächsten Sommer aussehen soll. Die Fotos dienen allerdings nur zur Erinnerung, denn die eigentliche Planung mache ich im kalten Winter lieber im warmen Haus auf dem Sofa. Dazu besorge ich mir plakatgroße Papiere und zeichne die Flächen der Gewächshäuser und Beete auf. Dann geht es an die Kulturen, den Pflanzabstand und die einzelnen Sorten. Dafür benutze ich einen Bleistift, denn häufig schmeiße ich die Beetplanung wieder um und fange noch mal neu an.

AUF DIE RICHTIGEN GARTENGERÄTE SETZEN

Mein Gartenhaus hängt mittlerweile voll mit Gartengeräten, jedes einzelne aufzuzählen und zu beschreiben würde Seiten füllen. Deshalb habe ich mich für die Top Four entschieden:

- Der **Handgrubber** ist mein liebstes Gerät. Mit seinen fünf Zacken (es gibt auch kleinere Exemplare mit drei Zacken) lässt sich der Boden super bearbeiten. Am Anfang einer Saison bereite ich damit mein Saatbeet vor. Die Erde wird locker und feinkrümelig – perfekt, damit sich die Pflanzen optimal darin entwickeln. Auch während der Saison gehe ich regelmäßig mit dem Handgrubber zwischen den Reihen durch. Das verbessert die Durchlüftung und Wasserversorgung der Pflanzen im Wurzelbereich und Unkraut hat weniger Chancen.
- Eine scharfe **Gartenschere** oder ein scharfes **Gartenmesser** ist sehr wichtig. Denn für mehr Ertrag müssen einige Pflanzen regelmäßig gestutzt oder beschnitten werden. Tomaten etwa bilden bei guter Pflege mehr Früchte, Dahlien, wenn man sie pinziert, also die Triebspitzen entfernt, mehr Blüten. Natürlich könnt ihr (Geiz-)Triebe auch mit den Fingern ausbrechen, aber das ist mitunter mühsam. Zum Ernten empfehle ich ebenfalls Gartenschere oder -messer. Bricht man die Früchte ab, kann schnell mal die Pflanze verletzt werden. Und das war's dann womöglich mit der weiteren Ernte.
- Ich liebe auch meinen **Turboplanter** – ein Aufsatz für den Akkuschrauber, mit dem ich in Windeseile Pflanzlöcher »graben« kann. Am häufigsten nutze ich den Aufsatz mit 10 Zentimeter Durchmesser. Das ist die perfekte Größe, um meine Paprika, Chilis, Gurken, Zucchini und Tomaten aus den Pflanztöpfen ins Beet zu setzen. Der Turboplanter

Die Gartenforke kommt natürlich auch regelmäßig zum Einsatz, um den Boden aufzulockern oder um Kartoffeln zu ernten.

arbeitet wie ein Maulwurf und »schaufelt« die Erde direkt um das Pflanzloch. So sind die Pflanzen schnell eingesetzt und die gute Erde kann gleich wieder angedrückt werden. Wirklich lohnen tut sich das Gerät allerdings nur, wenn ihr wie ich Mitte Mai ungefähr 400 Pflanzlöcher ausheben müsst.

- Eine **Schubkarre** ist wichtig, vor allem natürlich um später die XXL-Ernte zu transportieren. Aber auch zum Verteilen von Kompost oder Mulch nutze ich sie sehr gerne und ausgiebig.

MUSS SEIN: UNKRAUT JÄTEN

Wenn ich im Sommer mal ein paar Tage nicht im Garten bin, was wirklich selten vorkommt, sieht es danach meistens ziemlich wild aus: Das Unkraut sprießt und battelt mit meinen Gemüsepflanzen um den besten Platz im Beet. Nicht dass ihr mich falsch versteht: Unkraut, neumodisch auch Beikraut genannt, hat in meinem Garten durchaus eine Daseinsberechtigung. Ungern sehe ich es allerdings gerade dort, wo Gemüse, Stauden oder Kräuter wachsen sollen. Denn wenn ich möglichst viel ernten möchte, ist es durchaus problematisch, wenn es den Pflanzen Wasser und Nährstoffe »klaut«.

In einem trockenen Sommer macht Unkraut weniger Probleme, weil einfach weniger davon keimt. Wenn es allerdings ein paar Tage (oder auch mehrere) nass und feucht ist, sprießt es zuhauf. Gerade am Anfang ist es für die jungen Keimlinge jedoch wichtig, dass sie nicht von Unkraut unterdrückt werden. Es reicht allerdings bei mir häufig aus, wenn ich einmal in der Woche den 5-Zack-Handgrubber oder die Pendelhacke durch die Erde ziehe. Mit der Zeit werden viele Pflanzen ohnehin so groß, dass Unkraut keine Rolle mehr spielt. Kartoffeln und Kürbisse beispielsweise wachsen so dicht, dass kaum noch Licht durchkommt. Und Mais und Sonnenblumen interessiert ein wenig Vogelmiere zu ihren »Füßen« nicht mehr, wenn sie selbst schon über einen Meter groß sind. Lediglich Zwiebeln, Möhren und Erbsen befreie ich durchgehend von Unkraut. Sie reagieren sehr empfindlich auf die »Konkurrenz« und bleiben häufig klein, wenn man das Unkraut wachsen lässt, wie es will.

Mein Tipp: Wenn eine wirklich relevante Gartenarbeit ansteht, solltet ihr sie zeitnah erledigen. Einen Geiztrieb rauszubrechen wird immer mehr Arbeit, je größer er ist. Genauso ist es mit dem Unkraut: Je länger ihr das Jäten vor euch herschiebt, desto höher und dichter wird es. Ganz ohne Gartenarbeit geht es eben leider doch nicht.

Mit der Pendelhacke lässt sich Unkraut auch nach dem Pflanzen mühelos entfernen.

Auf die Beetart kommt es an

Mein Gemüsegarten ist, was das Jäten angeht, leider eher kompliziert. Zum einen habe ich meinen klassischen Acker zum Schutz vor Kaninchen umzäunt. Und am Zaun wächst häufig Unkraut, das ich mühsam von beiden Seiten entfernen muss. Zum anderen ähnelt mein Garten im Sommer eher einem Dschungel als einer Gärtnerei. Zwar säe ich in Reihen oder kleinen Bereichen aus, trotzdem ist irgendwann alles so hochgewachsen, dass ich nur noch schwer durchkomme. Je mehr Abstand ich zwischen den einzelnen Pflanzen lasse, desto besser komme ich natürlich mit Gartengeräten durch und muss das Unkraut nicht per Hand entfernen. Zusätzlich nutze ich Trittpfade im Beet, auf denen ich laufen kann. Auch das erleichtert das Jäten.

Hochbeete dagegen sind vom Arbeitsaufwand her wirklich überschaubar. Wenn sie erst einmal aufgebaut und befüllt sind, lässt sich das Gemüse dort viel besser und rückenschonender pflegen. Unkraut lässt sich leichter entfernen und auch die Ernte ist im Stehen bequemer.

Natürlicher Schutz

Der Zaun um mein Gemüsebeet ist wegen des Unkrauts daran für die Kaninchen noch schwieriger zu überwinden.

DEN BODEN VERBESSERN

Die Qualität des Bodens ist für eine reiche Ernte wichtiger, als viele denken. Hier lohnt es sich also, Arbeit reinzustecken. Wenn ihr einen guten nahrhaften Boden habt, braucht ihr nicht ständig zu düngen. Außerdem kann euer Boden umso mehr Wasser halten, je besser er ist. Durch ein paar arbeitsreiche Tage im Frühjahr, an denen ihr reichlich Gartenkompost auftragt, spart ihr euch also das ganze Jahr über viel Arbeit. In den ersten Wochen wird durch den Kompost sogar das Unkraut unterdrückt. Und eure Pflanzen sind auch gut versorgt und werden sozusagen von alleine groß. Mehr zum Thema Boden erfahrt ihr gleich ab Seite 51.

Zusätzlich könnt ihr euren Gartenboden noch mulchen, um Wasser und Nährstoffe zu halten. Ich mulche zum Beispiel sehr gerne mit Rasenschnitt (siehe Seite 200–201). Den gibt es bei mir gratis und in Hülle und Fülle.

Inwieweit es für die Ernte eine Rolle spielt, ob der Gartenboden im Frühjahr aufgelockert wird oder nicht, bin ich gerade noch am Testen. In den nächsten Jahren werde ich verschiedene Methoden ausprobieren, die den Boden unkrautfrei und locker halten sollen. Meine Hühner, über die ich später noch schreibe (siehe Seite 54 ff.), könnten dabei eine große Rolle spielen.

KULTUREN WÄHLEN, DIE WENIG AUFWAND BRAUCHEN

Natürlich habe ich ein paar richtige Diven in meinem Garten. Aber einige Kulturen werden auch gepflanzt, und dann muss ich sie bis zur Ernte kaum mehr beachten. Diese Pflanzen kommen mit einer einfachen Grunddüngung zurecht, brauchen so gut wie keine Pflege und wachsen wie von selbst.

Das Paradebeispiel dafür sind Zucchini, sie funktionieren bei mir grandios! Einmal ausgepflanzt werden sie immer größer und liefern einen ordentlichen Ertrag, ohne dass ich irgendetwas dafür getan hätte. Auch Kürbisse wachsen bei mir wie von selbst. Sie schlängeln vor sich hin und bilden eine Frucht nach der anderen aus. Am Ende muss ich sie nur noch vom Feld sammeln.
Meine dritte »Selbstläuferkultur« sind Kartoffeln. Ich häufele sie direkt beim Pflanzen an und lasse sie danach bis zur Ernte nach etwa 100 Tagen in Ruhe. Das Ergebnis ist trotzdem immer wieder beachtlich.
Am meisten Pflege brauchen bei mir die Tomaten. Regelmäßig ausgeizen, beschneiden, anbinden … Und auch der Erntezeitraum ist superlang. Ja, nach den Tomaten schaue ich definitiv am meisten.

Auf die Sorte kommt es an

Kräuter, Spargel, Rhabarber und Erdbeeren … Es gibt viele Kulturen, die man nur einmal säen oder kaufen muss und die danach jedes Jahr ohne viel weiteren Aufwand eine reiche Ernte bringen. Ich habe zum Beispiel vor ein paar Jahren einige Johannisbeeren vermehrt, die mir seitdem Jahr für Jahr verlässlich einen großen Eimer voll leckerer Früchte bescheren, ohne dass ich mich wirklich um sie kümmere.
Zudem achte ich beim Saatgutkauf vor allem auf Resistenzen und Stärken. Bei der Sortenwahl gehe ich weniger nach dem Aussehen. Viel wichtiger ist es, dass eine Pflanze lange durchhält und viel Ertrag liefert. Gerade bei Gurken gibt es viele Sorten, die nur eine Erntezeit von wenigen Wochen haben.

TIPP

BIENEN ANLOCKEN

Denkt daran, einige insektenfreundliche Pflanzen in den Garten zu integrieren. Dadurch werden nicht nur eure Blumen besser bestäubt und euer Gemüse befruchtet. Manche Insekten sorgen auch dafür, dass sich Schädlinge weniger ausbreiten. Ich lasse bei mir deswegen gerne Bienenfreund (Phacelia) stehen und sich immer wieder aussamen – er lockt besonders viele Insekten an. Gerade in der Nähe meines Gewächshauses hat mir das bereits sehr geholfen, denn es ist immer wieder schade, wenn Zucchini oder Melonen als kleine Frucht abfallen, weil sie nicht befruchtet wurden. Die Miniarbeit, ein paar Blumensamen auszustreuen, rentiert sich hier wirklich.

Da gibt es dann auf einmal viele reife Gurken und wenn man Glück hat, später vielleicht noch mal ein, zwei.
Einige Tomaten bilden ihre Rispen von Natur aus in kleineren Abständen aus oder tragen einfach allgemein mehr Früchte. Es gibt Sorten mit weniger Geiztrieben und Sorten, die nicht so sehr gestützt werden müssen. **Mein Tipp:** Regionale Sorten oder solche, die ihr von Jahr zu Jahr selbst vermehrt, passen sich an eure Umgebung an und wachsen stärker.

Damit die Ernte auch in trockenen Sommern gut gedeiht, heißt es gießen. Aber Vorsicht: Nicht alle Pflanzen mögen Wasser von oben.

MEHR ERTRAG DURCH FRUCHTFOLGE UND MISCHKULTUR

Mit wenig Arbeit viel ernten: Das gelingt vor allem mit einer guten Mischkultur und Fruchtfolge. Wenn ihr einfach ein paar Dinge beachtet, könnt ihr ohne mehr Aufwand in der Pflanzenpflege höhere Erträge einfahren. Einige Pflanzen wachsen besser, wenn sie den Standort nach einer Saison wechseln. Andere gedeihen besonders gut in Kombination mit bestimmten anderen Pflanzen. Bohnen und Mais etwa helfen sich gegenseitig. Zum einen winden sich die Bohnen am Mais empor, sodass ihr euch das Rankgerüst spart. Zum anderen zählen Bohnen zu den Leguminosen, die über Knöllchenbakterien

Stickstoff im Boden binden können und damit den stark zehrenden Mais versorgen. Allerdings braucht der Mais in der Saison ein wenig Vorsprung, um nicht von den Bohnen »überrannt« zu werden. Ich ziehe ihn deswegen ab Anfang April im Gewächshaus vor. Die Bohnen kommen erst etwa sechs Wochen später, also Mitte Mai, in die Erde.

Kartoffeln und Tomaten, beide Nachtschattengewächse, wandern von Jahr zu Jahr im Beet weiter. Denn Sporen der Kraut- und Braunfäule sind im Boden quasi vorprogrammiert und mindern so automatisch den Ertrag.

Grundsätzlich spielt auch der Nährstoffverbrauch eine Rolle. Ich schaue, dass ich entweder den Boden ausreichend aufwerte und wieder mit Nährstoffen anreichere oder dass ich nach einer stark zehrenden Kultur nicht gleich wieder andere Starkzehrer anbaue. Wenn ich beispielsweise immer wieder Tomaten auf ein und derselben Stelle anbauen würde, würden immer nur dieselben Nährstoffe aus dem Boden entnommen und abnehmen – die anderen wären überschüssig.

Kürbisse, Zucchini, Gurken und Mais zählen alle zu den Starkzehrern, deshalb rotieren diese Pflanzen ebenfalls im Beet. Spinat, Getreide und Kleearten neutralisieren den Boden zwischendurch besonders gut. Auch Sonnenblumen oder Phacelia sorgen für einen fruchtbaren Gartenboden. Sie zählen zu den Gründüngern (siehe ab Seite 62).

Besonders streng achte ich bei Kohl auf die Fruchtfolge. Wenn man hier den Standort nicht wechselt, ist Kohlhernie, eine Pilzkrankheit, die die Wurzeln der Pflanze befällt, vorprogrammiert. Außerdem baue ich Kohl nicht die ganze Saison über an, sondern überwiegend im Frühjahr oder im späten Sommer, wenn der Schädlingsdruck noch nicht oder nicht mehr so groß ist.

Zwiebeln sind Mittelzehrer und brauchen dementsprechend weniger Nährstoffe im Boden.

Dream-Teams im Beet

Neben Bohnen und Mais sind auch Möhren und Zwiebeln sehr gute Partner im Beet. Sie sind vom Reihenabstand ähnlich und halten sich gegenseitig die Schädlinge vom Leib. Auch optisch passen sie gut zusammen, denn die Pflanzen werden in etwa gleich hoch. Tagetes ist als dritter Partner bei beiden Kulturen willkommen. Gerade bei Möhren wirken sie Wunder, weil durch sie Nematoden im Boden vertrieben werden, mikroskopisch kleine Fadenwürmer, die die Möhren häufig krumm und ungewöhnlich werden lassen.

Basilikum und Tomaten sind nicht nur auf dem Teller eine gute Kombi: Basilikum vertreibt nämlich weiße Fliegen von den Tomaten. Deren klebrige Ausscheidungen (Honigtau) auf den Blättern behindern die Fotosynthese. Kräuter sind generell ein guter Partner für Gemüse. Dill zum Beispiel ist ein wahrer Nützlingsmagnet – und die Nützlinge fressen dann zum Beispiel fleißig Blattläuse von den Gemüsepflanzen.
Knoblauch wirkt im Boden antibakteriell und hält ebenfalls Schädlinge fern. Alles, was in seiner Nähe wächst, wird im Wachstum unterstützt.
Ein leidiges Thema ist die Frage nach einer Mischkultur mit Gurken und Tomaten. Die einen sagen »Geht gar nicht«, die anderen »Überhaupt kein Problem«. Tatsache ist: Beide Kulturen sind Starkzehrer und haben einen unglaublichen Nährstoffverbrauch. Beide haben also ähnliche Bedürfnisse und stehen sich damit ein wenig im Weg. Dennoch habe ich bei mir im Garten schon gute Ernte eingefahren, wenn ich beide Kulturen nebeneinander gepflanzt habe. Also: einfach ausprobieren.
Ich habe in meinem Garten ausreichend Platz, sodass meine Pflanzen jedes Jahr rotieren können. Aber nicht immer lassen sich Mischkultur und Fruchtfolge so umsetzen, wie es für den größtmöglichen Ertrag optimal wäre. Auf der anderen Seite sind die Unterschiede aber auch nicht so gravierend, dass das wirklich schlimm ist. Es gibt sogar einige Gartenkollegen, die gar nichts auf das Thema Mischkultur geben. Ich empfehle dennoch, gerade Gemeinsamkeiten und Vorteile von besonders guten Partnern zu nutzen.

Tagetes

Die Studentenblume bringt Farbe ins Beet und hält noch dazu Schädlinge von Möhren fern. Viele Sorten haben außerdem essbare Blüten.

MEINE GRÖSSTE ÜBERRASCHUNG

Der Markt für Gartenprodukte wächst und wächst. Im Internet gibt es am laufenden Band »Gartentipps, die du unbedingt kennen solltest«. Häufig sind diese Tipps Quatsch. Außerdem »wissen« Pflanzen von Natur aus, was ihre Aufgabe ist – nämlich Früchte bilden, mit möglichst vielen Samen, um sich möglichst gut zu vermehren. Die Pflanze braucht keine fünf Erden, keine sieben Dünger und keine drei Pflanzenschutzmittel im Laufe einer Saison. Wir neigen immer mehr dazu, unsere Pflanzen zu verwöhnen. Und alles, was verwöhnt wird, wird irgendwann unselbstständig. Es sollte also viel mehr darum gehen, die Pflanze zu fördern. Statt sie ständig zu düngen, zum Beispiel ihr Wurzelwachstum stärker fördern. Denn kräftigere Wurzeln nehmen von selbst mehr Nährstoffe auf. Vielleicht sollten wir überhaupt weniger pflegen und erst einmal schauen, wie gesund eine Pflanze wächst. Ich neige selbst oft dazu, da etwas wegzuschneiden und dort noch mal zu düngen. Aber dann bin ich wieder verwundert, dass »verwahrloste« Pflanzen so ertragreich sind. Manchmal komme ich in den Garten, entdecke eine neue erntereife Pflanze und denke bei mir, wie wenig ich dafür eigentlich getan habe.

Zucchini

An die Töpfe, fertig, los!

Eine kräftige Jungpflanze ist Grundvoraussetzung für gutes Wachstum und eine reiche Ernte. Bei der Jungpflanzenanzucht geht es also in erster Linie darum, Pflanzen heranzuziehen, die später auch mit Ereignissen wie Trockenheit und Schneckenfraß gut zurechtkommen.

Eine kräftige Jungpflanze zeichnet vor allem eines aus: ein gutes Wurzelwachstum. Denn Pflanzen brauchen nicht nur viele, sondern auch besonders feine, verzweigte Wurzeln. Kennt ihr das, wenn ihr einen Obstbaum kauft oder Basilikum und sie aus dem Topf beziehungsweise Container nehmt? Genau: fester Wurzelballen, keine Erde, die wegrieselt, stark ineinander verzweigte Wurzeln. Genau so was braucht ihr auch bei den Gemüsepflanzen. Denn die Wurzeln sorgen später für Stabilität und garantieren eine gute Wasser- und Nährstoffaufnahme – für eine vitale und ertragssichere Pflanze.

Es lohnt sich, Pflanzen vorzuziehen, denn das verschafft ihnen einen ordentlichen Vorsprung im Beet.

DAS SAATGUT

Sobald die eine Gartensaison vorüber ist, mache ich mir auch schon wieder Gedanken über die nächste. Im November und Dezember sitze ich an meiner Gartenplanung und teile mein Gemüsebeet und die Gewächshäuser grob ein. Wenn ich weiß, wo in etwa ich welche Kultur anbaue, rechne ich mir den Bedarf an Saatgut aus. Und da ich immer noch einen großen Pflanzenverkauf veranstalte, kommt am Schluss noch mal einiges an Großpackungen dazu. Wichtig beim Saatgutkauf ist, sich nicht von den Bildern auf dem Tütchen blenden zu lassen. Saatgut gibt es wie Sand am Meer, allein bei Tomaten gibt es schätzungsweise mehrere Zehntausend Sorten und jede einzelne hat ihre ganz besonderen Merkmale. Worauf es ankommt, ist, eine Sorte zu finden, die zu den Bedingungen in eurem Garten passt. Eine Tomate, die nicht resistent gegen die Braunfäule ist, oder eine Gurke, die nur im Gewächshaus ertragreich ist, bringt euch nichts, wenn ihr nur ein kleines Gemüsebeet habt. Schaut euch also genau an, welche spezifischen Eigenschaften die Sorten haben: Wie groß wird die Pflanze? Wie viel Platz braucht sie im Beet? Welche Ansprüche stellt sie an Licht und Boden?

Samenfestes Saatgut oder F1-Hybride?

Was die Qualität und später auch den Ertrag einer Pflanze angeht, liegt der große Unterschied also nicht beim Saatguthersteller. Es kommt einfach auf die Sorte an – und die gibt es oft bei mehreren Herstellern. Allerdings sind bei einigen nur vier bis sieben Körner in den Tütchen, bei anderen sechsmal so viele. Entscheidend ist hier, ob eine Sorte samenfest ist oder es sich um eine F1-Hybride handelt. Viele Hobbygärtner wollen samenfestes Saatgut, das sie selbst vermehren und weiterkultivieren können. Dieses Verfahren ist auch für die Produzenten von Saatgut einfacher, weswegen in diesen Tüten immer mehr Körner enthalten sind.

Viele Profibetriebe verwenden F1-Hybriden. Das F1 steht für die erste Filialgeneration einer Kreuzung. In diesem Fall werden zwei Sorten zu einer neuen F1-Sorte zusammengeführt. Die eine Tomate ist zum Beispiel sehr ergiebig und besonders lecker, die andere resistent gegen die Kraut- und Braunfäule. Die gekreuzte Sorte vereint dann alle diese Eigenschaften in sich, ist also resistent UND trägt viele wohlschmeckende Früchte. Außerdem sehen alle Pflanzen ungefähr gleich aus und tragen auch etwa zur gleichen Zeit.

Das Angebot an Jungpflanzen ist überschaubar. Wenn ihr besondere Sorten anbauen wollt, kommt ihr um Samen nicht herum.

Das Problem an den F1-Sorten ist, dass ihr kein eigenes Saatgut aus den Früchten nehmen könnt. Genauer gesagt: Ihr könnt das natürlich schon, aber die besonderen Eigenschaften spalten sich in der nächsten (F2-)Generation wieder auf. Zieht ihr aus diesen Samen neue Pflanzen, kann es also vorkommen, dass sie zwar besonders gut wachsen, aber kaum Früchte tragen. Oder dass die Früchte alle unterschiedlich aussehen. Das passiert euch bei samenfestem Saatgut nicht. Preislich ist samenfestes Saatgut auch günstiger und zudem kann man es, wie gesagt, selbst weitergewinnen und muss es nicht in jedem Jahr neu kaufen.

Welche Saatgutform ist also besser?

Bei krankheitsanfälligen Pflanzen wie Gurke, Kürbis und Zucchini mit Mehltau oder Tomaten mit der Kraut- und Braunfäule habe ich mit F1-Hybriden, die resistent sind gegen diese Krankheiten, bessere Erfahrungen gemacht. Ich nutze insgesamt meist 50 Prozent Hybridsaatgut und 50 Prozent samenfestes Saatgut – auch wenn ich selbst kaum Saatgut von meinen Pflanzen nehme. Das überlasse ich den Profis, um keine Krankheiten zu vermehren oder andere Sorten einzukreuzen. Dennoch finde ich alte und samenfeste Sorten gut – solange sie noch mit den sich ändernden und immer wärmer werdenden Sommern klarkommen. Einige alte Sorten werden mit den Extremwetterereignissen nicht mehr fertig, schießen und gehen zu früh in Blüte oder entwickeln ganz schnell Mehltau. In diesen Fällen wechsle ich auf eine modernere samenfeste Sorte oder eine F1-Hybride.

VORTEILE EINER PFLANZENANZUCHT

Pflanzen vorzuziehen hat einige wesentliche Vorteile. Zum einen ist die Auswahl an Saatgut um vieles größer als die Auswahl an Pflanzen im Handel. Damit habt ihr die Möglichkeit, viel schönere und geschmacklich bessere Sorten anzubauen. Zum anderen sind die Beete durch eine gezielte Planung deutlich kürzer belegt, sodass ihr auf ein und demselben Stück mehrere Kulturen pro Jahr anbauen könnt. Ich säe zum Beispiel im Januar Kohl aus, der im März gepflanzt und im Mai geerntet wird. Währenddessen ziehe ich bereits ab Ende März Tomaten vor, die dann nach der Kohlernte im Mai ausgepflanzt werden. Und zum Herbst hin, wenn die Tomaten zu schwächeln beginnen, ziehe ich Winterporree oder Winterkopfsalat an, um noch bis in die kältere Jahreszeit hinein ernten zu können.
Weitere Pluspunkte: Bei der Pflanzenanzucht spart ihr bedeutend Wasser, da ihr eure kleinen Pflanzen gezielt wässern könnt. Die Pflanzen werden zudem kräftiger, weil ihr bereits im Haus die perfekten Bedingungen schaffen könnt: Mit einer guten Anzuchterde und dem passenden Licht wachsen sie auch dann schon, wenn es draußen noch kalt und dunkel ist (siehe Seite 39 ff.).

TIPP

GELBTAFELN

Gelbtafeln werden gerne eingesetzt, um Trauermücken zu fangen. Das Problem mit den Trauermücken ist nur leider gar nicht so sehr, dass sie durch die Luft fliegen, sondern dass sie ihre Eier in der Pflanzerde ablegen. Die geschlüpften Larven knabbern dann die Wurzeln der Pflanze an, weshalb die Pflanze im schlechtesten Fall sogar eingehen kann. Die Mücken zu fangen ist daher nur der erste Schritt. Um sie daran zu hindern, ihre Eier abzulegen, bringt ihr am besten eine Schicht feinen weißen Sand oder Vermiculite auf der Erde aus. Durch sie kommen die Trauermücken nicht durch. Sind die Eier bereits abgelegt, hilft nur noch, Nematoden als nützliche Gegenspieler in den Boden zu bringen, die die Trauermückenlarven fressen. Nematoden können im Internet oder Gartenfachmarkt bestellt werden.
Der alte Tipp, Streichhölzer kopfüber in die Erde zu stecken, um die Trauermückenlarven zu vertreiben, bringt dagegen gar nichts. Früher enthielten die Köpfchen tatsächlich noch viel Schwefel, der den Tierchen nicht bekam. Heute sind Streichhölzer aber nachhaltig und enthalten nicht mehr genug von diesem Stoff, um die Mücken noch ausreichend zu bekämpfen.

Um Platz zu sparen, werden die Samen in Schalen gesät. Erst wenn sich das erste Blattpaar gebildet hat, werden die Pflänzchen in einzelne Töpfe pikiert.

NACHTEILE EINER PFLANZENANZUCHT

Man muss aber schon auch sagen, dass eine Anzucht deutlich mehr Zeit erfordert. Während andere Hobbygärtner noch gemütlich am Ofen sitzen und sich ihre Pflanzen erst dann kaufen, wenn es so weit ist, starte ich bereits Mitte Januar mit dem Aufbau und den ersten Aussaaten. Das bedeutet regelmäßig gießen und nach den Pflanzen schauen sowie tägliche Kontrollen und Schutz vor Kälte, sobald die Pflanzen später im April dann draußen im Folientunnel stehen, um abzuhärten.

Vier Monate Arbeit für ein paar Pflanzen? Lohnt sich das? Ich finde: Ja! Denn die Vorteile überwiegen. Deshalb ziehe ich immer wieder gerne Pflanzen vor, auch wenn mich die kalten Nächte bis Mitte Mai schon einige Nerven gekostet haben. Ich ziehe sogar möglichst viele Kulturen vor, denn in den letzten Jahren hat es sich durchaus als sinnvoll erwiesen, den Schnecken und Kaninchen in meinem Garten ein Stück voraus zu sein. Während der direkt ins Beet gesäte Salat kaum eine Chance hat, überhaupt richtig aufzugehen, ist der vorgezogene bereits groß genug, dass nicht jeder kleine Fraßschaden gleich sein Ende bedeutet.

Wenn ich Pflanzen vorziehe, säe ich außerdem immer zwei bis drei Körner mehr aus. Eines geht sowieso immer nicht auf und später kann ich die zwei stärksten Pflanzen stehen lassen.

PASSENDE PFLANZGEFÄSSE

Was ihr als Pflanzgefäße nehmt, spielt für das Wachstum eurer Pflanze kaum eine Rolle. Das Gefäß sollte zwar möglichst einen Wasserablauf haben und eher in die Tiefe als in die Breite gehen. Aber grundsätzlich funktioniert die Anzucht in allen möglichen Gefäßen. Ich selbst hebe zum Beispiel schon seit Jahren die Kunststoffschalen auf, in denen Champignons oder Erdbeeren verkauft werden. Sie sind perfekt für die erste Zeit der Anzucht bis zum Pikieren, denn in so eine Schale passen gut und gerne 15–20 Körner.

Nach dem Pikieren sollte dann ein Pflanztopf gewählt werden. Auch hier spielt keine Rolle, ob der nun rund oder eckig ist. Wichtig ist, die passende Größe zu finden – je nachdem wie groß die Pflanze bis zur Auspflanzung werden soll. Eine Chili, die vier Monate vorgezogen wird, braucht einen größeren Topf als ein paar Kohlpflanzen, die nur vier Wochen »warten«, bis sie in den Garten ausgepflanzt werden. Mit 9 x 9 Zentimeter habe ich einen passenden

Topf für fast alle Kulturen gefunden, den ich noch dazu kostenlos in großen Mengen bekommen kann.

Mein Tipp: Fragt bei Gartencentern oder Unternehmen für Garten- und Landschaftsbau nach. Dort fallen das ganze Jahr über unzählige Pflanztöpfe an, die sonst entsorgt werden. Ich schaue auch gerne auf Friedhöfen vorbei, denn zur Pflanzzeit sind die Container dort voll mit Töpfen und Schalen aller Art. Aber auch hier gilt: Lieber vorher erst bei der Verwaltung oder einem Friedhofsgärtner nachfragen, auch wenn die Töpfe sonst auf dem Müll landen.

Worin sie wachsen, ist Pflanzen ziemlich egal. Hauptsache ist, sie wachsen in guter Erde und haben es ausreichend hell.

WOMIT IHR WANN STARTET

Die Zeit, in der ihr Pflanzen vorzieht, beginnt im Januar und endet im August. Die Hauptzeit der Pflanzenanzucht ist Ende Februar bis Anfang Mai. Eine Übersicht, wann ich mit welcher Kultur starte, findet ihr auf Seite 47.

Kultur	Zeitraum (empfohlen)
Aubergine	Mitte Februar – Anfang März
Bohne	Mitte April – Anfang Mai
Chili	Januar – Februar
Erbse	Februar – Mai
Erdbeere	Januar – Februar (Ernte im selben Jahr)
Erdnuss	Februar – März
Gurke	April – Mai
Kohl	Januar – März, Mai – Juni (Herbstkohl)
Kürbis	April – Mai
Melone	Mitte März – Mitte April
Paprika	Anfang Februar – Mitte März
Physalis	Mitte Februar – Anfang März
Tomate	Mitte März – Ende April
Zucchini	Mitte April – Juni
Zwiebel	Anfang Februar – Anfang April

Neben Töpfen gibt es auch spezielle Anzuchtplatten in vielen verschiedenen Größen. 15er-Platten eignen sich gut für Paprika, Chili und Tomate. Gurke, Kürbis und Zucchini passen in eine 24er-Anzuchtplatte und Kohl, Salat, Erbsen sowie Blumen in 54er/60er-Platten. Lauchzwiebeln kommen sogar mit noch weniger Platz aus. Alle Platten haben den Vorteil, dass ihr damit viele Pflanzen auf einem kleinen Fleck vorziehen könnt. An sonnigen Tagen ist es zudem einfacher, eine Platte rauszutragen als unzählige einzelne Töpfe. Achtet auf die Qualität der Platten, sie sollten schon recht stabil sein, weil sie sonst in der Mitte brechen können. Gute Anzuchtplatten kosten trotzdem nur etwa 5 bis 8 Euro – gerade mal so viel wie eine kleine Pizza Margarita beim Italiener. Und ihr könnt sie immer wieder verwenden.

CHECKLISTE EQUIPMENT

- Saatgut
- Aussaatschale
- Anzuchtplatten
- 9 x 9 cm große Pflanztöpfe mit Löchern
- Aussaaterde
- Anzucht-/ Pflanzerde
- Eisstiele zur Beschriftung
- Ballbrause
- Gelbtafeln (gegen Trauermücken)
- LED-Pflanzenlampe

Weiteres Zubehör

Zum sanften Bewässern der Aussaat empfehle ich euch eine Ballbrause. Denn selbst aus einer kleinen Gießkanne kommt meist schon so viel Wasser, dass die Saat direkt weggespült wird. Eine Ballbrause müsst ihr aber nicht kaufen. Ihr könnt einfach eine 1- oder 1,5-Liter-PET-Flasche nehmen und mit einem heißen Nagel einige Löcher in den Deckel piksen.
Damit ich später noch weiß, was in welchem Topf wächst, verwende ich Eisstiele, die ich mit Ziffern beschrifte. Die Ziffern ordne ich dann in einer Notiz auf meinem Handy fortlaufend den Sortennamen zu. Die Sortennamen selbst sind oft so lang oder kompliziert, dass ich sonst Nachmittage lang mit Beschriften beschäftigt wäre. Eine einfache Zahl tut es besser und schneller.

DER PASSENDE ZEITPUNKT – GIBT'S DEN ÜBERHAUPT?

Der Zeitpunkt spielt für die Aussaat einer Kultur eher eine Nebenrolle. Viel wichtiger ist es, die passenden Bedingungen zu schaffen. Im Haus gebt ihr diese Bedingungen erst einmal selbst vor – und die Tomate interessiert es kaum, welchen Monat wir eigentlich gerade haben.
Entscheidend dafür, wann ihr mit der Anzucht loslegt, ist die Kulturdauer, also wie viele Tage die Pflanze braucht, bis sie anfängt, reife Früchte auszubilden. Chilis beispielsweise wachsen sehr langsam und haben eine Kulturdauer von etwa 200 Tagen. Startet ihr erst im April mit ihrer Anzucht, werden die Früchte am Ende also nicht rechtzeitig vor dem ersten Frost reif.
Wann genau ihr aussät, entscheiden eure Bedingungen. Wie viel Platz habt ihr und wann kann die Pflanze nach draußen? Wenn ihr nur eine Tomate und eine Paprika für ein beheiztes Gewächshaus vorzieht, könnt ihr früher loslegen, weil ihr mehr Platz habt und zeitiger auspflanzen könnt als im Freiland. Wenn ihr kein Gewächshaus habt und 50 Tomatensorten heranzieht, die dann erst nach den Eisheiligen Mitte Mai nach draußen können, fangt ihr später an.

So gelingen Aussaat und Anzucht

Wenn ihr alles Nötige besorgt habt, euer Saatgut eingetroffen ist, ihr genug Pflanztöpfe habt, Eisstiele zur Beschriftung und eine fertige Sortenliste auf dem Telefon, geht es an die Aussaat.

Wenn man sich im Internet schlaumachen will, was nötig ist, um selbst Jungpflanzen heranzuziehen, sieht man die kuriosesten Dinge: Die einen »backen« Erde im Ofen, die anderen feilen das Saatgut mit der Nagelfeile an, die nächsten legen es in eine Plastiktüte mit Küchenpapier auf die Heizung oder säen es in Drainage. Ich kann euch verraten: All diese Dinge mache ich nicht und habe immer kräftige Pflanzen. Ich zeige euch hier, was wirklich wichtig ist – und das kann so einfach sein.

DIE ERDE

Die richtige Erde ist schon mal die halbe Miete.

Die wichtigste Voraussetzung, damit Pflanzen überhaupt gesund wachsen können, sind eine gute Nährstoffversorgung und eine lockere Struktur. Aus diesem Grund habe ich in den letzten Jahren unzählige Gartenerden getestet – und die Unterschiede sind echt beeindruckend.
Im Lauf der Zeit sind mir bei meiner Recherche ein paar Dinge aufgefallen, die eine gute Anzuchterde ausmachen. Aber vielleicht sollten wir erst einmal ein paar Begriffe klären:

- **Aussaaterde** ist nährstoffarm. Ich nutze sie von der Aussaat in Schalen bis zum Pikieren, also dem Vereinzeln der Keimlinge in Pflanztöpfe. Kulturen mit kurzer Anzuchtzeit können auch in der nährstoffarmen Erde bleiben.
- In den Töpfen, in die die Keimlinge nach dem Pikieren kommen, befindet sich dann **Anzucht-/Pflanzerde**, in der die Pflanzen groß werden. Anzuchterde ist also für die komplette Anzucht vorgesehen, von der Aussaat bis zur Pflanzung. Die Nährstoffversorgung für die ersten Wochen ist gesichert.
- **Tomaten- und Gemüseerde** oder **Blumenerde** nutze ich nicht für die Anzucht, ihre Eigenschaften sind für das junge Stadium der Pflanzen nicht geeignet. Ihr solltet sie erst später nutzen, wenn ihr eure Jungpflanzen in Kübel oder ins Hochbeet pflanzt.

Was macht eine gute Anzuchterde aus?

Sie ist vor allem nährstoffarm. Zu viele Nährstoffe lassen die Pflanze nämlich in die Höhe schießen und sehr schmal werden. Das nennt man vergeilen. Eine Pflanze kann aber auch durch zu wenig Licht vergeilen (zum Thema Licht erfahrt ihr ab Seite 43 gleich noch mehr). Enthält die Erde dagegen wenig Nährstoffe, wächst die Pflanze sehr kompakt und bildet kräftige Wurzeln, mit denen sie nach Nährstoffen sucht. Diese Wurzeln sind später wichtig, um Wasser und Nährstoffe aufnehmen zu können und damit die Pflanze stabil steht und nicht bei jedem Windhauch umknickt.

Die Struktur der Erde ist ebenfalls sehr wichtig. Eine Erde sollte locker und fluffig sein, nicht klebrig und nass. Die Wurzeln der kleinen Pflanzen können sich in lockerem Substrat viel besser entwickeln, es kommt mehr Luft an sie und es bildet sich keine Staunässe. Ob Erde für die Anzucht geeignet ist, erkennt ihr anhand der Schneeballtechnik. Dazu formt ihr die Erde in der Hand wie einen Schneeball. Fällt sie locker und fluffig auseinander, ist sie für die Anzucht geeignet. »Klebt« sie zusammen, ist sie für eine Anzucht ungeeignet.

Eine gute Anzuchterde enthält außerdem noch Zusatzstoffe wie Perlite oder Trichoderma. So lassen sich die stärksten Pflanzen für eine reiche Ernte ziehen.

- **Perlite:** Häufig ist ein weißes Granulat verarbeitet, das aussieht wie Styropor. Dabei handelt es sich um Perlite, ein Vulkangestein, das unter Hitze aufgeploppt wurde und die Erde lockerer macht. Anzuchterde ist im Vergleich zu Gartenerde daher häufig viel leichter – das ist immer ein gutes Zeichen. Perlite gibt es auch separat zu kaufen. Wenn ihr eure Anzuchterde selbst mischen möchtet, könnt ihr Perlite also auch zufügen.
- **Trichoderma:** In guten Pflanzerden ist dieser nützliche Bodenpilz verarbeitet. Er befällt die Wurzeln der Pflanzen und schützt sie vor schädlichen Pilzen und Bakterien. Er wirkt also wie ein Schutzschild und unterstützt damit das Immunsystem der Pflanzen. Darüber hinaus fördert Trichoderma auch das Wurzelwachstum, da vermehrt Auxine gebildet werden – Pflanzenhormone, die das Wachstum anregen. Durch mehr Verwurzelung ist die Pflanze wieder besser versorgt. Es wird also eine Kettenreaktion losgetreten, die das Pflanzenwachstum verbessert.

Kokos und Torf in der Erde

Würde ich in diesem Buch darüber schreiben, wie man möglichst nachhaltig gärtnert, dann würde ich sagen, dass ihr auf diese beiden Stoffe verzichten könnt. In diesem Buch geht es aber um eine reiche Ernte. Darum, wie man das Maximum aus der Pflanze herausholt. Und da haben diese beiden Stoffe einfach eine unglaublich gute Wirkung auf das Wachstum. Deshalb sind sie im Profigartenbau auch schwer wegzudenken.

TIPP

SCHIMMLIGE ERDE

Ist ein Pilz auf der Anzuchterde zu sehen, liegt das daran, dass die Erde zu feucht ist. Und feuchte, klebrige Erden, das wisst ihr ja jetzt, sind nicht für die Anzucht geeignet. Grundsätzlich sind kleine Schimmelpilze aber nicht schlimm. Viele Materialien enthalten naturbedingt Pilzsporen, wie Holzfasern oder Rindenmulch. Deswegen ist die Erde nicht unbedingt schlecht. Einmal aufgelockert und etwas trockener gehalten, sind die Pilze schnell wieder verschwunden.

Auf Kokos könnte ich persönlich noch verzichten. Es ist zwar meist ein Abfallprodukt, enthält aber unglaublich viele Salze, wodurch es, einfach so verwendet, in Erden in der Regel zu scharf ist. Deshalb muss es erst einmal salzarm gewaschen werden – und das ist in Ländern, wo Trinkwasser eh schon knapp ist, nicht gerade ökologisch. Dazu dann noch der lange Transport – ich glaube, das macht es nicht besser. Was überhaupt für Kokos spricht? Es enthält Pflanzenhormone (Auxine), die das Wurzel- und Pflanzenwachstum verbessern. Allerdings kann man das auch auf andere Art fördern, zum Beispiel mit den oben genannten Trichoderma.

Torf dagegen nutze ich sehr gerne, auch wenn mir hier ebenfalls bewusst ist, dass es nicht die nachhaltigste Variante ist. Aber Torf hat mit Abstand die allerbesten Eigenschaften für das Pflanzenwachstum. Nährstoffe und Wasser werden praktisch wie in einem Schwamm festgehalten, darüber hinaus ist Torf superlocker.

In Deutschland wird der Abbau von Torf stark kontrolliert. Es dürfen keine Moore mehr stillgelegt werden und nur in sehr wenigen der bereits stillgelegten Flächen darf weiter Torf abgebaut werden. Es gibt zudem Anbieter, die sich nach dem Abbau für Wiedervernässung und Renaturierung engagieren. Das ist aber leider kein europaweiter Standard. Im Ausland wird Torf sehr oft in naturnahen Moorgebieten abgebaut. Umso wichtiger finde ich es, sich über die Herkunft und den Anbieter zu informieren.

Ein guter Mittelweg ist für mich außerdem, Torf wirklich nur für die Anzucht zu verwenden. Denn dort gibt es noch wenige Alternativen, die genauso vielversprechend sind. Im Gemüsegarten später, im Gewächshaus, im Hochbeet oder Kübel: Überall dort braucht es keinen Torf mehr.

Anzuchterde muss schön locker sein und darf nicht zu viele Nährstoffe enthalten.

Kompost ist keine Alternative

Billige Anzuchterden aus dem Discounter sind häufig mit viel Kompost gestreckt, um sie günstig zu halten. Damit habe ich schlechte Erfahrungen gemacht. Kompost ist zwar im Garten ein echtes Wundermittel (siehe ab Seite 59), und auch wenn ich ihn zur Bodenverbesserung wirklich gerne und oft einsetze: Für die Aussaaterde ist er leider zu nass, zu schwer und zu nährstoffreich. Allenfalls in Anzuchterde kann ein ganz kleiner (!) Anteil davon sinnvoll für das Wachstum sein.

TIPP

TRAUERMÜCKEN IN DER ANZUCHTERDE

Ich wurde schon häufig auf Instagram gefragt, was ich gegen Trauermücken in der Anzuchterde empfehle. Ich antworte dann immer dasselbe: »Kauft euch frische Anzuchterde direkt beim Hersteller.« Zum Zeitpunkt der Abfüllung sind die allermeisten Substrate trauermückenfrei. Das liegt am Prozess und an den trockenen Substanzen. Entscheidend ist die Lagerung nach der Abfüllung: In den Geschäften liegen die Säcke mit der Anzuchterde meistens draußen auf einer Palette. Dort ist es nass, in der Sonne warm – beides lieben die Trauermücken. Also ziehen sie durch die Lüftungslöcher und Risse im Sack ein und machen es sich bequem. Ich bestelle im Januar immer direkt beim Hersteller eine Palette voll, die reicht bei mir dann bis Mai. Bis dahin lagere ich die Erde kühl und vor Sonnenlicht geschützt. Überhaupt sollte Erde nicht länger als ein Jahr liegen, da sich Nährstoffzusammensetzung und Struktur sonst verschlechtern können.

Eigene Anzuchterde mischen?

Ich sag es gleich: Ich bin kein Freund davon, sich eigene Anzuchterde zu mischen. Preislich und nachhaltig gesehen wäre das zwar bestimmt eine gute Variante. Allerdings habe ich im Garten mit meinem sandigen Gartenboden, nährstoffreichem Kompost und schwerer Maulwurfshügelerde einfach nicht die passenden Ausgangsstoffe dafür. Und mir mit Perlite und Kokos selbst eine Erde zu mischen erscheint mir auch nicht wirklich sinnvoll. Da spare ich mir lieber die Arbeit und kaufe gleich beim Händler. So habe ich auch keine Unkrautsamen in der Erde – anders als in meiner ersten Anzuchtsaison, als ich mir die Erde einmal selbst gemischt habe.

Zwar wird oft empfohlen, die Erde gegen Unkräuter einfach abzudämpfen. Davon kann ich aber wirklich nur abraten – egal, ob bei gekaufter oder selbst gemischter Erde. Wer seine Erde im Backofen bei 200 Grad erhitzt, muss nicht nur mit einem unglaublichen Gestank rechnen. Er hat am Ende auch einen Haufen tote Erde. Keine Mikroorganismen mehr, kein Bodenleben! Und was kommt dann als Erstes zurück? Alles Schlechte wie Unkräuter und Pilze – so wie bei uns Menschen, wenn wir kein starkes Immunsystem haben. Und dass man für meinen Garten den Ofen quasi rund um die Uhr laufen lassen müsste, brauche ich eigentlich gar nicht zu erwähnen.

HER MIT DEM LICHT!

Pflanzen vergeilen nicht nur, wenn sie zu viele Nährstoffe bekommen (siehe Seite 40), sondern auch, wenn es ihnen an Licht mangelt. Sie werden dann zu schnell groß und biegen sich noch dazu in eine bestimmte Richtung – dorthin, wo sie besseres Licht erwarten.

Die richtige Beleuchtung ist außerdem wichtig, damit die Pflanze nicht zu früh in die Blütenbildung geht. Eure Jungpflanzen sollen erst groß und stark werden, um später viele Früchte bilden zu können. Kommen die ersten Früchte zu früh, stellt die Pflanze das Wachstum überwiegend ein. Und das war's dann meist auch mit den restlichen Früchten.

Ich ziehe meine Pflanzen seit ein paar Jahren immer in einem Kellerraum vor, der kein Fenster hat, durch das natürliches Licht an die Pflanzen kommen kann. Stattdessen arbeite ich mit LED-Pflanzenlampen. Diese sogenannten Growlights sollen den perfekten Tagesablauf für das Pflanzenwachstum simulieren. Sie hängen etwa 30 Zentimeter über den Pflanzen und leuchten mit der Zeitschaltuhr zwölf Stunden am Tag, von 8 bis 20 Uhr, wodurch sie in etwa die Lichtverhältnisse im April simulieren und damit das Licht, wenn die Pflanzen dann nach draußen kommen.

Auch bei einer Anzucht auf der Fensterbank oder im Wintergarten empfehle ich bis Ende März eine zusätzliche Beleuchtung. In den ersten Monaten des Jahres sind die Tage noch sehr kurz und die Sonne scheint kaum – und wenn doch, steht sie meist sehr tief und das passende Licht kommt nicht an die Pflanzen.

Ich schalte die Pflanzenbeleuchtung immer direkt nach der Aussaat an. Manche Pflanzen wie Erdbeeren und Salat sind ohnehin Lichtkeimer. Sie brauchen definitiv ein Licht zur Keimung und sollten deshalb auch nur kaum bis gar nicht mit Erde bedeckt werden. Meine Erfahrung ist aber, dass auch Dunkelkeimer, die etwas tiefer in die Erde kommen, Licht benötigen, um den Weg nach oben zu finden. Deswegen beleuchte ich auch Chilis und Erdnüsse, die ich beide sehr gerne anbaue. Sie brauchen allerdings eine geringere Lichtintensität. Licht- und Dunkelkeimer zu unterscheiden ist übrigens recht einfach: Je größer ein Samenkorn ist, desto mehr Eigenenergie hat es für die Keimung – und desto tiefer kann es in die Erde. Feine Samen brauchen die Unterstützung von Licht, um die Keimung im Samenkorn auszulösen.

Anzuchtlampen setzen auf rotes und blaues Licht, um das Wachstum optimal zu fördern.

Das Besondere an den LED-Pflanzenlampen ist die Farbkombination Rot und Blau. Einige Pflanzenlampen konzentrieren sich nur auf diese beiden Farben, andere sehen dem Tageslicht ähnlich, wobei darin auch Rot und Blau enthalten sind: Rot beim Sonnenauf- und -untergang – meist recht offensichtlich, wenn sich der Himmel verfärbt. Der Blauanteil ist am stärksten, wenn die Sonne mittags hoch am Himmel steht.
Beide Farben haben einen sehr großen Einfluss auf die Fotosynthese, rotblau angeordnete Lampen konzentrieren sich sozusagen einfach nur auf das Wesentliche:

- Rot hat die Aufgabe, in der Pflanze Wachstum auszulösen. Deshalb ist der rote Anteil in Pflanzenlampen meist etwas höher.
- Blau ist der Gegenspieler und drosselt das Wachstum.

Im Optimalfall wächst die Pflanze durch das rote Licht zügig nach oben, während sie gleichzeitig vom blauen Licht kompakt und buschig gehalten wird. Das ist auch der Grund, warum es bei der Anzucht im Haus eine zusätzliche Beleuchtung braucht. Die Pflanzen, die am Fenster in Richtung Osten oder Westen stehen, bekommen zu viel rotes Licht ab und vergeilen, weil kein blaues Licht entgegenwirkt. Und Pflanzen unter einem Dachfenster bleiben klein und mickrig, weil nur blaues Licht zu ihnen scheint. Die beste Option bietet diesbezüglich noch ein Südfenster, weil dort schon ab Anfang März genug Licht hineinkommt. Wenn ihr einen guten Platz am Südfenster habt, genügen daher ein paar zusätzliche Lichtstunden am Morgen und Abend, um das Wachstum zu unterstützen.
Ab Anfang April ziehen meine Pflanzen in den Garten. Dort wachsen sie bis Mitte Mai im Folientunnel weiter. Licht und Tageslänge draußen reichen nach der Zeitumstellung Ende März dann für die Pflanzen aus.

TIPP

LUX-METER-APP

Ich kann euch nur empfehlen, euch eine LUX-Meter-App herunterzuladen. Sie sind meist kostenlos und zeigen euch an, wie viel Licht an dem Platz ankommt, an dem eure Pflanze steht. Bei mir sind das an den Fenstern 300–1000 LUX (Beleuchtungsstärke) und unter den Pflanzenlampen etwa 10.000. Die App hilft euch also, herauszufinden, wo eure Pflanzen am besten stehen sollten.

PIKIEREN

Nach der Aussaat heißt es erst einmal abwarten, bis sich die Keimlinge zeigen. Inzwischen müsst ihr die Erde einfach nur feucht halten.
Wenn ihr in einer kleinen Schale 20 Samen ausgesät habt und alle aufgegangen sind, geht es ans Pikieren. Meist ist es nach circa zehn Tagen so weit, wenn sich das erste richtige Blattpaar gebildet hat. Die Keimblätter davor sind unwichtig, sie sterben später ab.
Beim Pikieren werden die Pflänzchen in separate Pflanztöpfe vereinzelt, in denen sie groß werden können. Pikieren klappt sehr gut mit dem Eisstiel, mit dem ihr jedes Pflänzchen einzeln vorsichtig aus der Erde hebt und versetzt. Den Eisstiel könnt ihr danach gleich als Pflanzenschild verwenden. Denn spätestens, wenn ihr mehr als zwei Kulturen sät, verliert ihr schnell den Überblick. Glaubt mir.

Wenn das erste richtige Blattpaar da ist, wächst der Stängel nicht mehr viel nach oben. Zu frühes Pikieren führt meistens dazu, dass der Stiel doch wieder höher schiebt. Deshalb fülle ich die Töpfe beim Pikieren nur bis zu 90 Prozent mit Erde auf. In den ersten Tagen zieht sich das Substrat zusammen und fällt etwas ab, und so kann ich nach etwa 14 Tagen noch einmal bis zur Kante des Pflanztopfs mit Erde auffüllen.

Tomate, Paprika, Aubergine, Chili, Physalis, Erdbeere und Kohl: Das alles wird bei mir pikiert. Sobald sich das erste Blattpaar ausbildet, werden sie bis zu diesem in die Erde gesetzt. Gerade Tomaten sollten sehr tief gesetzt werden, da sie sich auch am Stamm verwurzeln können.

Melone, Gurke, Kürbis und Zucchini werden nicht pikiert. Diese Pflanzen vertragen es nicht, wenn man ihnen noch einmal an die Wurzeln geht. Während das bei diesen Kulturen das Wachstum hemmt, kann es bei anderen Kulturen wie Zwiebelgewächsen sogar das Wachstum fördern. In einer kleinen Anzuchtplatte können diese Pflanzen einzelne Wurzelballen bilden und dann verpflanzt werden. So spart ihr euch erst Platz und bringt eure Pflanze später nicht ins Stocken. Ich mache das häufig bei Melonen. Die säe ich ein Korn pro Parzelle in 60er-Anzuchtplatten aus und vereinzele die Pflanzen dann in größere Töpfe. Besonders interessant ist diese Methode für alle ohne Gewächshaus, wo die Anzucht also noch länger im Haus bleiben muss.

TIPP

KARTOFFELN VORZIEHEN

Kann man Kartoffeln vorziehen? Nicht ganz, man kann sie aber vortreiben lassen. Ich mache das ab Mitte März, um sie dann Ende März direkt ins Beet zu pflanzen. Um diese Zeit ist es meistens noch sehr kalt und die Keimung würde sonst doppelt so lange dauern.

Die Kartoffeln kommen zum Vortreiben ohne Erde und ohne Wasser einfach in einen (Eier-)Karton oder in eine Kiste. In einem kühlen Raum ohne Licht treiben sie dann schnell aus. Kartoffeln auf der Fensterbank trocknen aus und werden schrumpelig oder im Licht grün. Das passiert bei mir leider ziemlich häufig mit meinen Speisekartoffeln, die dann gleich austreiben wollen. Ihr könnt einfach solche Speisekartoffeln auspflanzen, das funktioniert auch. Der Unterschied zu speziellen Pflanzkartoffeln besteht in der Qualität. Pflanzkartoffeln werden sorgfältiger sortiert und auf Krankheiten überprüft, kurz und knapp gesagt sind sie gesünder.

BEWÄSSERUNG

Einer der häufigsten Fehler bei der Anzucht ist, Jungpflanzen zu häufig zu gießen. Natürlich darf der Keimling im ersten Schritt nach der Aussaat nicht austrocknen, sonst stirbt er ab. Er darf aber auch nicht zu nass gehalten werden, dann schimmelt er nämlich. Ich gieße deshalb nach der Aussaat einmal gut an und danach nur noch etwa alle drei bis vier Tage, wenn die Erde oben wieder trocken ist.

Die Aussaat und meine Jungpflanzen gieße ich immer von oben, denn wenn ich den Topf in eine Wanne mit Wasser stellen würde, käme das Wasser nicht hoch genug – zumindest kann ich nicht überprüfen, ob es weit genug nach oben zieht. Nur die Töpfe in Anzuchtplatten sind theoretisch klein genug, dass die Wurzeln rasch unten ankommen, sodass man Wasser in die Untersetzer füllen kann, das die Pflanzen dann einsaugen können. Allerdings sehe ich das als für die Anzucht ungeeignet an. Eine Jungpflanze muss »gequält« werden mit Trockenheit. Sie darf immer erst dann wieder Wasser bekommen, wenn die Blätter schon fast leicht schlappmachen. Einen größeren Boost könnt ihr eurer Pflanze gar nicht geben. In den Zeiten der Trockenheit bildet sie nämlich viele Wurzeln und wächst dementsprechend nach dem Gießen kräftig weiter. Keine Sorge: Eine Pflanze kann auch bei der Anzucht, wenn sie noch klein ist, ruhig einmal auf Wasser verzichten. Später ist es in der vollen Sonne schließlich auch mal tagelang trocken. Und wenn ihr jetzt das Wurzelwachstum fördert, kann die Pflanze im Beet, wenn einmal ein kräftiger Regenschauer kommt, viel mehr Wasser und Nährstoffe aufnehmen.

Also, noch mal auf den Punkt gebracht: Bewässern bei der Anzucht kurz und knapp, Saat feucht halten, Pflanzen sehr trocken. So fühlen sich, nebenbei, auch Trauermücken unwohl.

Anzucht-DIY: Selbst gemachte Ballbrause aus einer alten PET-Flasche.

DIREKTSAAT

Nicht jedes Gemüse wird vorgezogen. Einige Arten, so wie zum Beispiel Möhren, Radieschen und Feldsalat, werden direkt ins Beet gesät. Bei vielen Kulturen geht auch beides, etwa bei Mais, Erbsen, Bohnen und Zucchini.

Bei der Direktsaat ist es vor allem wichtig, den Boden vorher gut vorzubereiten. Die obere Erdschicht sollte locker und feinkrümelig sein, damit die Saat nicht erdrückt wird. Die meisten Kulturen säe ich in Rillen auf 1–3 Zentimeter Tiefe, die empfohlene Saattiefe und den Reihenabstand entnehmt ihr dem Saatguttütchen.

Bei der Direktsaat müsst ihr aufgrund von Wind und warmen Sonnenstrahlen häufiger gießen, denn auch hier darf die Saat niemals austrocknen.
Nach der Keimung könnt ihr auch im Freien pikieren. Möhren und Salat säe ich zum Beispiel viel zu dicht aus, damit ich auf keinen Fall Lücken im Beet habe. Wo sie später zu eng stehen, ziehe ich einzelne Möhrenpflänzchen einfach heraus. Und die Salate werden verpflanzt.

ANZUCHT ODER DIREKTSAAT

Hier noch einmal die Tabelle mit den häufigsten Kulturen und meinen Empfehlungen zur Anzucht oder Direktsaat:

Aubergine	Anzucht
Bohne	Anzucht & Direktsaat
Chili	Anzucht
Erbse	Anzucht & Direktsaat
Erdnuss	Anzucht
Erdbeere	Anzucht & Vermehrung über Ausläufer
Gurke	Anzucht
Kohl	Anzucht
Kürbis	Anzucht
Melone	Anzucht
Möhre	Direktsaat
Paprika	Anzucht
Physalis	Anzucht
Radieschen	Direktsaat
Salat	Direktsaat (Kopfsalate Anzucht)
Spinat	Direktsaat
Tomate	Anzucht
Zucchini	Anzucht & Direktsaat
Zwiebel	Anzucht & Direktsaat

Den idealen Zeitraum für die Direktsaat entnehmt ihr den Samentütchen.

WACHSTUMSPHASE

Während der gesamten Anzucht wird dann lediglich (wenig) gegossen und etwas Erde aufgefüllt. Gedüngt werden meine Jungpflanzen nicht. In den Anzuchterden, die ich verwende, stecken genug Nährstoffe, um sie vorerst zu versorgen. Die erste Düngung erfolgt dann bei der Auspflanzung (alles rund ums Thema Dünger findet ihr ab Seite 177 und natürlich gebe ich euch bei den einzelnen Gemüsearten ab Seite 70 immer wieder Tipps dazu). Neben Trockenheit und wenig Nährstoffen kann auch etwas Wind das Pflanzenwachstum fördern. Dafür reicht es meist schon, das Fenster kurzzeitig zu öffnen. Einige Hobbygärtner nutzen auch kleine Ventilatoren. In meinem Fall brauche ich das nicht, weil ich weder zu warm noch mit hoher Luftfeuchtigkeit arbeite, wie es beispielsweise in einer Gärtnerei mit Pflanzenanzucht geschieht. Dort ist eine gute Luftverteilung wichtig.

Bevor die Pflanzen endgültig ins Gewächshaus umziehen, sollen sie sich erst mal an die Temperaturen gewöhnen.

UMZUG IN DAS GEWÄCHSHAUS

Neben dem Tageslicht entscheidet auch die Temperatur darüber, wann ich mit den Pflanzen nach draußen gehe. Ein wenig kompliziert ist das schon manchmal, weil nicht alle Pflanzen gleich (un)empfindlich sind. Zwiebeln zum Beispiel mögen es gerne frisch und windig, während Paprika unter diesen

Bedingungen sicher ziemlich schnell die Blätter hängen lassen würden. Ich halte es daher so: Von Januar bis Anfang März sind bei mir alle (!) Pflanzen im Haus. Da ich ein Gewächshaus habe, können Anfang März die ersten umziehen. Für Salate, Zwiebeln und Kohlgewächse heißt es dann: Raus aus dem Haus, rein ins Glashaus. Durch die schon warmen Tage und noch kühlen Nächte werden sie abgehärtet.
Ab Ende März beginne ich mit der ersten Aussaat im Gewächshaus. Dort ziehe ich Melonen und Blumen wie Dahlien oder Zinnien aus Samen vor. Ab Anfang April kommen dann alle anderen Pflanzen aus dem Haus ins Gewächshaus, wo sie bis Mitte Mai auf die Auspflanzung warten. Ab Mitte/Ende April pflanze ich außerdem bereits Tomaten, Paprika und Chilis im Gewächshaus, wenn sie zuvor abgehärtet wurden. Pflanzen sind echte Überlebenskünstler. Sie wollen, wie von der Natur vorgesehen, groß werden und Samen und Früchte ausbilden. Oft werden sie aber zu sehr von liebevollen Hobbygärtnern verwöhnt. Abgefressene Pflanzen erholen sich und treiben neu aus. Pflanzen, die durch Trockenheit leicht gewelkt sind, bekommen nach ein wenig Wasser wieder starke und kräftige Blätter. Und Pflanzen, die an Kälte gewöhnt werden, überstehen auch kühle Nächte im Gewächshaus.

Dahlien

Die Sommerblumen lassen sich gut aus Samen ziehen. Ihr könnt aber auch Knollen kaufen und nach den Eisheiligen einsetzen.

Abhärten

Oft hört man, Tomaten und Gurken würden keine Temperaturen unter 8 Grad mögen. Das stimmt auch und ich mag auch keine Temperaturen unter 8 Grad, aber das ist noch lange kein Untergang. Eine im Haus bei konstant 20 Grad verwöhnte Jungpflanze wird auch Mitte Mai nach den Eisheiligen Probleme bekommen, wenn die Temperatur nachts noch mal unter 10 Grad fällt. Mein Tipp ist deswegen, die Pflanzen optimal vorzubereiten. Immer mit Blick auf den Wetterbericht in den nächsten Tagen setze ich sie dazu an einem warmen und bedeckten Tag ins Gewächshaus. So gewöhnen sie sich schnell ans echte Sonnenlicht und die tieferen Temperaturen in der Nacht. Durch die starken Temperaturschwankungen im Gewächshaus – dort hat es immerhin zwischen 5 und 30 Grad – ist die Pflanze dann auf alles vorbereitet. Und wenn für nachts weniger als 5 Grad angesagt sind, decke ich meine Pflanzen mit einem Vlies ab. Oft ist das nach sonnigen Tagen im April bis Mitte Mai nötig, nach denen auch die Nacht sehr klar ist. Dann »fange« ich abends um 17 Uhr mit dem Vlies die Temperatur um die 25–28 Grad ein. Es speichert die Wärme an den Pflanzen und der Gartenboden, der sich tagsüber erwärmt hat, gibt die Wärme nachts wieder ab und wirkt so wie eine Fußbodenheizung. Bis zu –2 Grad Außentemperatur brauche ich mir so keine Sorgen zu machen. Im Gewächshaus ist es meistens 2 Grad wärmer als draußen – und unterm Vlies sind es noch mal 7–10 Grad mehr.

Guter Boden – Voraussetzungen für eine reiche Ernte

Jeder Boden ist anders. In einigen Regionen ist er sehr lehmig, hart und klumpig, in anderen sehr sandig und fein. Beides ist nicht optimal für den Gemüseanbau, denn für eine reiche Ernte braucht es nun mal vor allem einen guten Boden. In schlechten Böden perlt das Wasser ab und die Nährstoffe fließen an der Pflanze vorbei.

Um die Bodenfruchtbarkeit zu erhöhen, setze ich im Herbst gerne auf Gründüngung. Denn die pflanzlichen Reste zersetzen sich nach und nach zu wertvollem Humus, der dann wie ein Schwamm Wasser und Nährstoffe festhält. Zusätzlich fahre ich jedes Frühjahr Schubkarren voll Gartenkompost auf die Beete. Wie das alles richtig funktioniert, erkläre ich euch gleich im nächsten Kapitel »Den Boden fruchtbarer machen mit Kompost und Gründünger« (siehe ab Seite 59).

Für einen pH-Wert-Test im Gartencenter reicht eine Handvoll Erde aus dem Beet.

DER PH-WERT – MIT DAS WICHTIGSTE AM GARTENBODEN

Ihr habt eine starke Pflanze angezogen, dann beim Pflanzen gut gedüngt und dennoch wächst euer Gemüse nur langsam vor sich hin? Dann solltet ihr einmal einen pH-Wert-Bodentest machen. Dafür entnehmt ihr einfach an verschiedenen Stellen im Beet eine Bodenprobe aus etwa 10 Zentimeter Tiefe und mischt dann alle Proben miteinander. Die Erde bringt ihr in ein Gartencenter, dort bietet man fast immer eine gratis Bodenprobe an, um euch anschließend gleich den passenden Gartendünger verkaufen zu können. Noch schneller geht das Ganze mit pH-Wert-Bodentests, die ihr im Internet bestellen könnt. Die einfachen gibt es schon

für knapp 10 Euro. Hier wird die Bodenprobe, wie auf der Verpackung beschrieben, mit einem Pulver und destilliertem Wasser in ein Reagenzglas gefüllt, dann wird ein paar Mal geschüttelt und 15 Minuten gewartet, und schon erkennt ihr, wie sauer oder auch neutral euer Gartenboden ist.
Für etwas mehr, etwa 25 Euro, gibt es verschiedene Sets, mit denen ihr zusätzlich noch den Nährstoffgehalt des Bodens analysieren könnt. Das Prinzip ist ähnlich: Ein Teststreifen verfärbt sich in verschiedenen Farben. Die Farben werden mit dem beiliegenden Merkblatt verglichen, und schon weiß man, welchen Nährstoffbedarf und pH-Wert der Boden hat.

Welchen pH-Wert brauchen Pflanzen?

Bei einem pH-Wert von 7,0 ist euer Gartenboden neutral, bei einem Wert zwischen 6,0 und 7,0 wächst euer Gemüse am besten. Fast alle Gemüsesorten sind aber auch mit einem neutralen oder ganz leicht sauren Gartenboden (unter 6,0) zufrieden. Zum Glück, wie ich finde. Denn man kann in einem großen Gemüsebeet ja schließlich nicht jede kleinste Ecke exakt an die geplante Kultur anpassen.

Motorfräse

Der Fräser kommt bei mir nur noch beim Anlegen neuer Beete zum Einsatz.

Ist euer Boden zu sauer – und das ist meistens so, weil er durch Regenwasser, Gartendünger und Mulchen mit Holz oder Laub automatisch Jahr für Jahr saurer wird –, muss er neutralisiert werden. Am einfachsten funktioniert das, indem im zeitigen Frühjahr (bei mir ist es meistens im Februar) Gartenkalk aufgebracht wird. Ich nehme häufig vitalisierenden Meereskalk, weil er sehr fein und damit schneller verfügbar ist. Es gibt aber jede Menge anderer Kalkarten, die sich ebenfalls eignen, den pH-Wert des Bodens auf den gewünschten Betrag für Gemüse oder andere Pflanzen anzuheben, zum Beispiel Grünkalk oder Dolomitkalk.
Ganz wenige Pflanzen brauchen einen sauren Gartenboden, so wie zum Beispiel Hortensien, Rhododendron und Heidelbeeren. Deshalb gibt es für diese Kulturen im Gartencenter auch oft spezielle Gartenerden. In ihnen ist viel Torf enthalten, der von Natur aus sauer ist. Alternativ könnt ihr den pH-Wert im Boden auch versauern, indem ihr großzügig Eichen-, Buchen- oder Eschenlaub einbringt.
Als ich Ende 2021 in meinen neuen Garten gestartet bin, gab es dort nur eine einfache Wiese, die bestimmt schon 15 Jahre nicht mehr bewirtschaftet worden war. Der Boden war nicht nur sehr sandig, er war auch extrem sauer und ausgelaugt. Meine erste pH-Wert-Messung ergab 5,0 – viel zu wenig, wenn man Gemüse möglichst ertragreich anbauen möchte. Also musste der Boden erst mal mit Kompost und Gartenerde verbessert werden. Nach drei Jahren habe ich nun einen pH-Wert von knapp 6,0. Ein wenig geht da noch, aber fürs Erste bin ich zufrieden. Ein Garten ist niemals fertig und schon gar

nicht ist der Gartenboden perfekt aufgearbeitet. Die Bodenverbesserung ist ein ständiger Prozess, denn Nährstoffe werden verbraucht, Humus wird abgebaut und der Gartenboden versauert. Es ist wichtig, regelmäßig neues pflanzliches Material in den Boden zu bringen und den Boden zu schützen.

BODEN UMGRABEN – JA ODER NEIN?

Seit einigen Jahren wird empfohlen, den Gartenboden nicht mehr zu pflügen oder umzugraben, sondern nur leicht oberirdisch aufzulockern. Das soll die einzelnen Bodenschichten und das Bodenleben erhalten, wodurch Mikroorganismen und Regenwürmer erhalten bleiben, die den Boden fruchtbarer machen. Ein weiterer Schritt in Richtung reiche Ernte, denn auf einem fruchtbaren Boden wächst euer Gemüse deutlich besser.
Ich habe mich auch dazu entschieden, den Gartenboden nicht mehr zu pflügen oder tief zu wenden – außer wenn ein Beet neu angelegt wird oder es komplett mit Gras zugewachsen ist. Stattdessen nutze ich einmal im Jahr die Gartenfräse, um den Gartenboden in der oberen Erdschicht aufzulockern und um alte Pflanzenreste wie Gründünger einzuarbeiten.
Für mich ist der optimale Zeitpunkt zur Bodenbearbeitung Anfang März. Bis dahin ist alles Wintergemüse abgeerntet und die Gründüngung hat einigen Tieren und meinem Gartenboden noch Schutz vor Kälte geboten. Der Boden ist bereits ein wenig erwärmt und abgetrocknet und die ersten kleinen auslaufenden Unkräuter werden beim Fräsen gleich mit untergearbeitet. Außerdem soll etwa drei Wochen später Ende März das erste Gemüse ins Beet einziehen. Bis dahin kann sich die aufgelockerte Erdschicht mithilfe des ersten Frühlingsregens wieder setzen und ich kann meinen Kompost darauf verteilen.

Broadfork und Pendelhacke

Zwei Gartengeräte, die ich für die Bodenbearbeitung besonders gerne verwende, möchte ich euch noch vorstellen: Zum einen nutze ich ganz neu eine Broadfork, eine Grabegabel mit vier bis fünf Zinken, die tief in die Erde gehen. Dank der Hebelwirkung lockert man mit ihr den Gartenboden tiefgründig auf, ohne ihn zu wenden. Die Bodenschichten und damit die Struktur vom Gartenboden bleiben also erhalten.
Das andere Gerät ist die Pendelhacke, ein Holzstab mit einer von beiden Seiten geschärften Klinge. Mit dieser lassen sich durch abwechselndes Ziehen und Drücken mühelos kleine auslaufende Unkräuter in den Reihen und vor allem zwischen den einzelnen Pflanzen abtrennen. Das Unkraut bleibt liegen und stirbt ab. Ich gehe in regelmäßigen Abständen mit der Pendelhacke durchs Beet. So bleibt der Boden länger unkrautfrei und die Pflanzen können ohne Konkurrenz noch besser wachsen.

Broadfork

Mit der Broadfork lässt sich der Boden bearbeiten, ohne die Bodenorganismen stark zu beeinträchtigen.

EXKURS
HÜHNER

Hühner: Praktische Helfer im Garten

Nicht nur Gemüse gehört zu meiner reichen Ernte aus dem Garten, sondern auch die Eier meiner Hühner. Fünf von ihnen legen die klassischen großen Hühnereier, während die Eier der Zwerghühner deutlich kleiner sind. Und die Eier einer Henne sind wunderschön grün.

Meine Hühner sind aber nicht nur für die Eierproduktion zuständig, sondern auch echte Gartenhelfer. Und wie ich zu ihnen kam, ist auch eine ganz besondere Geschichte: Wenn ich nach der Gartenarbeit heimfahre und den Feierabendverkehr auf den Hauptstraßen umgehen möchte, cruise ich ein wenig über die Dörfer – ganz entspannt, Fenster runter, leise Musik im Hintergrund. Eines Tages, ich hatte im Garten gerade ein Video aufgenommen und wollte nun nach Hause, um es am PC fertig zu schneiden, stand mitten auf der Straße ein großes schwarzes Auto. Ein Mann winkte mir zu, ich solle doch anhalten. »Na toll«, dachte ich. »Was will der denn jetzt? Werde ich hier am Waldrand überfallen?« Ich hielt trotzdem an, und kaum war ich hinter seinem Auto zum Stehen gekommen, rief er mir auch schon aufgeregt zu: »Hier hat wieder irgendein Idiot Hühnerküken ausgesetzt.«

Die Küken liefen am Waldrand entlang und immer wieder auch auf die Straße. »Hier in der Nähe hat keiner Hühner, die sind hier ausgesetzt worden«, erklärte mir der Mann, der, wie sich herausstellte, gleich in der Nähe wohnte.

Ich hatte Mitleid. Alleine im Wald hätten die Küken in dem jungen Stadium nicht lange überlebt. Also blieb ich, während der Mann losfuhr, um einen Kescher zu holen, und passte auf sie auf. Sieben Stück waren es insgesamt – und sie schienen große Freude daran zu haben, mit uns Fangen zu spielen. Erst nach zwei Stunden hatten wir alle mit dem Kescher erwischt. Ich nahm sie dann mit, im Garten war schließlich genug Platz. Nur einen Stall hatte ich nicht. Und so zogen die Küken erst einmal ins Gewächshaus.
Am nächsten Morgen fuhr ich zum Zoohandel und kaufte einen einfachen Hühnerstall, in dem die Küken wohnen sollten. Ich fütterte sie regelmäßig mit Körnern und natürlich auch mit frischem Gemüse aus meinem Garten. Bald wurde mir klar, dass sie von einem echten Profi ausgesetzt worden sein mussten. Denn die Hühner waren allesamt Hähne.
Ein Zuschauer meines Gartenkanals hatte meine Aktion mitbekommen. Er kommt aus der Nähe, hat einen großen Hühnerhof mit Freilandhaltung, und weil er für den eh ein paar neue Hähne brauchte, nahm er mir fünf Küken ab. Für die beiden anderen bestellte ich im Internet ein großes Freilaufgehege. Wie sich herausstellte, war dem »Profi« ein Fehler unterlaufen. Denn ein Küken war doch eine Henne. Und so beschloss ich, in die Eierproduktion einzusteigen. Ich machte mich im Internet schlau und kaufte noch ein paar Hühner für mein neues Gartenprojekt.
Seitdem hat sich der Bestand immer wieder angepasst. Ich ließ die Hühner selbst zweimal Eier ausbrüten, habe aber auch einige Seidenhühner gekauft, die ich übrigens nach Eissorten benannt habe: Stracciatella, Brownie, Creamy und Karamell.

Küken

Seit dem ersten »Findelküken« sind immer wieder mal welche bei mir eingezogen.

HÜHNERHAUS UND GEHEGE

Wie sich herausstellte, war der Kleintierstall, den ich zunächst gekauft hatte, auf Dauer zu klein für meine Hühner, auch wenn sie tagsüber auf einem Riesengelände Freilauf haben und sich nur nachts darin zum Schlafen in eine Ecke kuschelten. Deswegen habe ich ein einfaches Kinderspielhaus zu einem Hühnerstall umgebaut. In einer Ecke setzte ich selbst gebaute Legeboxen hinein, eine Sitzstange und eine Ablage gibt es auch. Die Hühner fühlen sich jedenfalls wohl. Außerdem habe ich das 3 x 8 Meter große Freilaufgehege mit einem weiteren, 3 x 6 Meter großen verknüpft, sodass nun auch im gesicherten Bereich genug Platz für alle ist.
Eine gute Stallhygiene ist immens wichtig. Ich nutze aktuell mehr Heu, denn in den Hohlräumen von Strohhalmen sollen sich schnell Milben einnisten. Neben dem regelmäßigen Ausmisten spüle ich den Stall auch immer wieder mal von innen aus. So kriege ich den ganzen Staub heraus, den die Hühner durch das Sandbaden hineintragen.

Hühnerstall

Mein größerer ist ein umgebautes Kinderspielhaus. Es steht auf einer Platte mit Rädern, sodass es sogar umziehen kann.

Sandbaden ist ein gutes Stichwort: Das lieben meine Hühner. Etwa die Hälfte des Freilaufgeheges ist mit einer Plane überdacht. An dieser Stelle ist es immer trocken – ideal, um ein Sandbad zur Gefiederpflege zu nehmen.
Im Freilauf sprießen nun auch ein paar Haselnusspflanzen – genau mein Geschmack, denn sie spenden im Hühnergehege etwas Schatten und gleichzeitig kann ich ernten. Mithilfe ein paar kleiner Pfosten und einer langen Latte habe ich auch eine Sitzstange integriert. Im Sommer schlafen die Hühner seitdem oft draußen.

DIE BESTE BODENVERBESSERUNG

Am liebsten würden meine Hühner den ganzen Tag damit verbringen, mit den Füßen zu scharren und nach Regenwürmern Ausschau zu halten. Und genau das mache ich mir zunutze und lasse sie regelmäßig den Kompost wenden: Die oberste Schicht bleibt so immer locker und wird gut umgesetzt. Gleichzeitig wird der Hühnerkot als wertvoller Dünger mit eingearbeitet. Die Qualität meines Komposts ist dadurch enorm gestiegen. Und unter den Hecken, wo ich selbst kaum hinkomme, ist, seit die Hühner da sind, kaum ein Unkraut mehr sicher. Sie scharren dort im feuchten Gebiet ständig nach Insekten und Würmern.
Sobald die Gründünger auf meinem Gemüsebeet im Herbst ihre gewünschte Größe erreicht haben und zu blühen beginnen, kommen die Hühner in den Gemüsegarten. Sie helfen mir dabei, den Boden im Winter frei zu halten, indem sie alles an alten (Unkraut-)Samen, Pflanzenresten und Gräsern aufpicken (das Wintergemüse interessiert sie zum Glück kein bisschen). So habe ich immer einen lockeren, mit Hühnerkot angereicherten und von Unkraut befreiten Gartenboden. Passend zur neuen Gartensaison sind die Hühner gesättigt und mein Beet ist wieder startklar. Die Hühner helfen mir überhaupt, viel pflanzliches Material zu verarbeiten. Wenn ein Salat einmal geschossen oder die Zucchini viel zu groß geworden ist, freuen sie sich über diesen Snack. Einmal durch den Hühnermagen geht dann eben doch deutlich schneller als ein Jahr auf dem Kompost. Hühner sind bei mir Teil des natürlichen Kreislaufs.
2025 habe ich wieder mal Küken aus Bruteiern in der Brutmaschine ausgebrütet: Sie liefen in den Morgenstunden gerne schon einmal durch das Gewächshaus und pickten dort nach kleinen Insekten. So wurde der Ameisenbestand zumindest ein wenig reguliert.

NIE WIEDER SCHNECKEN

Ich habe ja das Glück, dass es in meinem Gemüsegarten kaum Schnecken gibt. Und wenn mal eine da ist, kommt gleich eine Henne angerannt und schnappt sie sich. Allerdings ist nicht jedes meiner Hühner an Schnecken interessiert. Während die einen wie verrückt hinter der Henne herlaufen, die eine Schnecke gefunden hat, bleiben die anderen seelenruhig sitzen. Ich habe einmal getestet, ob diese Hühner einfach faul sind oder ob sie wirklich keine Schnecken mögen. Dazu habe ich ein paar Schnecken gesammelt und sie ihnen vorgeworfen. Kein Interesse, nicht ein Zucken. Eins hat eine Schnecke kurz angepickt, dann aber gleich wieder gelangweilt liegen lassen. Ich habe daraufhin in einem Hühnerforum recherchiert und dort gelesen, dass tatsächlich nicht alle Hühner scharf auf Schnecken sind. Gut, das war mir nun auch klar. Aber es ging noch weiter: »Nicht alle Hühner mögen Schnecken, aber alle Hühner mögen Schneckeneier. Ich habe, seitdem ich Hühner habe, kaum noch Schnecken in meinem Garten«, erfuhr ich. Dieser Kommentar hatte über 5000 Likes – in einem kleinen Hühnerforum. Scheint also etwas dran zu sein. Für mich jedenfalls ist das ein weiteres Argument, im Winter die Hühner durch den Garten zu schicken. Sicher ist das nicht der einzige Grund, warum es bei mir so wenig Schnecken gibt. Sie finden wohl am Bach und unter den Hecken einfach einen viel besseren Lebensraum als im Gemüsebeet am anderen Ende des Gartens. Trotzdem: Wenn ich morgens die Stalltür öffne, laufen meine Hühner immer als Erstes zu den Büschen. Ich bin mir sicher, sie machen dort einen wirklich guten Job.

Seidenhuhn

Diese Rasse finde ich besonders schön. Stracciatella bekam ihren Namen – na klar – wegen der Farbe des Gefieders.

HÜHNERMIST ALS GARTENDÜNGER

In einem Jahr fällt eine Menge an Hühnermist an. Er wird bei mir unterschiedlich verwertet: Der Mist, den ich mit dem Stroh und Heu aus den Nistplätzen hole, kommt auf einen Misthaufen, wo er mindestens zwölf Monate lagert. Danach kann er als sehr gute Grundlage in Hochbeete und in die untere Erdschicht im Gewächshaus eingearbeitet werden. Wobei dieser Hühnermist ein echter Powerdünger ist und nur gering dosiert angewendet werden sollte. Auch im Gemüsegarten kann der zersetzte Hühnerdung als Grunddüngung für die neue Saison verteilt werden. Ihr könnt Hühnermist mit dem Stroh in kleinen Dosen auch mit ins Pflanzloch geben. Die Jungpflanzen sollten zu dem Zeitpunkt allerdings schon kräftige Wurzeln haben, da sie die Nährstoffe sonst nicht aufnehmen können und verbrennen.

Dann gibt es noch den trockenen Hühnerkot ohne »Zusätze«, den ich von den Sitzstangen und den Bereichen darunter absammle und in einem großen Maurerkübel aufbewahre. Aus diesem getrockneten Hühnermist wird Jauche (siehe Seite 184). Die setze ich manchmal auch einfach erst etwa eine Stunde vor dem Gießen an und rühre, bevor ich sie aufbringe, einmal ordentlich um. Da der Mist sehr intensiv ist, kommt er im Verhältnis 1:20 in die Gießkanne. Bei einer 10-Liter-Kanne fülle ich also nicht einmal bis zum ersten Strich mit Mist auf.

Den Boden fruchtbarer machen mit Kompost und Gründünger

Als ich vor ein paar Jahren bei einem erfolgreichen Market-Gardening-Betrieb gesehen habe, wie dort Beete mit Kompost angelegt und die Pflanzen direkt hineingesetzt wurden, wollte ich das auch ausprobieren. Also besorgte ich mir einen Autohänger voll Gartenkompost und verteilte ihn erst einmal im Gewächshaus auf den Beeten. Begeistert stellte ich fest, dass die Pflanzen durch die Bodenverbesserung im folgenden Jahr gefühlt dreimal so gut wuchsen. Und so beschloss ich, es im nächsten Jahr größer anzugehen. Seitdem startet die neue Gartensaison bei mir eigentlich immer Ende Februar mit dem Ausbringen von Gartenkompost.

Kompost ist pures Gold! Und das Beste: Er entsteht quasi ganz von alleine. Ihr müsst nur Geduld haben.

»WUNDERMITTEL« KOMPOST

Mit Kompost stärkt ihr euren Boden. Er enthält viele Nährstoffe und reichert den Humusgehalt an. Das macht den Boden fruchtbar und wirkt sich positiv auf die Vielfalt im Bodenleben aus. In meinem Garten war der Boden zum Beispiel extrem sandig. Durch die Zugabe von Kompost wurde er strukturierter und konnte mehr Wasser halten. Beim Sandboden ist das Wasser einfach abgeperlt und der Boden war im Sommer »staubtrocken«. Der aufgewertete Gartenboden dagegen konnte Wasser auf einmal direkt an den Pflanzen halten. Dadurch waren natürlich auch meine Flüssigdünger besser für die Pflanzen verfügbar – und das förderte die Ernte. So gesehen ist Kompost ein echtes Wundermittel.

Eigener Kompost

Selbst angelegter Kompost ist die beste Möglichkeit, den Gartenboden aufzuwerten. Er kostet nichts – alles, was ihr braucht, ist ein wenig Platz und etwas Geduld. Außerdem ist der Kompost aus dem eigenen Garten meist sehr ausgewogen und ganz nebenbei wird alles, was im Garten an Abfällen anfällt, in den natürlichen Kreislauf zurückgeführt. Nachhaltiger könnt ihr kaum arbeiten.

Ich habe in meinem Garten sogar gleich mehrere Komposthaufen: Einen großen für Rasenschnitt, Moos und Laub, also alles, was im Rasenmäherkorb landet. Einen weiteren nutze ich für Hühnermist. Dieser Kompost ist besonders stark. Ein dritter Komposter wird mit Pflanzenresten, Mist und Stroh, Rasenschnitt und alter Gartenerde befüllt.
Ich finde das mit der Trennung sehr praktisch, weil sich die Komposthaufen unterschiedlich schnell umsetzen. Natürlich könnt ihr auch alles in einem Kompost sammeln. Habe ich früher auch gemacht. Allerdings musste ich damals immer sehr viel sieben, um Pflanzenreste und fertigen Kompost zu trennen. Der Kompost aus den verschiedenen Haufen wirkt außerdem unterschiedlich stark, Beete mit stark zehrenden Pflanzen bekommen jetzt den stärksten Kompost. Im Kompost gereift kann man Mist nämlich auch pur auftragen. Frischen Mist setze ich dagegen für eine Jauche zum Düngen an. Davon erzähle ich euch aber später noch mehr (siehe Seite 184).
In der Regel sind alle Komposthaufen nach 12 bis 18 Monaten reif. Bis dahin ist vor allem eins wichtig: genug Feuchtigkeit. Zu nass darf der Kompost aber auch nicht werden, weil er sonst zu faulen beginnt. In den regenreichen Monaten schütze ich ihn daher mit alten Planen. Im Sommer decke ich ihn dann ab und wässere ihn, wenn er sehr trocken ist.

Kompostwürmer zersetzen Garten- und Küchenabfälle und verwandeln sie in wertvollen Humus.

Kompost kaufen

Trotz der drei Komposter reicht meine eigene Ausbeute bei Weitem nicht aus, um alle meine Beete, Gewächshäuser und Hochbeete damit zu versorgen. Deshalb bestelle mir in jedes Jahr noch einen ganzen Lkw voll Gartenkompost dazu. Auf so einen Transporter passen für gewöhnlich 20 Kubikmeter Kompost. Damit komme dann auch ich hin.
Der zusätzliche Kompost kommt von der Zentraldeponie vor Ort. Aber es gibt ihn in jeder Gegend, schaut einfach mal im Internet unter »Gartenkompost kaufen in (euer Ort)«. Ein Kubikmeter kostet bei uns 10 Euro, meine 20 Kubikmeter somit 200 Euro. Um den Transport muss ich mich natürlich selbst kümmern, und dazu musste ich erst mal recherchieren: Eine gute Anlaufstelle sind Landwirte, Lohnunternehmer und Transportdienstleister. Erdbau- und Abbruchunternehmen sind, auf jeden Fall hier in der Gegend, zu teuer und oft ist ein Auftrag

TIPP

KOMPOST: BIO VS. GRÜNSCHNITT

In den meisten Fällen erhält man bei den Zentraldeponien Grünschnitt- und Biokompost. Wobei der Begriff »Biokompost« ein wenig irreführend ist, denn es handelt sich hierbei um den Abfall aus den Biomülltonnen, also Rasenschnitt, Garten- und Küchenabfälle, aber leider auch um andere Dinge, die über den Biomüll entsorgt wurden. Wirklich bio ist Biokompost also nicht.
Grünschnittkompost besteht ausschließlich aus dem Rasen- und teilweise auch Heckenschnitt von öffentlichen Anlagen. Auch hier können sich Rückstände von Plastik oder Glas im Kompost finden. In beiden Fällen ist es deshalb sinnvoll, vorher einen Blick auf den hinterlegten Prüfbericht zu werfen. Darin steht, welche Nährstoffe enthalten sind, wie fein der Kompost ist, wie weit er erhitzt wurde und im besten Fall auch noch, welche Materialien überhaupt kompostiert wurden.

mit nur einer Fahrt für sie uninteressant. Ich habe bei uns letztendlich zwei Möglichkeiten gefunden, die mir die Lieferung in meinen Garten für 270 Euro anbieten. Insgesamt kostet mich der Spaß also 470 Euro im Jahr.
Lohnt sich das? Auf jeden Fall! Ohne einen guten Gartenboden ist die Ernte recht gering. Um eine üppige Ernte einzufahren, muss der Boden locker und reich an Humus sein. Nur dann stehen Nährstoffe und Wasser optimal für die Pflanzen zur Verfügung. Und wenn man es mal auf eine Schubkarre mit 70 Liter Volumen runterrechnet, kostet mich der reine Kompost pro Fuhre nur etwa 70 Cent. Ein guter Sack Gartenerde kommt leicht auf das 10- bis 20-Fache. Für mich ist der zugekaufte Kompost also eine der günstigsten und schnellsten Möglichkeiten, meinen Gartenboden aufzubessern.

Kompost ausbringen

Auch zugekaufter Kompost wird nur angefahren, nicht eingearbeitet. Das müsst ihr selbst übernehmen. Beim Kompost aus dem eigenen Garten gilt das sowieso. Beim ersten Mal würde ich eine 15 Zentimeter dicke Schicht auffüllen. In den folgenden Jahren reichen dann 10 Zentimeter. Das genügt jeweils für eine Saison, um Pflanzen und Bodenleben zu ernähren.
Weil es wichtig ist, dass der Kompost und das Gemüsebeet möglichst trocken sind, lasst ihr euch den Kompost am besten spontan nach Wetterlage liefern und deckt ihn, wenn er trocken ist, erst mal mit einer Plane ab, um

ihn vor Regen zu schützen. Trockener Kompost ist deutlich leichter als normale Gartenerde, und so fährt sich auch die Schubkarre leichter. Ich habe meine 20 Kubikmeter in dieser Saison mit zwei Helfern an fünf trockenen Tagen im Februar aufgebracht. Insgesamt fuhren wir sicher 300, 350 Karren voll Kompost durch den Garten.

Im Optimalfall ist es in dieser Jahreszeit noch kalt und regnerisch, so setzt sich der Kompost, erdrückt dabei auslaufende Unkräuter und lässt sie kaum durch. Unkräuter holt ihr euch damit übrigens nicht in den Garten. Der Gartenkompost ist stark erhitzt, sodass die Samen nicht mehr keimfähig sind. Wird der Kompost im zeitigen Frühjahr jedoch zu dünn aufgetragen, wärmt und düngt er die im Beet auslaufenden Unkräuter. So hat es oft den Anschein, er würde Unkrautsamen enthalten.

Am Ende meiner ersten Kompost-Gartensaison war bei mir vom Kompost kaum noch etwas übrig, zumindest sah man nichts mehr von ihm. Er war wie vom Erdboden verschluckt. Das liegt daran, dass sich Kompost weiter zersetzt und sich durchs Auflockern, Pflanzrillenziehen, Säen und Ernten mit der Gartenerde vermengt. Nach drei Jahren Kompostauftragen sieht man aber, vor allem wenn es regnet und der Kompost feucht ist, einen deutlichen Unterschied in Farbe und Zusammensetzung: Früher war mein sandiger Boden matschig und schwer, jetzt ist er deutlich lockerer und leichter.

TIPP

WAS SONST NOCH IN DEN BODEN KANN

Laub und Mist können in kleinen Mengen ebenso helfen, den Gartenboden zu verbessern, weil sie den Humusgehalt erhöhen. Mit Kompost seid ihr allerdings schon einen Schritt weiter. Denn während sich festes Material noch zersetzen muss, unterstützt der fertige Kompost eure Pflanzen gleich mit Nährstoffen und verbessert den Boden zeitnah.

GRÜNDÜNGER

Falls ihr bei euch in der Nähe keinen Gartenkompost ergattern könnt, empfehle ich euch, Gründünger oder andere fein gehäckselte Pflanzenreste in den Gartenboden einzuarbeiten.

Gründünger sind keine nachhaltigen Dünger, die man sich in den Garten streut, sondern Pflanzen, die als Zwischenfrucht oder Vor- beziehungsweise Nachkultur auf einem Beet wachsen und den Boden wieder fit machen und schützen. Sie helfen euch wie Kompost, euren Gartenboden langfristig zu verbessern. Während des Wachstums schützen die Gründüngerpflanzen den Boden und bieten Tieren im Garten Rückzugsmöglichkeiten. Weil sie tief wurzeln, lockern sie gleichzeitig den Gartenboden auf. Sie holen dabei Nährstoffe aus den tiefen Erdschichten und speichern sie. Zudem blühen die meisten Gründünger auch noch sehr schön.

Gründünger werden, nachdem sie verblüht sind, nicht abgemäht und auf dem Kompost entsorgt. Sie werden klein gemulcht und in den Gartenboden untergearbeitet. Die Nährstoffe im Gründünger versorgen die nächste Pflanzengeneration und die Reste der Grünmasse »füttern« die Bodenlebewesen. Diese zersetzen das Grünzeug und reichern so den Humusgehalt im Boden an, sodass der Boden Wasser und Nährstoffe besser speichern kann.

Was eignet sich als Gründünger?

Es gibt Pflanzen, die wir als »normale« Kulturen ansehen, die aber zu den Gründüngern zählen, so wie zum Beispiel Sonnenblumen, Getreide, Spinat und Hülsenfrüchte wie Erbsen, Bohnen oder Lupinen. Gerade die letzte Kategorie ist eine Besonderheit. Denn diese sogenannten Leguminosen können nicht nur Nährstoffe aus der tiefen Erde holen. Sie binden zudem mithilfe von Knöllchenbakterien in ihren Wurzeln Stickstoff aus der Luft und wandeln ihn in Nitrat um. Deshalb ist es auch so wichtig, die Pflanzen nach dem Schnitt in die Erde einzuarbeiten.

Im Gartencenter oder auch in Garten-Onlineshops bekommt ihr jede Menge einzelne, aber auch gemischte Gründünger. Als Top Ten der besten Pflanzen für Gründünger gelten:

- Klee (Weißklee, Inkarnatklee, Perserklee, Rotklee)
- Lupinen
- Gelbsenf
- Buchweizen
- Phacelia
- Serradella
- Luzerne
- Ölrettich
- Winterroggen
- Ackerbohnen

Am besten greift ihr auf eine Mischung zurück, die viele dieser Pflanzen enthält. Damit habe ich sehr gute Erfahrungen gemacht.

Leguminosen

Ackerbohnen reichern wie alle Leguminosen den Boden mit Stickstoff an. Sie haben zudem hübsche weiße Blüten.

Wann wird gesät?

Gründünger werden vorwiegend nach der Hauptsaison gesät und wachsen dann weit in den Herbst, je nach Art sogar über den Winter. In der Landwirtschaft sät man sie meist nach der Getreideernte. Im Herbst blühen so die Felder noch einmal schön gelb. Was oft als Raps betitelt wird, ist meist Gelbsenf als Gründünger.

Weil es im Gemüsegarten viele Kulturen gibt, die lange auf dem Beet stehen, teilweise sogar bis zum ersten Frost, wird Gründünger im Garten oft erst später gesät. Sie sind allerdings je nach Sorte unterschiedlich frosthart: Manche liegen nach der ersten frostigen Nacht gleich auf dem Boden, andere blühen selbst dann noch weiter. Eine sehr gute Winterhärte haben Getreide, außerdem Inkarnatklee, Rotklee, Wicken, Lupinen und Gräser. Wachstum ist über die Wintermonate November bis Februar jedoch nicht zu erwarten. Deshalb empfehle ich die späteste Aussaat von Gründüngern Mitte Oktober, damit sich noch ausreichend Grünmasse bildet. Idealerweise sollten für eine gleichmäßige Keimung die Temperaturen im 14-Tage-Wettertrend für eure Region um die 10 Grad betragen. In seltenen Fällen kommt es trotzdem vor, dass Gründüngersamen erst im nächsten Frühjahr aufgehen.

Gründünger zwischendurch

Auch zu anderen Jahreszeiten kann eine Gründüngung Sinn machen, etwa wenn man im Frühjahr einen Gemüsegarten neu anlegen möchte. So wird der Gartenboden optimal für die erste Gartensaison vorbereitet.

Es gibt spezielle »Tempo-Grün«-Gründünger. Diese Mischungen enthalten Pflanzen, die bereits nach kurzer Zeit blühen und ihre Wirkung entfalten. Auch Gelbsenf hat mit drei bis fünf Wochen eine relativ kurze Wachstumszeit. Optimal, wenn der Gemüsegarten nur kurzzeitig frei ist, beispielsweise vor der ersten Aussaat oder nach der letzten Ernte im Herbst. Denkt aber daran, dass Gründünger als Zwischenfrucht wichtiger Teil der Fruchtfolge sind. Deshalb solltet ihr keinen Senf vor Kohl pflanzen. Das begünstigt nämlich die Krankheit Kohlhernie, die die Pflanze absterben lässt und damit die Ernte massiv mindert. Ich habe früh im Jahr außerdem gute Erfahrungen mit Phacelia gemacht, später im Jahr mit Gelbsenf und Lupinen. In den letzten beiden Jahren habe ich allerdings nur noch Lupinen als Gründünger genutzt. Sie blühen noch vor dem Winter, wachsen recht dicht und schützen so den Boden. Zudem wachsen sie sehr schnell. Auch die Kleesorten erweisen sich als sehr zuverlässig im Wachstum.

TIPP

AUF EINEN BLICK: GRÜNDÜNGER

Wenn ihr Gründünger auf euer Beet sät, ist der Grundstein gelegt und euer Boden wird sich auf jeden Fall verbessern, aber …

- Gründünger allein machen keinen guten Boden. Führt weitere Pflanzenreste, Hühnermist und vor allem schon zersetzten Kompost hinzu. Mit jeder »Zutat« wird euer Gartenboden wertvoller und kann eure Pflanzen besser mit Wasser und Dünger versorgen.
- einen guten Boden bekommt man nicht in drei Wochen. Bis aus einer Wiese oder einem unbewohnten Grundstück ein ertragreicher Gartenboden wird, vergehen meist drei bis sieben Jahre.

Bonustipp: Achte auf den richtigen pH-Wert (siehe Seite 51 f.).

KAPITEL 2

MEINE 15 KULTUREN FÜR REICHE ERNTE

Ich habe in den vergangenen Jahren wirklich schon eine Menge ausprobiert in meinem Garten. Hier kommt meine persönliche Best-of-Auswahl.

Einführung in die Kulturen

Ich stehe in meinem Garten, vor mir eine Paprikapflanze, voll behängt mit großen roten Früchten. Ich nehme eine davon in die Hand, sie wiegt locker 350 Gramm! Die Pflanze trägt seit Wochen regelmäßig immer wieder schöne reife Paprika, die geschmacklich durch eine angenehme Süße überzeugen. Kurz unter klarem Wasser abgewaschen, und schon habe ich einen kleinen Snack für zwischendurch.

Ich gehe einige Meter weiter und stehe vor einer Paprika vom gleichen Typ. Wieder eine Blockpaprika, genau gleich behandelt. Diese hier trägt allerdings nur eine einzige Frucht, die noch dazu gerade erst beginnt auszureifen. Dafür sehe ich zahlreiche Blüten, die sich aber erst so spät im Jahr gebildet haben, dass die Früchte keine Chance mehr haben werden, rechtzeitig auszureifen. Wie kann es sein, dass die scheinbar gleiche Pflanze bei gleichen Bedingungen so unterschiedlich gewachsen ist?
Bei der Paprika mit den vielen großen Früchten handelt es sich um eine Sorte, die auch für den Freilandanbau im Gemüsebeet geeignet ist. Freilandsorten reifen rechtzeitig und schnell ab, selbst wenn es mal nicht so sonnig und warm ist. Im Gewächshaus und den dort herrschenden besseren Bedingungen haben sie dadurch einen riesengroßen Vorsprung. Die andere Paprika ist eine alte Liebhabersorte aus den 1960er-Jahren. Sie hat mit dem warmen Klima im Gewächshaus offensichtlich große Schwierigkeiten.

Die Sortenwahl spielt eine große Rolle, wie reich die Ernte ausfallen wird.

Ich komme abends zum Gießen, tagsüber hat es im Glashaus stolze 46 Grad. Denn das Haus steht in der vollen Sonne und ich habe keine Schattierung. Die meisten Paprika haben sich angepasst, nur eine, die Liebhabersorte, ist komplett welk. Ich gieße alle Pflanzen gleich, etwa zwei Liter pro Pflanze, das sind jeweils circa zehn Sekunden mit der Gießbrause. Eine Stunde, nachdem ich meine abendliche Gießrunde beendet habe, schaue ich noch einmal nach der alten Paprikasorte. Sie hat sich zwar zum größten Teil wieder aufgebaut und ist jetzt nicht mehr welk. Einige Blätter hängen aber wie Gummi und man sieht der Pflanze den Stress wahrlich an.

Kommt es also nur auf die Sorte an? Nicht nur, aber sie spielt eine große Rolle. Um bei der Paprika zu bleiben: Es gibt Bedürfnisse, die grundsätzlich jede Paprika hat. Zum Beispiel steht jede Paprika gerne sonnig und warm. Und der Boden sollte immer sehr locker sein und reich an Humus, also viele pflanzlichen Überreste und Kompost enthalten.
Was dagegen von Sorte zu Sorte unterschiedlich ist, ist die Zahl der Tage, die sie zum Ausreifen benötigt. Die einen reifen sehr früh ab und sind weniger anspruchsvoll – im Handel werden diese Sorten als »freilandgeeignet« betitelt. Sorten speziell für das Gewächshaus sind dagegen anspruchsvoller und gedeihen im Warmen und Trockenen besser.
Je nach Fruchtgröße werden manche Sorten besser ausgegeizt, manche nicht. Einige werden sehr hoch, bis zu 1,60 Meter, andere bleiben klein und kompakt. Die einen wachsen sehr schmal nach oben, die anderen haben eine breite Krone, fast wie ein Laubbaum. Eins trifft aber auf alle zu: Wegen der Größe und des Gewichts der Früchte müssen sie gut gestützt werden.

Paprika

Von meiner Lieblingskultur ziehe ich jedes Jahr wieder besonders viele verschiedene Sorten.

MEINE TOP-15-GEMÜSE ZUM SELBSTANBAUEN

Bisher habe ich in diesem Buch über meine Gartengeschichte, die erfolgreiche Anzucht und den optimalen Gartenboden gesprochen. Das war recht allgemein, und deshalb gehe ich jetzt etwas mehr in die Tiefe. Auf den folgenden Seiten stelle ich euch 15 verschiedene Kulturen vor, die ich gerne anbaue, weil sie so gut wie immer eine fette Ernte versprechen. Mit diesen Kulturen habe ich mich hinreichend beschäftigt und viele Sorten getestet. Denn sagen wir mal so: Kohlkopf ist nicht gleich Kohlkopf. Es gibt selbst innerhalb einer Kultur eine unglaubliche Vielfalt. Wusstet ihr zum Beispiel, dass es allein mehrere Zehntausend verschiedene Tomatensorten gibt? Wie soll man da die beste Sorte für sich finden? Um es euch ein bisschen leichter zu machen, stelle ich euch auf den folgenden Seiten die Sorten vor, die bei mir am besten funktionieren. Neben Tomaten und anderen Klassikern wie Gurke und Paprika werdet ihr dabei auch weniger übliche Kulturen kennenlernen wie Melone oder Erdnuss.

Welche Arten und Sorten lassen sich gut anbauen? Wie läuft die Anzucht ab? An welchen Standort wird gepflanzt? Wie sieht es mit der Düngung und Pflege aus? Und wie kann man Krankheiten und Schädlingsbefall am besten vorbeugen? Jede Gemüsepflanze hat ihren eigenen Charakter und dementsprechend andere Bedürfnisse. Aber am Ende geht es doch immer um eins: Was braucht es, um eine maximale Ernte einzufahren? In den letzten Jahren habe ich sehr ausführlich viele verschiedene Sorten getestet. Dabei sind einige besonders herausgestochen, von denen ich euch hier mehr berichten möchte.

Paprika

Ich werde oft gefragt, welche Kultur ich am liebsten anbaue. Und meine Antwort darauf lautet jedes Mal: Paprika. Sie schmecken super direkt aus dem Garten, lassen sich aber genauso auch zu vielen leckeren Gerichten verarbeiten. Deshalb baue ich sie ausnahmslos jedes Jahr an – im Freiland genauso wie im Kübel auf der Terrasse, im Gewächshaus oder im Hochbeet. Ich habe mit der Zeit bestimmt schon 80 Sorten ausprobiert – meine Top 5 verrate ich euch auf Seite 74–75. Hier kommt aber erst einmal eine Übersicht zu den verschiedenen Paprikatypen.

Paprika haben eine recht lange Reifezeit. Deshalb unbedingt rechtzeitig mit der Aussaat beginnen.

- **Spitzpaprika** haben einen hohen Ertrag, sind dickfleischig und meistens 10–20 Zentimeter lang. Besonders ungarische dunkelrote Spitzpaprika sind beliebt – im Supermarkt gibt es sie meistens im Fünferpack in einer Tüte, im Garten könnt ihr in der Regel mehr ernten. Spitzpaprika wiegen etwa 100–150 Gramm.
- **Snackpaprika** tragen die meisten Früchte. Diese kleinen Paprika bekommt man im Laden häufig in kleinen Tüten, in denen gelbe, orangefarbene und rote Früchte stecken. Im Beet müsst ihr dafür verschiedene Sorten pflanzen. Snackpaprika enthalten wenig Samen und können daher super direkt verzehrt werden. Ich esse sie aber am liebsten vom Grill, leicht angebraten. So schmecken sie besonders intensiv.
- **Blockpaprika** sind die gängigsten Paprika. Sie sind etwa 200–400 Gramm schwer und eignen sich optimal zum Befüllen mit Reis, anderem Gemüse oder Hack. Die Pflanzen tragen wenige, dafür aber große Früchte.
- **Tomatenpaprika** sind sehr dickfleischige Sorten, daher auch der Name. Im Hobbygarten sind sie eher eine Seltenheit. Der Ertrag ist durchschnittlich und die Früchte reifen langsam ab.
- **Peperoni** sind etwas schärfere Paprika, aber noch keine Chilis. Sie werden wegen ihrer angenehmen Schärfe gerne auf Burgern oder Pizza verwendet. Es gibt sie von mild bis pfefferig.

AUSSAAT

Die Aussaat meiner Paprika findet bereits Ende Februar im Haus und unter Kunstlicht statt. Aufgrund der langen Reifezeit ist diese frühe Anzucht unbedingt empfehlenswert, sonst werden die Früchte bis zum Herbst nicht reif.

Die Samen gebe ich unbehandelt direkt in eine Schale mit Anzuchterde, in der sie etwa 1 Zentimeter tief liegen und nach etwa 14 Tagen bei 20 Grad zu keimen beginnen. Wobei die Keimtemperatur variieren kann. Ich habe es auch schon erlebt, dass Paprika bei 16 Grad keimen. Ein wenig Spielraum ist also durchaus möglich.
Weitere zehn Tage später werden die Keimlinge dann in etwa 9 x 9 Zentimeter große Pflanztöpfe pikiert, also vereinzelt. Danach bleiben sie noch eine Weile weiter im Keller. Erst Anfang April kommen die Pflänzchen in den Folientunnel, um sich ans Klima draußen zu gewöhnen. Bei kalten Temperaturen hole ich sie allerdings zwischendurch wieder zurück ins Haus oder decke sie mit einem Vlies ab (siehe Seite 49), damit sie nicht erfrieren.
Wenn man eine gute Anzuchterde verwendet, brauchen Paprikajungpflanzen bis zur Pflanzung Mitte Mai keinen Dünger. Ich gieße sie auch nur wenig, das fördert das Wurzelwachstum. Und wenn erste Blüten kommen, breche ich diese heraus, weil sich die Pflanze sonst nicht weiter aufs Wachstum konzentriert, sondern direkt mit der Fruchtausbildung beginnt. Die Ernte ist später aber umso besser, je größer eine Pflanze in der Anzucht wird.

STANDORT

Paprika mögen es vor allem sonnig und warm. Der Boden sollte locker und gut gedüngt sein. Ich pflanze sie in der Regel – je nach Wetterbericht – um den 8. Mai herum ins Gewächshaus. Zu diesem Zeitpunkt ist gut absehbar, ob es noch einmal kalt wird. Und notfalls stelle ich in kalten Nächten einen dunklen Eimer über sie oder lege noch mal ein Vlies aus. Wobei die Pflanzen ja sowieso schon ein paar Wochen im Folientunnel standen und sich akklimatisieren konnten.
Im Freiland pflanze ich Paprika definitiv nicht vor dem 16. Mai. Meistens wird es vorher noch mal kalt, und auch wenn es nicht mehr friert, erspare ich meinen Pflanzen die kalten Nächte draußen. Kalte Nächte werfen sie im Wachstum zurück.
Bei feuchtwarmem Wetter dagegen machen die Paprika gerade Ende Mai einen Riesensprung.
Die einzelnen Pflanzen setze ich in einem Abstand von 50 Zentimeter zueinander. So haben sie genug Platz, um sich schön auszubilden. In jedes Pflanzloch kommt eine Handvoll organischer Dünger. Für Paprika empfehle ich Rinderdung- oder Kleedungpellets. Außerdem ist es wichtig, die Pflanzen gut

Chilis gehören auch zu den Paprika und hier gibt es im eigenen Garten ebenfalls viel mehr Sortenauswahl als im Supermarkt.

anzudrücken und die Erde anzuspülen. Dadurch erhalten sie einen guten Bodenschluss. Paprika, die nicht mit dem Boden verbunden sind, wachsen erst mal eine Zeit nicht los, bis die Wurzeln sich mit genügend Erde verbunden haben. Das können am Ende die entscheidenden Tage sein.
Außerdem binde ich jede Pflanze mit Jutegarn an einen Holzstab. Paprika muss gestützt werden, denn spätestens, wenn sich erste Früchte bilden, ist die Pflanze so schwer, dass sie sonst umfällt.

PFLEGE

Paprika wachsen besonders gut bei sonnigem, aber auch sehr feuchtem Wetter. Sie brauchen überhaupt viel Wasser, um vernünftig wachsen zu können. In den ersten Tagen nach der Pflanzung gieße ich sie täglich. Später gibt es dann alle drei Tage etwa zwei Liter pro Pflanze.
Nach der Startdüngung werden meine Paprika regelmäßig mit einem Flüssigdünger gedüngt. Er liefert die passenden Nährstoffe für eine gute Blüten- und Fruchtausbildung.
Je größer eine Paprika wird, desto mehr Seitentriebe (keine Blätter) breche ich aus. Und wenn sie in der Krone zu dicht stehen, nehme ich auch mal einen Trieb nach innen heraus. Nur kleine Paprika dürfen gerne sehr verzweigt wachsen, da spare ich mir meist sogar das Ausgeizen. Denn an den kurzen Trieben hängen bei der Größe viele potenzielle Früchte.
Was ich dagegen bei allen Paprika mache: anfangs die unteren Blätter am Stamm bis zur ersten Gabelung entfernen. Das fördert ähnlich wie das Ausbrechen der ersten Blüten das Wachstum. Die Paprika sieht dann aus wie ein Baum – unten ein Stamm und nach oben hin eine Krone. Weitere Blätter zu entfernen hat sich bei mir nicht als sinnvoll erwiesen. Irgendwie scheinen die Pflanzen dadurch beeinträchtigt zu werden. Mehr Blattmasse, so erkläre ich es mir, bietet auch mehr Speicher für Wasser und Nährstoffe. Fehlen diese Blätter, kann die Pflanze weniger Wasser ziehen und schlechter Fotosynthese betreiben.
Die Königsblüte, also die erste dicke Blüte am Stamm, breche ich auch immer aus. Ich bin mir zwar nicht sicher, ob die folgenden Früchte dadurch wirklich besser wachsen. Andererseits fällt der Verlust der ersten Blüte bei so vielen reifen Früchten kaum ins Gewicht.

Paprika sind generell sehr durstig. Aber gerade am Anfang brauchen sie regelmäßig Wasser, um gut anzuwachsen.

KRANKHEITEN UND SCHÄDLINGE

Bei Paprika habe ich selten Ärger mit Krankheiten. Dafür gibt es bei der Anzucht und beim Anwachsen öfter mal Probleme mit Ameisen. Wenn sich ein Ameisennest direkt an den Wurzeln der Pflanze befindet, kann sie trotz nasser Erde verwelken. Was aussieht wie eine vertrocknete Pflanze, ist dann der Schaden einer Ameisenkolonie.

Wenn sich die Blätter kräuseln und klebrig anfühlen, sind Blattläuse im Spiel. Bei geringem Befall genügt oft schon, sie einfach nur mit der Brause abzuspülen. Bei starkem Befall kann eine Seifenlösung helfen. Die natürlichste Waffe gegen Blattläuse sind Marienkäfer.

Im Freiland fressen Kaninchen und Schnecken die Blätter der Paprika an. Kleine Fraßschäden sind nicht schlimm, dadurch passiert der Pflanze nichts und es sind keine Gegenmaßnahmen erforderlich. Ab und zu fressen die Tiere jedoch ins Herz der Paprika oder der Stamm der Pflanze knickt ab. Dann ist die Ernte natürlich geringer, weil weniger Früchte ausgebildet werden.

Paprika lieben zwar die Sonne, die Früchte können aber auch Sonnenbrand bekommen. Im Gewächshaus oder im Freiland zeigt sich bei heißem Wetter in praller Sonne ein großer weißer Fleck und direkt darum wird die Paprika schrumpelig. Es empfiehlt sich, so eine Frucht zu entfernen, da sie von dieser Stelle aus nach und nach immer mehr verschrumpelt. Bekommt eine Paprika in der Reifezeit Sonnenbrand, könnt ihr sie trotzdem ernten und den befallenen Teil einfach wegschneiden.

TIPP

SEIFENLAUGE

Dieses wirksame Mittel gegen Blattläuse könnt ihr fix selbst anmischen: 20–50 Gramm Schmierseife in 1 Liter warmem Wasser verrühren, die Mischung abkühlen lassen und in eine Sprühflasche füllen. Die Blattläuse über ein paar Tage mehrmals damit besprühen (Flasche vorher immer gut schütteln).

ERNTE

Die Paprikaernte beginnt in guten Jahren schon ab Mitte Juni und erstreckt sich bei gesunden Pflanzen bis in den Oktober hinein. In diesen 3,5 Monaten können Paprika stetig beerntet werden.

Zum Ende der Saison, wenn noch viele unreife grüne Paprika an der Pflanze hängen, ist es wichtig, dass ausreichend Licht an die Pflanze kommt. Deswegen entferne ich dann alle unnötigen Triebe, also die, die nichts mehr tragen und der Pflanze nur noch Kraft rauben. Paprika nachreifen zu lassen macht, anders als bei Tomaten, keinen Sinn. Außerdem schmecken sie ja meistens auch im unreifen grünen Stadium.

Mir schmecken Paprika am besten frisch. Bei sehr hohem Ertrag können sie aber auch in Streifen geschnitten eingefroren werden. Eingemacht habe ich sie selbst noch nicht, obwohl ich sehr gern eingelegte Paprika esse. Das Einmachen wird in Zukunft auf jeden Fall eine größere Rolle spielen. Einige Spitzpaprika eignen sich außerdem hervorragend für Paprikapulver, denn sie sind lang und dickwandig, sodass hier viel Masse verarbeitet werden kann. Erst getrocknet und dann gemahlen, hat man sehr lange etwas von ihnen.

PANTOS

Diese ungarische Spitzpaprika habe ich über andere YouTube-Videos entdeckt, denn sie ist ein echtes Highlight und bei Hobbygärtnern im Internet sehr beliebt. Sie ist richtig dunkelrot, teils leicht dunkelgrün, sehr dickwandig und wiegt fast 200 Gramm. Sehr ansprechend! Die Pantos wächst mit 1,50 Metern enorm in die Höhe und wird dabei sehr buschig. Sie ist zudem sehr resistent gegen Krankheiten, mit ihr hatte ich noch nie Probleme. Es gibt eben Sorten, die sind einfach Selbstläufer. Und diese ist eine davon.

Die Sorte reift etwas später als andere: Die Ernte beginnt in meinem Gewächshaus meist ab Mitte Juli, im Freiland sogar erst ab August. Deshalb ist die Sorte eher nicht fürs Freiland geeignet. Während der Reifezeit bildet die Pantos bis in den Oktober regelmäßig neue Früchte aus. Weil sie samenfest ist, kann sie selbst weitervermehrt werden.

ALBAREGIA

Eine Paprika mit sehr guter Freilandeignung! Sie ist gut kälteverträglich, ich habe sie testweise schon am 22. April gepflanzt. Die ersten Früchte konnte ich daraufhin Mitte Juni ernten. Und während im Gewächshaus das Soll irgendwann im September erreicht ist, ist im Freiland eine Ernte bis zum ersten Frost möglich. Aus diesem Grund baue ich Albaregia vorzugsweise draußen an.

Die Früchte erscheinen sehr früh, sind direkt hellgelb und reifen dann zeitnah nach Rot ab. Ihr könnt sie aber auch schon vorher ernten. Die reifen Früchte wiegen etwa 170 Gramm und liegen formmäßig zwischen einer Block- und Spitzpaprika. Sie tragen viele Kerne, die zur Weitervermehrung genutzt werden können (samenfeste Sorte). Wenn ihr Samen für die nächste Saison gewinnen wollt, rate ich euch jedoch, die Paprika bis zur roten Farbe abreifen zu lassen.

FERENC TENDER

Ein »Zwilling« der Albaregia, ebenfalls fürs Freiland geeignet, jedoch etwas kompakter und mit 120 Gramm etwas kleiner. Die hellgelben bis roten Früchte sind sehr aromatisch und eignen sich neben dem Direktverzehr auch sehr gut zum Einlegen.
Die Pflanze bleibt mit 80–110 Zentimeter eher klein, trägt viele Früchte und muss zeitnah gestützt werden. Diese Sorte geize ich wie alle kleinen nicht aus. Ans Freiland gewöhnt ist sie bei mir im Folientunnel mit noch besseren Bedingungen ein echter Überflieger.

STUFF ENUFF

Die Früchte dieser F1-Hybride sind blockig, leicht länglich, haben eine klassische rote Farbe und werden bis zu 400 Gramm schwer. Ich geize Stuff Enuff daher aus, damit sie erst mal in die Höhe wächst und dann stabilere Äste bildet. Die Sorte braucht viel Wasser, mag es aber nicht dauerhaft nass. Wie bei allen großfruchtigen Paprika dünge ich außerdem mit Flüssigdünger nach. Diese Sorte baue ich aufgrund der Größe nur im Gewächshaus an. Je sonniger sie steht, desto besser der Geschmack. Mit einer Ernte ist ab Juli zu rechnen.

ROTER AUGSBURGER

Eine samenfeste Sorte mit Tradition, bei Hobbygärtnern aufgrund der gesicherten großen Ernte sehr beliebt – eine klassische Anfängersorte, die zudem auch fürs Freiland geeignet ist. Im Hochbeet und im Kübel funktioniert die Sorte ebenfalls gut, da sie sehr stabil steht.
Die Früchte beginnen hellgrün und reifen nach rot ab. Sie sind besonders süß, früh erntereif und wiegen etwa 100 Gramm. Die Ernte beginnt im Gewächshaus ab Anfang Juli, im Freiland etwa zwei Wochen später, geerntet werden kann auch hier bis zum ersten Frost.

Tomaten

Fast jeder Hobbygärtner baut in seinem Garten eigene Tomaten an – mal weniger erfolgreich, mal mit einem Riesenertrag. Ich will euch hier zeigen, worauf es bei der Pflege ankommt, um besonders viele Tomaten zu ernten, welche Krankheiten euch einen Strich durch die Rechnung machen können und welche Sorten richtig schön ertragreich sind. Aber erst noch kurz dazu, welche Tomatenformen es überhaupt gibt.

Cherrytomaten

Die kleinen Tomaten schmecken besonders aromatisch – umso besser, dass die meisten Pflanzen viele Früchte tragen.

- **Cocktail- und Cherrytomaten**, auch Kirschtomaten genannt, wachsen an 2–4 Meter hohen ertragreichen Pflanzen. Die kleinen runden Früchte wiegen bis zu 40 Gramm und sind ideal zum »Naschen«.
- **Fleischtomaten** sind besonders große Tomaten, deren Gewicht meist bei über 300 Gramm liegt. Sie liefern viel Fruchtfleisch und lassen sich gut in Scheiben schneiden, um sie auf das Brot zu legen. Die Pflanzen der Fleischtomate werden ebenfalls 2–4 Meter groß.
- **Salattomaten** liegen größenmäßig etwa in der Mitte der zwei vorherigen Tomatenformen. Die Pflanzen sind sehr ertragreich und bilden lange Rispen aus, die Früchte sind perfekt für Tomatensalat oder aufs Brot.
- **Romatomaten** werden auch als Eier- oder Pflaumentomaten bezeichnet. Sie sind länglich und vor allem für eine Tomatensauce interessant, weil sie wenig Wasser enthalten und deshalb sehr aromatisch sind. Entsprechende Sorten werden auch gerne eingemacht und zu Ketchup verarbeitet.
- **Balkontomaten**, auch Busch- oder Strauchtomaten genannt, eignen sich vor allem für den Anbau im Topf. Sie werden mit 40 Zentimetern nicht sehr hoch, liefern aber dennoch viel Ertrag. Die Vielfalt der Sorten ist hier allerdings gering, die meisten sind klassisch rot und rund.
- **Wildtomaten** eignen sich besonders gut für den Anbau im Freiland und brauchen keine Pflege. Allerdings sind gerade Sorten wie die beliebten winzigen »Johannisbeertomaten« aufgrund der geringen Fruchtgröße und der Breite der Tomatenpflanze ziemlich kompliziert zu beernten.

AUSSAAT

Die Aussaat der Tomaten beginnt bei mir um den Monatswechsel März und April herum. In den letzten Jahren habe ich mir angewöhnt, zu diesem Zeitpunkt direkt im Gewächshaus in Schalen zu säen. Tomatenpflanzen können, je

nach Klima, in sechs bis acht Wochen pflanzbereit sein – somit passt das genau mit dem »Auspflanzen« nach den Eisheiligen Mitte Mai. Wer mehr Platz im Haus hat oder früher im Gewächshaus auspflanzen will, kann auch schon Ende Februar mit den Tomaten starten. Die Pflanzen werden in der langen Zeit allerdings so groß, dass sie mehrmals pikiert oder umgepflanzt werden müssen. Sie brauchen einen deutlich größeren Anzuchttopf und mehr Platz. Ich säe meist 20 Körner in eine Obstschale mit Aussaaterde und pikiere die Tomaten, sobald sie das erste richtige Blattpaar nach den Keimblättern bilden, in Töpfe mit normaler Anzuchterde. Beim Pikieren sollten die Minis bis zu den ersten Blättern tiefer gesetzt werden, denn Tomaten bilden an den Stängeln Wurzeln.
Damit Tomaten nicht vergeilen, also zu schnell, zu lang und zu dünn werden, empfehle ich eine Keimtemperatur von 16–20 Grad und ausreichend Licht. Im Folientunnel reicht das Klima Anfang April für eine gute Keimung aus, dort vergeilen die Pflanzen bei mir deutlich seltener als im Haus.

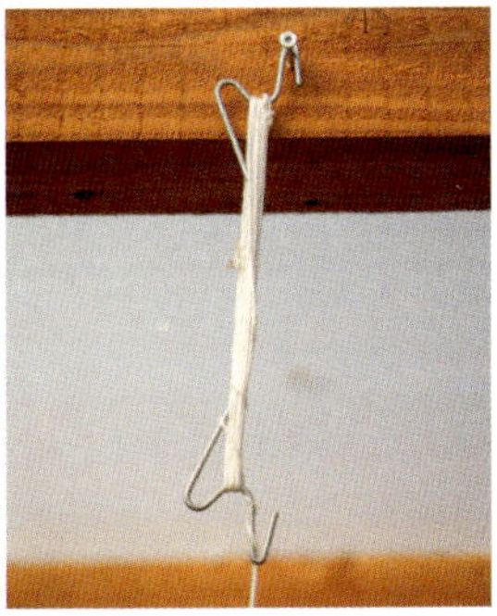

Tomatenhaken kommen aus dem Profianbau. Die Schnur bietet genug Halt und lässt sich dem Wachstum stets anpassen.

STANDORT

Wenn ich die Tomaten ins Freiland oder Gewächshaus pflanze, setze ich sie noch einmal tiefer ein und entferne die untersten Blätter. Dadurch sind sie weniger anfällig für Krankheiten, und weil die Pflanzen so anfangs weniger Blätter versorgen müssen, haben sie mehr Kraft fürs Wachstum. Außerdem bekommt jede Tomate einen Langzeitdünger mit ins Pflanzloch, empfehlenswert sind hier Guano oder Hornspäne.
Der Abstand der einzelnen Tomaten zueinander sollte 80 Zentimeter betragen. Je näher eine Tomatenpflanze an der anderen steht, desto schneller überträgt sich später die Kraut- und Braunfäule.
Mit Ausnahme von Buschtomaten müssen Tomaten gestützt werden. Ich benutze dafür Holzstäbe und spezielle Tomatenhaken. Die Stäbe kommen bei den Freilandtomaten zum Einsatz: Die Tomaten werden mit Jutegarn stramm daran angebunden. Im Gewächshaus dagegen nutze ich Tomatenhaken, um die Tomaten an einer Schnur aufbinden zu können. Die Schnur wird vom Haken herabgelassen und unten an den Stamm geknotet. Die Tomate wird dann immer weiter an dieser Schnur aufgedreht. Ist sie oben angekommen, kann noch mehr Garn abgelassen werden, damit die Tomate unten erst mal ein Stück über den Boden schlängelt und erst dann nach oben wächst. So hat sie noch mehr Platz.

Ausgeizen

Die Seitentriebe kosten die Pflanze unnötig Kraft. Deshalb: regelmäßig entfernen.

Spiralstäbe mag ich nicht besonders, von ihnen rutschen die Tomaten später, wenn sie schwerer werden, herunter und fallen ein.
Prinzipiell wachsen Tomaten sowohl im Freiland als auch im Gewächshaus. Die entscheidende Frage ist immer, ob eine Sorte fürs Freiland geeignet ist. Denn Tomaten haben Schwierigkeiten mit Wasser von oben, weil dieses die Kraut- und Braunfäule fördert. Es gibt aber sogenannte PHR-Sorten – PHR steht für Phytophtora-Resistenz –, die immun sind gegen die Krankheit. In besonders nassen Sommern oder durch andere befallene Pflanzen kann der Pilz jedoch auch mal auf diese Sorten überspringen. Im Saatgutshop gibt es meist eine eigene Rubrik für PHR-Sorten.

PFLEGE

Mehr Rispen an Tomatenpflanzen bekommt man nicht nur durch eine gute Sortenwahl, sondern auch durch die spezielle Pflege. Besonders wichtig ist hier, eher wenig zu gießen. Das sorgt dafür, dass die Abstände zwischen den einzelnen Rispen geringer sind und sich entsprechend mehr Tomaten bilden. Und sollte man Tomaten jetzt ausgeizen oder nicht? Ich bin Team »Pro Ausgeizen«, bis auf Busch- und Wildtomaten geize ich alle aus. Die Pflanzen sind dadurch lichter, werden schneller groß und die Früchte reifen in der Sonne rascher ab. Denn in den Seitentrieben geht viel Kraft verloren. Die ausgeknipsten Geiztriebe könnt ihr übrigens in Wasser stellen, sie bilden innerhalb von 14 Tagen Wurzeln und ihr habt immer neue Tomatenpflanzen – ganz kostenlos. Es soll auch funktionieren, die Geiztriebe direkt in Erde zu stellen. Dann müssen sie aber zwei- bis dreimal täglich gegossen werden, gerade an warmen Sommertagen. Mir ist das zu umständlich.
»In der Natur geizt auch keiner aus«, argumentieren manche. Aber in der Natur wachsen auch keine Tomaten. In Italien werden die Tomaten auf den Feldern auch ausgegeizt. Allerdings haben viele Sorten, die dort angebaut werden, von Natur aus wenig Geiztriebe. Also: Ich bleibe Ausgeizfan.
Ihr könnt für mehr Ertrag die Tomaten auch zweitriebig ziehen – entweder über den Haupttrieb und einen Geiztrieb oder über zwei Geiztriebe, dann wird im Gegenzug der Hauptstamm beendet. Die Pflanze schafft es gut, alle Triebe zu versorgen, und bildet deutlich mehr Früchte aus.
Tomaten sind Starkzehrer, deswegen dünge ich sie ab der Pflanzung alle 14 Tage mit flüssigem Tomaten- und Gemüsedünger. Vor allem Kalium und Phosphor stärken die Pflanze gegen Krankheiten, weil die Zellwände fester werden. Und die Blüten- und Fruchtbildung wird auch angeregt.
Was das Gießen angeht: Wenig Wasser steigert zwar den Ertrag. Tomaten »schwitzen« über ihre Früchte jedoch Wasser ab. Kriegen sie nicht genug davon, bilden sie eine zähe Schale, die das Wasser in der Pflanze halten soll. Das

ist zwar nicht schädlich, aber unangenehm beim Verzehr. Gibt es dann wieder viel Wasser und schiebt dieses in die Frucht, kann es wegen der harten Schale zudem nicht mehr so gut verdunsten – die Tomate wird rissig oder platzt auf. Um dem vorzubeugen, gieße ich Tomaten täglich – aber immer nur wenig.

KRANKHEITEN UND SCHÄDLINGE

Neben der bereits angesprochenen Kraut- und Braunfäule sind oftmals eingerollte Blätter ein Problem. Das ist eine Art Hitzeschutz an warmen Tagen, um Wasser einzusparen. Wenn die Pflanze allerdings zu viele Blätter einrollt, kann es sein, dass die Fotosynthese gestört wird. Das Problem lässt sich nur durch vorbeugendes regelmäßiges Gießen verhindern.
Eingerollte Blätter können aber auch ein Zeichen dafür sein, dass die Tomate zu viele Nährstoffe bekommt, insbesondere zu viel Stickstoff.
Blütenendfäule entsteht durch einen Kalziummangel in der Pflanze, nicht im Boden. Deswegen helfen die häufig empfohlenen Kalziumtabletten im Gießwasser wenig, wenn der Rest der Pflege gleich bleibt. Denn die Tomate kann dann immer noch nicht genug Kalzium in ihre Früchte transportieren. Tomaten haben wie wir Menschen »Adern«, über die die Früchte mit Nährstoffen versorgt werden. Und die Früchte können wie wir auch schwitzen. Wenn die Pflanze nicht genug Wasser verbraucht, zieht sie kein neues nach – und damit kriegt sie auch keine Nährstoffe. Auch aus diesem Grund sollten die Früchte der Tomaten nicht unter den Blättern versteckt sein, sie geben sonst einfach nicht genug Wasser ab. Bei Bedarf lichte ich deswegen entsprechend aus. Dadurch können die Tomaten gleichzeitig besser abreifen. Stimmen die Grundvoraussetzungen, kann ein Kalziumdünger zusätzlich helfen, Blütenendfäule zu verhindern. Ein alleiniges Wundermittel ist er jedoch nicht.
Noch etwas: Die unteren Blätter der Tomatenpflanze entferne ich grundsätzlich, denn sie sind eine Eintrittspforte für Krankheiten.

ERNTE

Tomaten können ab Ende Juni bis weit in den Herbst geerntet werden, vor allem im August bilden sich viele Früchte aus. Den perfekten Reifegrad erkennt ihr daran, dass sich die Farbe voll entwickelt hat. Esst ihr die Tomaten nicht gleich, könnt ihr sie bei kühler Raumtemperatur leicht zwei Wochen lagern. Aber bitte nicht im Kühlschrank, da verlieren sie an Aroma und Geschmack. Vor dem ersten Frost solltet ihr alle unbeschädigten Tomaten abernten, auch wenn sie noch grün sind. Sie können im Haus nachreifen. Dafür wickelt ihr sie einfach in Zeitungspapier und legt am besten noch einen Apfel dazu. Er verströmt das Reifegas Ethylen, das den Prozess unterstützt. Ansonsten lassen sich grüne Tomaten einlegen oder zu Chutney und Konfitüre verarbeiten.

TIPP

LÜFTEN

Wachsen Tomaten im Gewächshaus, sollte dessen Tür im Sommer immer offen stehen. Zum einen brauchen Tomaten Wind und Insekten zur Bestäubung der Blüten, zum anderen bekommen sie bei hoher Luftfeuchtigkeit und zu hoher Wärme schnell Kraut- und Braunfäule. Noch dazu bilden sie weniger neue Rispen.

Kraut- und Braunfäule mindert die Ernte. Damit sie sich nicht ausbreitet, sollten befallene Blätter und Pflanzenteile immer sofort entfernt werden.

TROPICAL SUN

Die Früchte der Cocktailtomate wiegen rund 20 Gramm, sind orange und durchzogen von wunderschönen rosaroten Streifen. Die F1-Hybrid-Sorte ist sehr ertragreich und bildete bei mir in diesem Jahr schon auf dem ersten Meter sieben Rispen aus. Überhaupt wuchs die Sorte sehr vital und war von allen meinen Tomaten als erste reif. Der Geschmack ist süß und fruchtig – perfekt als Snack. Die Tropical Sun ist platzfest und vor allem für das Gewächshaus geeignet. Ausgeizen ist wichtig, um den Wuchs zu fördern.

ANANAS

Diese alte und samenfeste Fleischtomate ist orangegelb mit leicht rot gestreiftem Fruchtfleisch, wiegt oft deutlich über 500 Gramm, schmeckt süß und erinnert leicht an Ananas. Die ersten Früchte ernte ich bei mir im Gewächshaus im Juli. Im Freiland liefert die Sorte an einem geschützten Standort an der Hauswand oder unter dem Tomatendach in guten Jahren ebenfalls ordentlich Ertrag. Wie alle großen Sorten erhält sie von mir während der Fruchtausbildung eine Extraportion Guanodünger. Auch Ausgeizen ist unerlässlich: Die Kraft muss in die Frucht!

GERMAN GOLD

Die historische und besonders attraktive Fleischtomate ist leider ein wenig anfälliger für Krankheiten, trägt aber nichtsdestotrotz zuverlässig. Sie steht bei mir im Glasgewächshaus, wo es sehr trocken und die Luftfeuchtigkeit niedrig ist. Ein Anbau im Kübel an der Hauswand soll aber auch zuverlässig funktionieren. Die Pflanzen werden etwa 2 Meter hoch und bilden pro Rispe vier bis sechs Tomaten. Es empfiehlt sich, bei großen Rispen die letzten beiden Tomaten abzuschneiden, sie werden meist unterversorgt und rauben den restlichen nur Kraft.

ARTISAN BLUSH TIGER

Eine sehr schöne gelborange Minipflaumentomate mit pink geflammtem Muster. Die 4–8 Zentimeter langen Früchte wiegen etwa 30 Gramm. Trotz der kompakten Größe liefert die Blush Tiger ab Mitte Juli einen enormen Ertrag. Auch aufgeplatzte Früchte hatte ich bei dieser Sorte noch nie. Sie scheint allgemein sehr resistent gegen Krankheiten zu sein, weshalb sie auch für den Freilandanbau gut geeignet ist. Ich ziehe diese Tomate übrigens immer zweitriebig, da sie nicht besonders groß wird und so mehr Rispen an der Pflanze hängen.

BAUNA

Für mich ist diese robuste F1-Hybride die beste klassische Tomate. Ich habe sie seit 2023 bei mir im Garten und sie trägt in jedem Jahr zuverlässig. Die Früchte sind etwa 100 Gramm schwer, klassisch rot und rund. Sie reifen sehr früh und der Ertrag ist enorm. Auch im Spätsommer und Herbst kommen immer noch neue nach. Die Bauna benötigt nicht viel Pflege und wegen ihrer PHR ist sie auch für Anfänger ohne Gewächshaus bestens geeignet. Das Saatgut gibt es zudem als Powersaat, also mit einer Beize, die die Keimung beschleunigt.

BRUNITO

Diese dunkelrote, fast bräunliche F1-Hybride mit leicht grünlichem Fruchtfleisch wächst bei mir erst im zweiten Jahr. Trotzdem hat sie die bekanntere Black Cherry als Konkurrentin schon abgelöst, denn sie ist fester und vor allem resistent gegen die Kraut- und Braunfäule. Damit und weil sie nicht aufplatzt, hat sie eine hohe Freilandtauglichkeit. Der Ertrag dieser bis zu 2,50 Meter großen Sorte ist enorm. Pro Rispe sind bis zu 14 Tomaten möglich. Noch dazu funktioniert der Anbau problemlos auch zweitriebig. Eine Ernte ist bis in den Oktober möglich.

PROJEKT
GEWÄCHSHAUS

Selbst ein Gewächshaus bauen

Wenn es im Herbst stürmisch wird und die Gewächshäuser im Wind zu klappern beginnen, male ich mir immer gleich das Schlimmste aus: »Morgen kommst du in den Garten und es ist keine Scheibe mehr im Gewächshaus.« Und tatsächlich ist das im vergangenen Winter auch passiert: Bei meinem einfachen Gewächshaus hat der Wind alle Scheiben rausgedrückt. Erst wollte ich sie zur Seite legen, um sie im Frühling wieder einzusetzen. Aber als ich mir Scheiben und Rahmen genauer ansah, erkannte ich, dass das nichts mehr werden würde. Also kam das Gewächshaus in den Sperrmüll und ich begann zu überlegen, wie ich an ein neues kommen könnte.

Einfach ein zweiter Folientunnel kam nicht infrage. Aber ein Glashaus in vernünftiger Qualität würde mindestens 2000 Euro kosten – zu teuer. Also begann ich mir auf YouTube Videos zum Thema »Gewächshaus selbst bauen« anzuschauen. Wegen Filmen wie »Gewächshaus für 100 Euro bauen« dachte ich erst noch, dass sich das Problem leicht lösen ließe. Aber dieses einfache Gestell mit Folie entsprach dann doch nicht meinem Geschmack – ganz abgesehen davon, dass das Haus in meiner windigen Ecke im Garten vermutlich nicht lange gestanden hätte. Ein anderes Video gefiel mir dagegen richtig gut. Es war von meinem Gartenfreund Niko, dessen Gewächshaus ich schon in echt gesehen hatte. Mit seiner Höhe von 2,10 bis 2,20 Meter war es perfekt für Tomaten, durch das Gerüst aus Holz ebenfalls, denn daran lassen sich prima Tomatenhaken anbringen, um die Tomaten bis an die Decke hochzuziehen. Also fragte ich Niko, mit welchen Kosten ich wohl rechnen müsste, recherchierte ein bisschen und kam am Ende auf etwa 1350 bis 1500 Euro, je nach Feinschliff. Das Projekt Gewächshausbau konnte beginnen.

Material
Ich bestellte 17 je 5 Meter lange 9 x 9 Zentimeter dicke Balken aus stabilem, wetterfestem Lärchenholz. 85 Meter insgesamt! Passend zuschneiden wollte ich sie mir selbst. Im Baumarkt besorgte ich Einschlaghülsen, Schrauben, Winkel und Verbinder. Nur die Gewächshausplatten wollte ich erst nach Fertigstellung des Grundgerüsts ordern, damit ich noch einmal die genauen Maße prüfen konnte.

Aufbau
Insgesamt haben wir das Gewächshaus an vier langen Arbeitstagen gebaut, wobei es am ersten Tag vor allem um die genaue Planung und den Zuschnitt der Balken ging. Dann kamen die Einschlaghülsen in den Boden: Dabei war besonders wichtig, dass sie zum einen gleich tief in der Erde stecken, zum anderen wirklich im rechten Winkel stehen. Den Pflanzen ist es zwar egal, wie gerade oder krumm das Gewächshaus steht, aber für das Befestigen der Gewächshausplatten ist es einfacher, wenn die Balken möglichst exakt stehen.

Dach
Fürs Dach bestellte ich Platten im Maß 2,10 x 3,50 Meter. Eigentlich hätten wegen des Gefälles – wir haben auf einer Längsseite einen Extrabalken eingebaut, damit das Wasser abläuft – 3,22 Meter genügt. Das Sondermaß wäre aber teurer gewesen. Also haben wir die Platte selbst zugeschnitten.

PROJEKT GEWÄCHSHAUS

Die Maße

Die Länge des Gewächshauses beträgt 4,20 Meter. Das hatte ich entschieden, weil die Platten für die Seiten 2,10 x 2,00 Meter groß sind und ich damit nur jeweils pro Seite zwei davon brauchte. Ein weiterer Vorteil: Je größer die Platte ist, desto besser kann sie am Holz fixiert werden und weht später deswegen nicht so schnell davon.
Aufgrund der Plattenbreite von 1,05 Meter beträgt der Abstand zwischen den Seitenwänden 3,15 Meter. Für die Rückseite brauchte ich damit drei Platten à 1,05 x 2 Meter. Die mittlere Platte habe ich noch mal halbiert, da ich im oberen Teil ein Fenster einsetzen wollte. Und auf der Vorderseite ließ ich die mittlere Platte erst mal komplett weg. Statt ihr sollte dort später die Tür eingesetzt werden.

Tür

Die Tür ist ein einfacher Rahmen, auf den die fehlende Hohlkammerplatte aufgesetzt wurde. Sie kann mit einem einfachen Haken eingehakt werden. Einmal so, dass sie geschlossen ist, und einmal so, dass sie von hinten gehalten wird, damit sie offen stehen bleibt.

Belüftung

An der Rückseite des Gewächshauses haben wir ganz ähnlich ein 1 x 1 Meter großes Fenster eingebaut. Dazu haben wir die übrige halbe Platte auf einen Rahmen geschraubt, der sich nach hinten aufklappen lässt. Am Fenster ist noch eine Stange befestigt, mit der man es fixieren kann. So ist das Gewächshaus immer gut belüftet, was gerade für Tomaten wichtig ist.
Durch das Dachgefälle entstand außerdem an der Vorder- und Rückseite jeweils ein keilförmiger Schlitz. Diese haben wir nicht verschlossen, um eine gute Dauerbelüftung zu gewährleisten.

Ablageflächen

Die Holzbalken haben noch weitere Vorteile. Ich habe dadurch zum Beispiel gleich eine große Ablagefläche für Gartengeräte. Meine Gartenschere, weitere Tomatenhaken und ein scharfes Messer liegen damit immer genau dort, wo ich sie brauche. Auch Jungpflanzen in Töpfen kann ich erst mal darauf abstellen. Nur im Sommer ist das nicht zu empfehlen, denn direkt an der Platte kriegen sie viel zu viel Wärme ab und vertrocknen beziehungsweise verbrennen dadurch schnell.

Würdet ihr etwas anders bauen oder etwas erweitern? Schreibt mir gerne dazu auf Instagram @felixhobbygarten

Die Gewächshausplatten
Ich habe mich für 10 Millimeter dicke Platten entschieden. Weil ich wenige, dafür größere Platten verwenden wollte, sollten sie nicht zu dünn sein, da sie sonst zu schnell brechen könnten. Außerdem isolieren 10 Millimeter recht gut und es wird sehr schnell warm im Gewächshaus. Mit den 10-Millimeter-Platten ist das Gewächshaus zudem ein bisschen »schattiger«, sodass meine Pflanzen kaum Sonnenbrand kriegen.

Vorteil Holz
Durch die Holzkonstruktion habe ich zwar ein wenig Licht verschenkt. Dafür kann ich an den Dachbalken direkt über den Beeten Tomatenhaken einschrauben, an denen die Pflanzen hochwachsen können.

Konstruktiver Holzschutz
Die Platten reichen nicht ganz bis zur Erde, denn ich hoffe, dass sie ohne Bodenkontakt länger halten. Um die Spalten zu schließen, habe ich innen entlang der Wände Pflastersteine aufgereiht. Sie werden durch die etwas höher aufgefüllte Erde gehalten.

Viel Platz
Wegen seiner Maße kann ich mich in meinem neuen Gewächshaus besser bewegen als in allen anderen. Sogar an den Seiten kann ich entlanglaufen, wodurch ich viel besser an die Pflanzen gelange – zum Pflegen und zum Ernten. Es profitieren also nicht nur meine Tomaten vom neuen Zuhause.

Melonen

Als ich vor ein paar Jahren meine erste Melonenpflanze gekauft habe, bekam ich an der Kasse zu hören: »Wassermelonen funktionieren hier in Deutschland doch gar nicht.« Mittlerweile zählen Melonen zu einer meiner Lieblingskulturen, auf Instagram habe ich mit den Melonenvideos über eine Million Menschen erreicht. 2024 konnte ich von 19 Pflanzen 43 Melonen ernten. Warum Melonen viel anspruchsloser sind als häufig behauptet, erkläre ich euch in diesem Kapitel. Aber erst mal kurz zu den unterschiedlichen Arten.

Wassermelonen

Obwohl mir alle abgeraten haben, habe ich es einfach probiert. Und was soll ich sagen: Sie wachsen bei mir wirklich gut.

- **Wassermelonen** gibt es in unterschiedlichen Größen und Farben. Einige Sorten sind dunkelschalig und haben ein Gewicht von fünf Kilogramm, andere sind grün gestreift und bringen sieben oder sogar bis zu elf Kilo auf die Waage. Wieder andere sind gerade mal handballgroß und wiegen »nur« zwei Kilo. Dazu kommt das unterschiedliche Fruchtfleisch, wobei am bekanntesten sicherlich die rote Wassermelone ist. Aber auch gelbe und orangefarbene Sorten lassen sich prima im eigenen Garten anbauen – und zwar sowohl im Freiland als auch im Gewächshaus. Allerdings braucht ihr dazu genug Platz. Besonders gut gedeihen Wassermelonen bei mir im Folientunnel.
  Das Blatt der Wassermelonen ist gezackt, ihre zahlreichen Blüten sind gelb. Nicht aus allen werden aber auch Melonen, je nach Sorte bilden sich drei bis zwölf Früchte pro Pflanze aus. Dabei gilt: Je größer die Melone, desto weniger Früchte.
- **Zuckermelonen** werden nicht so groß, bilden dafür aber deutlich mehr Früchte. Sie haben weichere und größere Blätter als Wassermelonen und sind botanisch eher mit den Gurken verwandt. Der Anbau im Freiland funktioniert unkompliziert.
  Reife Zuckermelonen sind nur etwa zehn Tage lagerfähig. Wobei es gar nicht so leicht ist, zu erkennen, wann sie reif sind. Erst wenn sie überreif sind, riechen sie intensiv.
- **Honigmelonen** sind eine Untergruppe der Zuckermelonen und im Hobbygarten eher unbeliebt, da sie höhere Ansprüche an den Gartenboden stellen: Er sollte leicht sauer und vor allem durchlässig sein. Reife Früchte sind ebenfalls nicht lange lagerfähig.

Pflanzabstand

Wassermelonen brauchen viel Platz und dürfen daher nicht zu eng gesetzt werden. Auch wichtig: Richtig fest andrücken.

Ich baue in meinem Garten nur Wassermelonen an. Sie sind unkomplizierter, liefern eine bessere Ernte und lassen sich noch dazu besser lagern. Dementsprechend beziehen sich die Tipps auf diesen Seiten hauptsächlich auf Wassermelonen. Allerdings unterscheidet sich der Melonenanbau auch nicht so stark, als dass ihr sie nicht als allgemeine Empfehlung sehen könnt.

AUSSAAT

Wassermelonen haben es bei der Anzucht besonders gerne warm. Ich warte deshalb, bis sich das Wetter draußen bessert, und säe Ende März/Anfang April direkt im Folientunnel aus. Das Wetter ist dann perfekt für die Keimung. Jeder Samen kommt gleich in einen eigenen 9 x 9 Zentimeter großen Pflanztopf. Denn Melonen werden nicht gerne pikiert. Sie bilden von Anfang an kräftige Wurzeln und nehmen es übel, wenn man diese beschädigt. Ich säe die Melonen außerdem immer direkt in eine Pflanzerde, die vergleichsweise dicke Saat und die kräftigen Wurzeln kommen damit gut zurecht.
Wenn ihr die Möglichkeit und vor allem den Platz habt, könnt ihr Melonen auch im Haus vorziehen. Eine Aussaat in Multitopfplatten ist ebenfalls möglich, so spart man anfangs Platz und braucht die Melonen später nur zu versetzen. Umpflanzen ist hierbei in Ordnung, da man den Wurzelballen im Ganzen entnimmt und anders als beim Pikieren nicht beschädigt.
Nach etwa 14 Tagen keimen die Melonen bei optimalen 20 Grad. Im Folientunnel geht es nachts auf einstellige Temperaturen runter und tagsüber wird es auch mal an die 30 Grad. Meine Melonen haben aber auch bei diesen Schwankungen immer sehr gut gekeimt. Melonen neigen zum Vergeilen, optimales Licht ist also wichtig – auch deshalb ist das Tageslicht im April Pflanzenlampen drinnen vorzuziehen. Wer kein Gewächshaus hat, sollte die Jungpflanzen täglich rausstellen und bei kalten Temperaturen unter 8 Grad einfach wieder ins Haus reinholen.

STANDORT

Mitte Mai werden die Wassermelonen bei mir in den Folientunnel und ins Freiland gepflanzt. Ich setze sie mit einem Abstand von 75 x 75 Zentimeter, denn sie brauchen viel Platz. Sie bekommen am Anfang gleich einen Langzeitdünger mit ins Pflanzloch, Hornspäne haben bei mir am besten funktioniert. Wassermelonen brauchen gerade am Anfang viel Wasser und einen guten Bodenschluss, junge Melonenpflanzen kräuseln die Blätter, wenn sie nicht richtig ins Wachstum kommen. Gerade zu Anfang ist es jedoch wichtig, dass die Melone an Blattmasse zulegt. Erst mal muss die Wassermelone circa zwei Quadratmeter begrünen, dann bildet sie auch reichlich Blüten, die später zu dicken Melonen werden. Am besten macht sie das in einem humosen und lockeren Gartenboden, der gut mit Nährstoffen versorgt ist. Je wärmer der Boden ist, desto besser wächst die Melone. Ich mulche Melonen deshalb anfangs nicht, da das den Boden unter der Mulchschicht kühlt. Ein dunkler Gartenboden erwärmt sich in der Sonne hingegen stärker.

PFLEGE

Wassermelonen werden bei mir mit wenigen Ausnahmen kaum beschnitten, obwohl sie sehr verzweigt wachsen und viele Seitentriebe bilden. Ich habe in einem Jahr mal probiert, die Triebe nach einer Frucht zu kappen. Das soll verhindern, dass die Kraft an der Frucht vorbeigeht. Der Ertrag war auch beim Beschneiden noch gut, aber nicht so viel größer, wie ich es mir erhofft hatte. Deswegen kürze ich die Melonen jetzt eigentlich nur noch, wenn sie zu groß werden und den ihnen zugedachten Platz verlassen.

Ich hätte nie gedacht, dass Melonen bei uns so gut wachsen und dabei auch noch so unkompliziert sind.

Es ist immer schön zu sehen, wenn sich ein kleiner Fruchtansatz ausbildet. Es gibt allerdings zwei Arten von Blüten: männliche und weibliche – und nur die weiblichen tragen später Früchte. Ihr erkennt die weiblichen Blüten an dem Fruchtknoten, einer kleinen kugelförmigen Verdickung unterhalb des Blütenkelchs. Die männlichen Blüten sind einfach nur ein Stiel mit Blüte und fallen irgendwann ab, das ist normal. Die weiblichen Blüten dagegen bleiben stehen – sofern sie befruchtet wurden und sich eine Melone entwickelt. Wenn nicht, wird der Fruchtknoten gelb und die Blüte vertrocknet.

Da männliche und weibliche Blüten gleichzeitig blühen, sorgen Insekten für die Bestäubung des Fruchtansatzes. Auch deswegen sollte die Tür des Gewächshauses im Sommer durchgehend geöffnet sein – ganz abgesehen davon, dass zu viel Hitze und schlechte Luft alle Pflanzen schwächen und Krankheiten sowie Sonnenbrand fördern. Das Gewächshaus dient bei mir im Sommer eigentlich lediglich als Regen- und Schädlingsschutz.

SCHÄDLINGE UND KRANKHEITEN

Schädlinge ist ein gutes Stichwort: Nematoden und Trauermücken können die Wurzeln gerade zu Beginn der Kultur schädigen. Bei Wassermelonen sind jedoch vor allem Spinnmilben aktiv. Ihr erkennt sie an den Netzen, die sie bilden. Außerdem werden die Blätter der befallenen Pflanze gelb und sehen vertrocknet aus. Das kommt davon, dass Spinnmilben an der Unterseite der Blätter saugen und so das Gewebe austrocknet. Hier helfen vor allem Nützlinge, sogenannte Raubmilben. Sie fressen die Schädlinge einfach auf, schaden selbst der Pflanze aber nicht. Damit sie nicht abhauen, sollte das Gewächshaus allerdings kurzzeitig »dicht« gemacht werden.

Raubmilben haben großen Appetit: Jede von ihnen vertilgt etwa drei Spinnmilben und bis zu 20 deren Eier. Pro Tag! Nach etwa sieben Tagen ist dadurch das Problem behoben. Wenn nicht, futtern die Raubmilben noch zwei bis drei Wochen fleißig weiter. Weil sie sich selbst nicht vermehren – im Gegensatz zu den Spinnmilben –, müsst ihr euch danach eventuell neue beschaffen, wenn der Befall andauert. **Noch ein Tipp:** Je höher die Luftfeuchtigkeit, desto weniger wohl fühlen sich Spinnmilben.

ERNTE

Wassermelonen sind ab Anfang August zur Ernte bereit. In den letzten Jahren habe ich viel getestet, um den optimalen Reifegrad herauszufinden. Von außen lässt sich der nämlich nicht so leicht erkennen wie bei einer Tomate, Gurke oder Paprika.

Es ist wirklich ärgerlich, wenn man sich die ganze Saison auf die Melone freut, sie ein paar Kilo schwer wird und dann nicht reif ist – oder, genauso ärgerlich, überreif. Deshalb versuche ich, mich an mehreren Indizien zu orientieren:

Als Erstes stellt die Melone ihr Wachstum ein, spätestens wenn sie also nicht mehr dicker wird, beginnt sie mit dem Ausreifen der Früchte. Es kommt allerdings oft auch vor, dass die Melone vor der gewünschten Größe das Wachstum stoppt. In dem Fall können auch Wasser und Dünger nicht mehr helfen. Die Melonen reifen dann bereits in kleinerer Größe vollkommen aus.

Viele Hobbygärtner zählen die Tage ab dem Moment, in dem die Melone an der Pflanze zu wachsen beginnt. Im Schnitt brauchen Wassermelonen bis zur Reife 40 Tage. Dieser Test alleine ist aber sehr ungenau, denn die Frage ist: Wann genau fange ich an zu zählen? Und: Wie viele Tage braucht diese Sorte wirklich? Das kann nämlich unterschiedlich sein. Standort der Pflanze und Versorgung der Frucht spielen ebenso eine Rolle.

Ein anderer Test ist der »Klopftest«. Die einen sagen, der Klang wird mit der Reife hohler, andere behaupten, er wird dumpfer. Was stimmt? Eine Eselsbrücke: Je schwerer und auch reifer die Frucht wird, desto dumpfer der Ton. Hohle und leere Wassermelonen machen einen hohlen, hellen Ton. Unsicher ist diese Methode trotzdem, weil sie nur grob Auskunft gibt und unterschiedliche Sorten auch unterschiedlich klingen. Klingt die Melone zu dumpf, kann sie außerdem schon überreif sein.

Ich schaue deswegen immer auch auf den Strunk, der die Melone wie eine Nabelschnur versorgt. Er wird irgendwann trocken und porös, ein Zeichen dafür, dass die Frucht nicht mehr versorgt wird. Ein relativ eindeutiges Reifesignal, genauso übrigens wie eine helle Verfärbung an der Oberfläche. Ein gelber kräftiger Fleck an der Unterseite ist dagegen nur ein Liegeabdruck der Frucht und kein Reifezeichen. Ihr seht: Um eine reife Melone zu erkennen, muss man auf viele Merkmale achten. Aber keine Sorge: Mit der Zeit entwickelt man ein Gefühl dafür.

Reifezeitpunkt

Immer wieder spannend: Ist die Melone reif? Bei der hier lag ich richtig.

LITTLE DARLING

Eine sehr frühe und ertragreiche F1-Hybrid-Sorte, dunkelschalig mit rotem Fruchtfleisch. Sie wiegt reif etwa 2,5 Kilo, hat einen hohen Zuckergehalt, ist sehr süß und hat wenig Kerne. Diese Züchtung ist zudem wenig anfällig für Krankheiten. Je sonniger die Pflanze steht, desto besser entwickelt sie sich – der Zuckergehalt nimmt zu und somit auch der Geschmack. Die Sorte funktioniert optimal im Folientunnel, aber auch im Freiland wächst sie ganz okay – dann idealerweise auf einem Bändchengewebe, das Unkraut unterdrückt und Wärme speichert.

CRIMSON SWEET

Die 7–9 Kilo schwere Sorte ist samenfest und kann selbst vermehrt werden. Aber auch so ist sie sehr günstig: 100 Samen kosten im Schnitt 8 Euro, das macht gerade mal 8 Cent pro Pflanze. Um richtig große Melonen zu erhalten, ist eine regelmäßige Düngung wichtig. Ich dünge bei dieser Sorte ab der Pflanzung alle 14 Tage mit einem Flüssigdünger. Sobald sich Früchte bilden, sollte nur noch wenig gegossen werden, das steigert den Geschmack. Die Ernte startet im August und endet, wenn das Wetter zu ungemütlich wird.

MINI LOVE

Meine allererste Wassermelone und bis heute mein Favorit in dieser Größenordnung: Die Früchte sind etwa handballgroß und wiegen rund 2 Kilo. Die F1-Hybride ist sehr schnell wachsend und bildet viele Triebe mit einer Vielzahl an Früchten. Das Fruchtfleisch ist leuchtend rot und hat kaum Kerne. Die Mini Love ist optimal für den sonnigen Platz im Gemüsegarten, im Kübel oder am Rand des Hochbeets. Die Früchte reifen dann teilweise schon im Juli aus. Sie ist eine gute Einsteigersorte, denn sie wird nicht schnell überreif.

TIGRIMINI

Diese sehr frühe Sorte gehört ebenfalls zu den Miniwassermelonen mit 1,5–2 Kilo schweren Früchten. Sie hat einen hohen Zuckergehalt und ist deshalb besonders süß. Die Anzahl der Kerne im roten Fruchtfleisch ist sehr gering. Die F1-Hybride wächst besonders im Freiland erfolgreich, aber auch im Kübel, Hochbeet und Gewächshaus. Ein warmer und sonniger Standort ist zu empfehlen. Der Erntezeitraum erstreckt sich von August bis September. Diese Sorte kann in seltenen Fällen Mehltau und Läuse bekommen.

SUGAR BABY

Die wohl berühmteste Sorte – dunkelschalig mit rotem Fruchtfleisch – hat eine sehr kurze Reifezeit und ist bereits Ende Juli erntefertig, dann wiegt sie 2–4 Kilo. Die Sorte ist vor allem an den Seitentrieben stark, daher kappe ich die Spitze der Pflanze nach etwa einem Meter Breite. Sie bildet daraufhin viele Seitentriebe mit zahlreichen weiblichen, also fruchttragenden Blüten, auch direkt von der Wurzel ab. Um die Sugar Baby auf ihr volles Gewicht zu bringen, kürze ich außerdem jeden Trieb einige Zentimeter hinter der Melone ein.

BLACKTAIL MOUNTAIN

Das Highlight kommt zum Schluss: Seit 2023 habe ich diese dunkelschalige und rotfleischige Melonensorte im Garten und sie entwickelt sich langsam zu einer meiner absoluten Favoriten. Das Gewicht mit 4–6 Kilo erreicht sie im Folientunnel locker, im Freiland kommt man ohne viel Pflege auf 5 Kilo. Geerntet werden kann auch dort schon ab Anfang August. Und weil die Sorte trockenheitsverträglich ist und auch mit kalten Nächten klarkommt, kann sie länger beerntet werden als andere. Eine super Anfängersorte.

Zwiebeln

Zwiebeln dürfen, wie ich finde, in keinem Gemüsegarten fehlen. Sie sind ziemlich anspruchslos und können äußerst platzsparend auch in großen Mengen angebaut werden. Noch dazu ist diese Kultur wirklich vielfältig: Die einen Zwiebeln werden sehr groß, andere sind schmal und lang. Einige werden gesteckt und andere gesät. Schauen wir uns also erst mal die verschiedenen Variationen an.

Lauchzwiebeln

Von diesen Zwiebeln könnt ihr fast den ganzen Schaft verwenden. Der weiße Teil schmeckt milder, der grüne kräftiger.

- **Gemüsezwiebeln:** Diese Riesen baue ich in meinem Garten am liebsten an. Sie können schon sehr früh im Jahr ausgesät werden und brauchen in der Anzucht nicht viel Platz. Auch im Freiland können die Zwiebeln dann nah aneinander wachsen. Trotzdem werden sie bis zu einem Kilo schwer – wobei ich festgestellt habe, dass die Zwiebeln mit Voranzucht deutlich größer werden als bei Direktsaat. Gemüsezwiebeln sind eher mild und leicht süßlich. Sie schmecken roh super, im Salat oder als Beilage zu Fleisch – und natürlich im Döner.
- **Schalotten:** Sie finden sich in meinem Garten eher seltener. Ich mag sie einfach nicht so gerne, also baue ich lieber Speise- oder Gemüsezwiebeln an. Geschmacklich unterscheiden sich die kleinen ovalen Zwiebeln nämlich nicht wirklich von diesen, wie ich finde. Wenn ich dünne Zwiebeln haben möchte, ziehe ich einfach Lauchzwiebeln. Das Besondere an Schalotten ist, dass sie in Gruppen um eine Hauptzwiebel herumwachsen.
- **Speisezwiebeln:** Die klassischen Speisezwiebeln wachsen bei mir im Garten dagegen fast in jeder Ecke. Ihr Anbau ist recht unkompliziert und sie benötigen nur wenig Platz. Meistens stecke ich schon im Herbst welche ins Hochbeet und im Frühjahr, wenn ich das Beet fertig gemacht habe, säe ich auch noch mal direkt welche ein. Speisezwiebeln sind – anders als die Gemüsezwiebeln – nicht gerade mild, eher etwas würziger und schärfer. Sie lassen sich gut lagern und sind lange haltbar.
- **Lauchzwiebeln:** Die Frühlingszwiebeln und Winterheckenzwiebeln sind zwar verschiedene Arten, sind für mich aber alles dasselbe. Sie bilden keine Zwiebeln aus, haben stattdessen einen kräftigen weißen Stängel und ein wohlschmeckendes Grün. Da sie kaum in die Breite gehen, baue ich sie immer in Tuffs an, also in kleinen Gruppen von vier bis sechs Stück. So habe ich beim Ernten direkt meinen Bund fürs Abendessen beisammen.

- **Perlzwiebeln:** Diese Minis sind eine Delikatesse und noch dazu anspruchslos. Sie können ab März den ganzen Sommer über angebaut werden. Bei mir sind sie meist schon nach fünf Wochen erntereif. Das Einzige, was die Pflege etwas komplizierter macht, ist, dass die kleinen Zwiebeln schnell vom Unkraut bedeckt sind. Und bei der Aussaat oder beim Setzen der Jungpflanzen braucht es bei den kleinen Samen etwas Fingerspitzengefühl.

AUSSAAT

Die ersten roten und gelben Speisezwiebeln stecke ich, wie bereits gesagt, im Herbst. Sie kommen nur so weit in die Erde, dass man sie gerade nicht mehr sehen kann. Das ist zum einen wichtig, weil sonst Gartenvögel wie die Amsel sie gerne direkt wieder herausziehen. Zum anderen bilden die Zwiebeln später kräftige Wurzeln aus, die sie nach oben drücken. Wachsen Zwiebeln in der Erde bei Feuchtigkeit heran, wird die Schale nicht so fest und die Zwiebel ist kürzer lagerfähig.
Bis zum Winter treiben die Zwiebeln aus und wachsen bei milden Temperaturen auch immer noch ein wenig weiter. Sie haben also einen deutlichen zeitlichen Vorsprung gegenüber den im März gesäten Zwiebeln. Das verlängert die Ernte. Schalotten kann man übrigens auch schon im Herbst stecken, aber die mag ich ja nicht.
Lauch- und Gemüsezwiebeln dagegen gibt es ausschließlich als Samen, sie werden also immer gesät. Zwiebeln säen hat den Vorteil, dass sie gleich mehr Energie haben und bessere Wurzeln bilden. Deshalb säe ich prinzipiell alle Zwiebeln, die im Frühjahr ins Beet kommen. Auch die Speisezwiebelnachzügler.
Auf vielen Saatguttüten steht, dass eine Voranzucht in Anzuchtplatten den Ertrag verdoppeln kann. Meiner Erfahrung nach macht das vor allem bei Gemüsezwiebeln wirklich einen Unterschied zur Direktsaat im Beet. Sie werden bei einer frühen Anzucht später doppelt so groß. Bei Lauchzwiebeln dagegen funktioniert auch eine Direktsaat gut, sie können einfach eng an eng gesät werden. Bei ihnen gibt es für mich kein Argument, das die Anzucht rechtfertigen würde (außer dass man früher im Jahr anfangen kann).
Für die Zwiebelanzucht nutze ich 77er-Anzuchtplatten. Sie haben die optimale Größe für Zwiebeljungpflanzen. Lauchzwiebeln werden mit fünf bis sechs Körnern pro Zelle gesät, Gemüsezwiebeln

Zwiebeln werden entweder gesteckt oder im Topf vorgezogen. Nur Lauchzwiebeln säe ich in Reihen direkt ins Gemüsebeet.

mit zwei Körnern. Nach der Keimung bleibt nur eine Gemüsezwiebel pro Topf stehen – wie immer natürlich die stärkste Pflanze. Wenn alle gleich aussehen, dürfen jeweils die in der Mitte des Topfes bleiben.
Die Aussaat in den Platten erfolgt im März – und der größte Fehler, den ihr dabei machen könnt, ist, das im Haus zu machen. Zwiebeln brauchen Kälte und auch Wind, um stabil zu wachsen. Anfang März hat es bei mir im Gewächshaus häufig schon an die 20 Grad, das genügt bei Zwiebeln zur Keimung. Die anderen Zwiebeln stehen ja schließlich auch den ganzen Winter draußen. Durch die Kälte und den Wind werden die Zwiebeln kompakt und wachsen fester, denn die Bewegung infolge des Windes stärkt die Zellwände und die Temperaturschwankungen drosseln das Wachstum.
Die Pflanzung im Freiland findet bei mir dann zwischen Ende März und Mitte April statt. Wichtig ist ein mildes und nasses Frühlingswetter zum Anwachsen. Hat es um die Zeit noch Frost und Schnee, warte ich daher noch ab.

Zwiebeln mögen den lockeren Boden im Hochbeet und auch, dass sich die Erde darin schnell erwärmt.

STANDORT

Ich dachte lange, dass Zwiebeln in schattigen Bereichen besser wachsen, weil dort der Boden länger feucht ist und sie deshalb dichter werden. Wie sich mit den Jahren herausgestellt hat, ist es aber genau andersherum. Zwiebeln, die in trockener und lockerer Erde an einem vollsonnigen Standort stehen, werden größer. Viele Krankheiten und Wurzelfäulnis treten dagegen vor allem auf, wenn sie zu nass stehen. Auch die Ernte ist in nassen Jahren an feuchten Standorten lange nicht so haltbar wie bei gut abgetrockneten Zwiebeln, die sehr sonnig standen.
Der Gartenboden darf allerdings auch nicht zu mager sein. Ihr solltet ihn deswegen mit Kompost oder anderem pflanzlichen Material aufbessern. Gerade Zwiebeln profitieren mit ihren Wurzeln viel von der humusreichen Struktur.

PFLEGE

Zwiebeln sind in der Pflege recht anspruchslos. Mehr als Unkraut entfernen und einmal pro Saison düngen mache ich nicht. Allerdings können Zwiebeln, gerade solche, die bereits im Herbst gesteckt wurden, das falsch verstehen und »denken«, ihre Aufgabe wäre es, im zweiten Jahr Samen zu bilden. Damit das nicht passiert, ist es wichtig, sie nicht blühen zu lassen. Sonst stecken sie ihre ganze Kraft in die Blüte und nicht in die Zwiebel. Wenn ich also eine Blüte an den Zwiebeln entdecke, schneide ich sofort das obere Stück des Laubs ab. Wie heißt es so schön: Ein guter Gärtner braucht eine scharfe Gartenschere und ein kaltes Herz. Aber auch wenn man die Blüten entfernt, verhärtet in jedem Jahr bei einigen Zwiebeln das Laub und die Zwiebeln bleiben klein, da die Kraft in die Blüte geht. Aber es sind deutlich weniger.

Unkraut zwischen den Zwiebeln lässt sich leicht mit einer Pendelhacke entfernen. Die einmalige Nachdüngung erfolgt mit einem klassischen Gemüsedünger zur Fruchtausbildung.

SCHÄDLINGE UND KRANKHEITEN

Am schlimmsten ist die Zwiebelfliege. Bei einem Befall knicken die äußeren Blätter ab und welken. In der Zwiebel sind zudem häufig schwarze Stippen (Flecken) zu sehen, vor allem bei Lauchzwiebeln ist das unschön. Sogar die Wurzeln fressen die Fliegen an. Dadurch stagniert das Wachstum und die Zwiebeln bleiben klein.

Hilfreich können hier ganz engmaschige Gemüseschutznetze sein. Sie halten wie beim Kohl die Schädlinge von der Pflanze fern. Allerdings sind sie auch recht teuer und es ist aufwendig, sie zum Beispiel fürs Gießen, Düngen oder Unkraut immer wieder zu entfernen. Und zu allem Übel finden die kleinen Fliegen trotzdem immer wieder eine Lücke.

Eine Mischkultur mit anderen Pflanzen ist da schon effektiver und zudem deutlich günstiger. Möhren, Zwiebeln und Tagetes sind drei Freunde, die sich gegenseitig beschützen. Der Geruch der Möhren hält die Zwiebelfliege fern, der Zwiebelgeruch tut dasselbe mit der Möhrenfliege. Und Tagetes verschrecken Nematoden und verbessern den Gartenboden, wodurch Möhren und Zwiebeln gleichermaßen besser wachsen. Auch Knoblauch und Dill können gut neben den Zwiebeln wachsen.

Faulige Zwiebeln am besten gleich aus dem Beet entfernen, weil sie Krankheiten und Schädlingen helfen, sich zu verbreiten.

ERNTE

Die ersten Zwiebeln aus dem Herbst sind schon im darauffolgenden Juli ernteeif, die aus dem März wachsen bei mir bis Ende August.

Ob eine Zwiebel reif ist, könnt ihr zum einen daran erkennen, dass das Laub welk wird und abknickt, zum anderen daran, dass die Zwiebeln eine trockene »Hülle« bekommen.

Damit Zwiebeln nach der Ernte lange haltbar sind, entferne ich nur die Erde, binde sie locker zusammen und lasse sie dann mitsamt dem Laub erst mal im Schuppen trocknen. Nach etwa zwei Wochen schneide ich den Stängel ab, dann kann diese Schnittstelle noch weiter abtrocknen.

EXHIBITION

Diese Gemüsezwiebel wird im März vorgezogen und im August geerntet. Sie ist sehr pflegeleicht und verspricht bei optimalen Bedingungen im Freiland eine gute Ernte. Die Exhibition wird wirklich sehr groß, ihr könnt mit Erträgen von 1–1,5 Kilo pro Pflanze rechnen. Die helle und milde Zwiebel mit gelber Schale eignet sich perfekt für Döner und Salate, zum Grillen oder für Zwiebelringe.

DAGMAR

Eine milde gelbe Gemüsezwiebel, die bei mir dieses Jahr neu dazugekommen ist. Sie wächst unglaublich mächtig und wird über 1 Kilo schwer. Ihr Durchmesser kann bis zu 10 Zentimeter betragen. Die Sorte wächst dabei rasant, bei einer erfolgreichen Vorkultur ist die Ernte bereits nach etwa 120 Tagen, also nach vier Monaten möglich. Der Pflanzabstand von Zwiebel zu Zwiebel sollte 10 Zentimeter betragen, zwischen den Reihen 25 Zentimeter Platz sein.

AILSA CRAIG

Diese Gemüsezwiebel gehört zu meinen Top 3. Sie bildet sehr große, bis zu 1 Kilo schwere Zwiebeln und ist damit eine gute Alternative zu den bereits genannten Sorten Dagmar und Exhibition. Eine frühe Anzucht ab Januar im Haus ist möglich. Dabei werden die Samen in einer Schale ausgestreut und nach etwa drei Wochen pikiert. Danach stehen sie bei mir im Gewächshaus. Ailsa Craig ist eine sehr beliebte Sorte im Hobbyanbau und bei vielen Saatgutherstellern beliebt.

STUTTGARTER RIESEN

Sehr große und beliebte Steckzwiebel, die aber auch als Samen erhältlich ist. Kann über den Winter angebaut werden und funktioniert im Hochbeet genauso wie im Gemüsebeet. Die großen, flachen Zwiebeln haben einen würzigen Geschmack und sind gut lagerfähig. Ihr könnt sie aber genauso auch direkt verarbeiten. Sie eignen sich gut zum Braten und Einmachen.

RED BARON

Eine der roten Speisezwiebeln, die ich bereits im Herbst ins Hochbeet stecke. Sie ist dann im Folgejahr meist schon im Juni erntereif, also sehr früh. Weil sie keinen Unkrautwuchs mag, funktioniert sie im Gemüsebeet besonders gut in sehr engen Reihen. Die Sorte ist für eine Speisezwiebel nicht besonders groß, sondern bleibt eher klein. Dafür ist sie sehr schön scharf und lässt sich gut lagern. Sie ist als Steckzwiebeln und Samen erhältlich.

ISCHIKRONA

Die lange Lauchzwiebel mit frischem Grün und ordentlichen weißen Schäften wächst sehr robust und ist verlässlich im Ertrag. Die Sorte ist leicht frosthart und wird im Frühjahr oder vom Spätsommer bis in den Herbst angebaut. Sie ist samenfest. Die Aussaat erfolgt am besten in Tuffs in Anzuchtplatten, etwa vier bis sechs Saatkörner pro Zelle. Am besten wird die Ischikrona sehr jung geerntet. Wenn das Zwiebellaub fester wird, nimmt der Geschmack ab und die Zwiebel wird schärfer. Sehr lecker in Salaten oder in den Bratkartoffeln.

Zucchini

Zucchini sind eine sehr ertragreiche Kultur. Schon wenige Pflanzen reichen aus, um zur Erntezeit ganze Schubkarren voll zu ernten. Allerdings können einige Krankheiten die Zucchiniernte deutlich minimieren oder sogar komplett ausfallen lassen. Deshalb ist es wichtig, über die richtige Pflege Bescheid zu wissen und ertragreiche Sorten zu kennen.

AUSSAAT

Zucchini werden in der Regel erst ab Mitte April ausgesät, denn sie sind innerhalb von vier Wochen pflanzfertig. Da sie nicht gerne pikiert werden, kommen sie bei mir direkt in 9 x 9 Zentimeter große Pflanztöpfe, in denen sie bis zum Auspflanzen bleiben können. Für Zucchini braucht ihr auch keine nährstoffarme Aussaaterde, ihr könnt sie direkt in die Anzuchterde/Pflanzerde säen.
Die Samen können etwas tiefer in die Erde, denn das Saatgut hat viel Eigenenergie, um zu keimen. Danach heißt es regelmäßig wässern, damit die Saat in den ersten Tagen nicht austrocknet. Sobald der Keimling aus der Erde kommt, kann das Gießen reduziert werden.
Wer ein Gewächshaus hat, kann die Töpfe mit den kleinen Jungpflanzen dort hineinstellen. Ansonsten kommen sie an einen geschützten Platz an der Hauswand. Nur bei kühlen Temperaturen in der Nacht müssen sie zum Schutz vor Frost in die Garage oder ins Haus geholt werden.
Einige Sorten bekommen als Jungpflanze weiße Flecken an den Blättern. Was aussieht wie eine Panaschierung, ist in den meisten Fällen ein Virus, das zum Glück aber keinen Einfluss auf die Ernte hat. Wenn man Glück hat, wächst er aus der Pflanze heraus und neue Blätter sind nicht mehr befallen. Mehltau (siehe Seite 101) befällt die Pflanzen zu diesem Zeitpunkt noch nicht.
Gelbe Sorten bilden teilweise gelbe Blätter. Sie werden im Laufe der Zeit allerdings wieder grün und erholen sich.

STANDORT

Zucchini stehen bei mir immer im Freiland, denn sie brauchen frische Luft für ein gesundes Wachstum und eine gute Bestäubung. Ich habe es auch schon einmal mit ihnen im Gewächshaus versucht, aber das war, ehrlich gesagt, verschenkter Raum. Die Zucchini wuchs nicht besser als draußen, verbrauchte aber sehr viel Platz. Den kann man für andere Kulturen wirklich besser nutzen.

TIPP

MEHRMALS ERNTEN

Neben der Anzucht könnt ihr Zucchini auch per Direktsaat in den Gemüsegarten bringen. Ich säe, wenn ich die vorgezogenen Pflanzen Mitte Mai auspflanze, zusätzlich noch ein paar Körner direkt ins Gemüsebeet. So habe ich vier Wochen später gleich die nächste Runde Zucchini.
Ab Ende Mai ziehe ich dann noch eine dritte Runde vor, die Ende Juni gepflanzt werden kann, wenn im Beet meist wieder Platz frei wird. So kann ich von Juni bis Anfang September immer wieder ernten.

Beim Pflanzen von Zucchini mische ich einen Langzeitdünger unter, eine weitere Düngung ist bei der kurzen Kulturzeit meist nicht nötig. Zucchini werden fast von alleine groß, wenn sie in einem guten Boden stehen – locker und nährstoffreich sollte er sein. Nachdem ich in jedem Jahr Gartenkompost auf meine Beete fahre, haben die Zucchini eine gute Grundversorgung.
Am besten wachsen Zucchini in der vollen Sonne. Im Halbschatten bleiben Pflanzen und Früchte etwas kleiner, was aber nicht unbedingt ein Nachteil ist: Sie beanspruchen dann nicht so viel Platz im Beet und kleine Früchte sind aromatischer!
Ich pflanze Zucchini meistens in einem Abstand von 80 Zentimeter, so stehen sie eng beieinander und unterdrücken Unkraut. Durch die großen Blätter schattieren sie zudem gleichermaßen Früchte und Boden, wodurch Feuchtigkeit länger in der Erde bleibt und die Früchte sich besser entwickeln.
Zucchini können auch im Kübel angebaut werden, Kletterzucchini sind gut geeignet für das Hochbeet, wo sie an der Seite hinunterranken können. Ich persönlich baue allerdings nur kompakte Zucchinisorten an, die auf wenig Platz deutlich mehr Früchte tragen.

PFLEGE

Es kann passieren, dass die Früchte abfallen, bevor sie groß werden. Das liegt fast immer entweder daran, dass es zu viel regnet und deswegen erstens die Insekten für die Bestäubung fehlen und zweitens Wasser in der Blüte stehen bleibt, wodurch die Spitzen anfaulen. Oder aber es liegt nicht am nassen Wetter, sondern daran, dass die Pflanze zu schwach ist. Dann wirft sie selbst einige ihrer Früchte ab, um mehr Kraft für den Rest zu haben. Gegen schlechtes Wetter könnt ihr nicht viel tun, umso mehr aber dafür, dass

Zucchini

Die Pflanzen blühen den ganzen Sommer über und bilden dementsprechend immer wieder neue Früchte aus.

eure Pflanzen stark aussehen und gesund wachsen – und dementsprechend auch viele Früchte ausbilden.
Und noch etwas spielt hier eine Rolle: Es gibt bei Zucchini nämlich männliche und weibliche Blüten. Die männlichen dienen nur zur Befruchtung. Die weiblichen dagegen haben einen kleinen Fruchtknoten unterhalb der Blütenblätter, der zu wachsen beginnt, wenn die Blüte von einer männlichen Blüte befruchtet wurde. Anderenfalls fallen die Fruchtknoten ab.
Es gibt Sorten, die besonders viele weibliche Blüten bilden und damit potenziell mehr Ertrag haben. Allerdings gibt es bei diesen Sorten auch weniger Blüten zur Befruchtung. Da Zucchini darauf angewiesen sind, dass beide Blütenarten gleichzeitig blühen, empfiehlt es sich, sie nicht einzeln anzubauen, sondern immer in Gruppen von drei bis vier Pflanzen. Wenn dann noch bei schönem Wetter genug Insekten fliegen, ist das ideal. Zucchiniblüten sind bei Insekten sehr beliebt, gerade größere Tierchen sehe ich oft in ihnen sitzen.
Zucchini werden gerne gemulcht, weil ihr Wasserverbrauch sehr hoch ist. Damit die Früchte nicht im nassen Rasenschnitt zu faulen beginnen, verwende ich dazu Heu, also nur getrocknetes Gras.
Die Früchte der Zucchini sind manchmal ziemlich verrückt geformt, vorne dick und hinten dünn oder komplett krumm. Eine Ursache dafür sind zu viele Früchte an der Pflanze, weshalb nicht alle gleich gut mit Nährstoffen versorgt werden können. Ein anderer möglicher Grund ist, dass die Pflanze zu wenig Wasser bekommt. Auch ein Virus kann für die Krümmung verantwortlich sein. Aber auch wenn die Zucchini vielleicht nicht mehr so schön aussieht, hat die Form keinen Einfluss auf den Geschmack und die Qualität.

Rankende Zucchini funktionieren super an einem Zaunelement. Wenn sie nach oben wachsen, brauchen sie weniger Platz, können dafür aber bis zu 1,70 Meter hoch werden. Geerntet wird dann quasi auf Augenhöhe. Diese Zucchini brauchen allerdings einen stabilen Rankstab. Tomatenhaken reißen meistens ab, sobald die Pflanze größer wird und sich mehrere Früchte ausbilden. Sie sind dann einfach zu schwer.

DÜNGUNG

Zucchini sind Starkzehrer und müssen von Anfang an gut versorgt werden. Am besten ist also ein Dünger, der schnell verfügbar ist und trotzdem lange anhält. Anstelle von Hornspänen, die ihre Wirkung erst nach etwa vier Wochen entfalten, wenn bei den Zucchini meist schon zu viel passiert ist, verwende ich also gemahlenen oder fein gekörnten Dünger wie Guano. Er ist schneller verfügbar und versorgt die Pflanze dennoch in der kompletten Wachstumszeit.

Bei einem Nährstoffmangel kann darüber hinaus einmalig mit einem flüssigen Tomaten- und Gemüsedünger oder auch mit Brennnesseljauche nachgeholfen werden.

KRANKHEITEN

Mehltau ist eine der häufigsten Krankheiten bei Zucchini. Leider breitet er sich vor allem bei zu nassem Wetter und kühlen Nächten rasant aus. Im Anfangsstadium ist das noch nicht schädlich, doch je mehr Blätter befallen sind, desto weniger Fotosynthese kann die Pflanze betreiben und desto schwächer wird sie. Ein kleiner Trost: Bis die Pflanze vollkommen befallen ist, könnt ihr die Früchte weiter ernten.
Ich säe mehrere Chargen und achte auf mehltauresistente Sorten. Wenn der Pilz dann doch einmal kommt, habe ich meist an einer anderen Stelle schon wieder Zucchini, die mit dem Tragen beginnen. Ich würde euch raten, bei Mehltaubefall nicht gleich wieder eine neue Zucchini auf die Stelle zu säen oder zu pflanzen. Stattdessen solltet ihr, nachdem ihr die kranke Pflanze entfernt habt, erst eine andere Kultur auf diesen Platz im Beet anbauen.
Wenn Mehltau schnell erkannt wird, kann es helfen, ein befallenes Blatt zu entfernen. Meistens aber ist die Pflanze, ehe man ihn entdeckt, schon komplett infiziert und die weißen Mehltaupunkte sprießen auf vielen oder allen Blättern. Bei einem leichten Befall könnt ihr es auch mit Milch versuchen. Sie wird im Verhältnis von 1:5 mit Wasser gemischt und dann aufgesprüht. Beschädigte Blätter werden entfernt. Bei Erfolg wächst die Pflanze gesund weiter und bildet neue, mehltaufreie Blätter. Eine prophylaktische Behandlung mit Mikroorganismen kann ebenfalls helfen, die Pflanze von innen heraus und speziell die Blätter resistenter zu machen.
Meiner Meinung nach ist das Allerwichtigste jedoch die Sortenwahl. Sowohl für den Ertrag als auch für die Resistenz gegen Krankheiten. Wichtig ist auch, Kulturen, die anfällig für Mehltau sind, nicht zu nah beieinander zu pflanzen. Vor allem Gurke, Kürbis und Zucchini sollten nicht in unmittelbarer Nachbarschaft stehen. Sonst springt der Pilz, wenn eine Kultur erkrankt, schnell auf die nächste über.
Neben Mehltau können mehrere Viruserkrankungen die Zucchini befallen. Die Veränderungen in den Blättern und Früchten sind zwar oft sichtbar, haben aber keinen Einfluss auf die Pflanzengesundheit, das Wachstum und die Qualität der Früchte.

Zucchini sind anfällig für Mehltau – Echten und Falschen. Solange nur einzelne Blätter befallen sind, kann aber einfach weiter geerntet werden.

STRIATO D'ITALIA

Dies ist eine der bekanntesten Biosorten im Hobbyanbau. Im Internet ist sie bei unzähligen Herstellern und Vermarktern erhältlich. Die schmalen grün marmorierten Früchte können bis zu 40 Zentimeter groß werden. Sie schmecken jedoch am besten, wenn sie früher geerntet werden (20–30 Zentimeter). Sie sind dann schön bissfest. Die Sorte ist zudem optimal, wenn ihr gerne frittierte Zucchiniblüten esst, da viele auch recht kleine Fruchtansätze dran sind, die gleichzeitig niemals alle reif werden würden, einige fallen also eh ab. Striato d'Italia kann von Juni bis Mitte September beerntet werden, der Ertrag ist sehr gut. Wegen ihres kompakten Wuchses braucht die Sorte allerdings etwas mehr Platz im Beet als andere.

DIAMANT

Eine klassische grüne Zucchini mit etwas dunklerer Schale. Als F1-Hybride kann sie nicht über ihre Samen vermehrt werden. Aber da ich das bei Zucchini sowieso nicht mache, bleiben für mich nur die Vorteile dieser schnell reifenden Sorte: Diamant ist zum Beispiel besonders robust gegen Krankheiten und bekannt für ihren langen und durchgehenden Erntezeitraum.
Ich baue diese Sorte schon ewig an und habe noch kein Jahr gehabt, in dem sie nicht mindestens 20 Zucchini hervorgebracht hätte – die durch ihre leichte würzige Note übrigens auch geschmacklich überzeugen. Eine perfekte Sorte für Grill- oder Ofengemüse. Wie bei den meisten Zucchini schmeckt Diamant jung geerntet besser. Wer große Zucchini mag, sollte auf die Caserta zurückgreifen (siehe rechts).

CASERTA

Diese italienische Sorte stammt aus dem Profibereich, kommt aber vermehrt auch bei Hobbygärtnern in den Garten. 50 Körner gibt es online schon für ungefähr 4,80 Euro. Bei mir kam die Caserta 2025 das erste Mal zum Einsatz und hat mich vor allem geschmacklich überzeugt. Damit sich der intensive Geschmack der Früchte optimal entwickelt, braucht es diese Sorte allerdings auch besonders sonnig und warm. Dafür dürfen die Zucchini dann auch gerne etwas größer werden, was bei anderen Sorten den Geschmack ja oft eher mindert.

BOWMAN

Eine weitere ertragreiche F1-Hybride mit hoher Virusresistenz, die auch im »Market Garden« empfohlen wird. Die Früchte sind klassisch grün, 50 Körner kosten rund 6,40 Euro – ein unfassbarer Preis für eine Sorte, die sogar gegen Mehltau resistent ist. Allerdings habe ich bemerkt, dass sie in Nachbarschaft zu anderen Sorten, die mit Mehltau befallen sind, auf Dauer doch auch schwächeln kann. Die Reifezeit beträgt 50 Tage, geerntet wird von Juni bis in den Oktober. Ich habe die Sorte mittlerweile das zweite Jahr bei mir im Garten.

GOLD RUSH

Meine liebste gelbe Zucchini! Ihre Früchte bleiben mit circa 20 Zentimeter recht klein und sind auch von der Konsistenz etwas feiner. Die Sorte eignet sich sehr gut für die Direktsaat, am besten in voller Sonne. Sie wächst eher kompakt und bildet bei regelmäßiger Ernte bis in den Herbst hinein Früchte. Ich ernte sie, sobald sie leuchtend hellgelb sind. Wenn sie aufhören zu wachsen, wird die Schale dunkelgelb und fester. Die Blätter sind bei mir am Anfang der Saison oft ebenfalls erst gelb, wechseln später aber zu grün. Ein toller Anblick.

Gurken

Gurken gelten als eher kompliziert. Dabei gibt es viele Sorten, die sich auch im Hobbygarten gut anbauen lassen und, wenn sie gesund bleiben, wochenlang Ertrag liefern. Auf den nächsten Seiten geht es also darum, wie man Gurken optimal pflegt und bei welchen Sorten die Ernte besonders gut ausfällt. Aber erst mal dazu, wie groß die Auswahl überhaupt ist.

Einlegegurken

Im Gegensatz zu Salatgurken sind sie kleiner und haben eine dickere, »stachelige« Schale. Ihr Fleisch ist fester und etwas herber, trotzdem schmecken sie auch roh, zum Beispiel im Salat.

- **Salatgurken:** Sie sind in meinem Garten nicht mehr wegzudenken und funktionieren sowohl im Freiland als auch im Gewächshaus. Bei guter Pflege ist die Ernte reichlich. Besonders gut wachsen sie an Rankgerüsten. Der Standort spielt ebenfalls eine entscheidende Rolle, denn Salatgurken mögen es klimatechnisch gerne feucht.
- **Einlegegurken:** Die kleinen, meist bestachelten und leicht schrumpelig wirkenden grünen Gurken sind besonders im Gewächshaus sehr ertragssicher. Sie sollten möglichst reif geerntet und dann direkt verarbeitet werden.
- **Snackgurken:** Bei meinen Kunden sind sie am beliebtesten – sowohl als Pflanze als auch als Gemüse. Die kleinen Gurken können super einfach so als Snack gegessen werden, geschmacklich sind sie besonders gut. Erfreulicherweise liefern die guten Sorten wochenlang vollen Ertrag.
- **Mexikanische Minigurken:** Diese Gürkchen, auch Melothria oder Mäusegurken genannt, sind nicht viel größer als eine Murmel oder eine 1-Euro-Münze und sehen eigentlich aus wie winzig kleine Wassermelonen. Die Pflanzen sind sehr stark rankend und generell wenig anfällig für Krankheiten. Nur der Geschmack ist nicht jedermanns Fall: leicht säuerlich und mit etwas härterer Schale. Die Ernte ist aufgrund der Größe außerdem vergleichsweise aufwendig.
- **Zitronengurken:** Die Früchte dieser Kultur sind rund sowie leuchtend gelb und erinnern dadurch tatsächlich an Zitronen. Sie schmecken aber eindeutig nach Gurke! Die Früchte haben ein schönes Fruchtfleisch und können wie eine Kiwi gelöffelt werden.

AUSSAAT

Gurken zählen zu denjenigen Kulturen, die ich immer in mehreren Chargen aussäe. Die Hauptkultur beginnt mit der Aussaat Anfang April. Gurken mögen kein Kunstlicht (LED-Pflanzenlampen), also warte ich, bis das Wetter

TIPP

MEHR FRÜCHTE

Gurken sind einhäusig, haben also sowohl männliche als auch weibliche Blüten. Nur die weiblichen Blüten haben einen Fruchtknoten, aus dem sich nach der erfolgreichen Bestäubung eine Gurke entwickelt. Männliche Blüten haben keinen Fruchtansatz, verblühen nach ein paar Tagen und fallen ab.
Es gibt bei Gurken auch sogenannte pathenokarpe Sorten, die fast ausschließlich weibliche Blüten bilden und Früchte tragen, ohne dafür bestäubt werden zu müssen. Dadurch verschwendet die Pflanze keine Energie in männliche Blüten und bildet mehr Früchte aus.

draußen passt, und säe direkt im Folientunnel oder im Gewächshaus aus. Ich verwende 9 x 9 Zentimeter große Töpfe und gebe die einzelnen Samen direkt in Anzuchterde, da Gurken es einem übel nehmen, wenn man ihnen an die Wurzeln geht, und deshalb pikiere ich sie auch nicht.
Die Anzucht selbst ist dann sehr unkompliziert. Allerdings haben es Gurken gerne warm, bei zu starken oder zu schnellen Temperaturschwankungen vor allem nach kühlen Nächten lassen sie ihre Blätter gummiartig hängen. Das ist allerdings nicht schlimm, es härtet die Pflanze sogar ab. Und nach zwei bis drei Stunden hat sie sich auch schon wieder erholt und man sieht ihr nichts mehr an. Am häufigsten kann man das an sonnigen Tagen beobachten, wenn die Nacht noch sehr kühl war und die Temperatur im Gewächshaus, sobald die Sonne rauskommt, rasant auf 30 Grad ansteigt.
Bei kalten Temperaturen müssen die Gurken mit Vlies geschützt oder in das Haus geholt werden.
Die Anzuchtzeit von Gurken beträgt etwa vier bis sechs Wochen. Wird Anfang April gesät, kann also Mitte Mai gepflanzt werden. Bis Ende Juni säe ich parallel dazu immer weiter Gurken aus, um die Erntezeit auszudehnen.

STANDORT

Ich pflanze Gurken in meinem Garten ausschließlich im Gewächshaus und im Freiland. Alle meine Versuche im Kübel und Hochbeet waren von eher mäßigem Erfolg. Sie bevorzugen außerdem einen halbschattigen bis sonnigen Standort. Das Gewächshaus ist auch deswegen optimal, weil es das Licht ein wenig mildert und die Pflanzen vor Sonnenbrand schützt.

Bei guter Pflege werden manche Gurkenpflanzen bis zu 2 Meter hoch, sie brauchen also ein stabiles Rankgerüst.

Der Boden muss locker und humusreich sein. Und es lohnt sich, ihm oder dem Pflanzloch Gartenkompost beizumengen. Gurken sind Starkzehrer und als solche lieben sie es, in organischem Material zu stehen. Zudem setze ich bei der Pflanzung auf eine Portion Hornspäne als Langzeitdünger: Er ist nach gut vier Wochen passend zur Blütezeit und Fruchtausbildung für die Pflanze voll verfügbar.
Als Rankgerüst verwende ich die Stützen (Querstangen) des Folientunnels. Gurken können aber genauso gut an Tomatenhaken oder einem Zaunelement hochranken. Im Gewächshaus können sie theoretisch sogar über den Boden kriechen, da sich dort nach dem Regen kein Wasser und auch kein Spritzwasser ansammelt. Allerdings ist auf dem Boden die Gefahr für Mehltau höher, daher empfehle ich eher, Gurken nach oben ranken zu lassen.
Mit die häufigste Frage ist die, ob man Gurken neben Tomaten pflanzen darf. Viele sind der Meinung, dass sich diese beiden Kulturen nicht mögen. Ich habe sie jedoch schon öfter zusammen gepflanzt und ich hatte jedes Mal wunderbare Erträge. Das Problem: Gurken wie Tomaten sind Starkzehrer und brauchen damit beide eine Vielzahl an Nährstoffen. Bei schlechten Bedingungen oder zu wenig Nährstoffen rauben sie sich also gegenseitig die Kraft. Zudem mögen Gurken es grundsätzlich eher feuchter, während Tomaten bei feuchter Luft zu Pilzkrankheiten neigen. Trotzdem: Wenn ihr wenig Platz habt, könnt ihr die beiden ruhigen Gewissens zusammen anbauen. Achtet aber auf eine ausreichende Nährstoffversorgung. Und die Luft sollte dann eher trockener sein – die Gurken werden es verkraften.

PFLEGE

Wie bei Tomaten stellt sich bei Gurken immer wieder die Frage, ob ausgeizen oder nicht. Weil ich neugierig bin, habe ich es dann vor zwei Jahren selbst einmal mit Ausgeizen probiert. Ich konnte allerdings keinen großen Unterschied im Wachstum feststellen, der sich darauf zurückführen ließ. Deswegen verzichte ich darauf und entferne nur dann ein bis zwei Seitentriebe, wenn eine Gurkenpflanze zu groß wird.
Gurken im Gewächshaus mulche ich mit Rasenschnitt, allerdings erst, wenn sie angewachsen sind. Gurken brauchen einen sehr warmen Boden und Mitte Mai wird es nachts häufig noch einmal kalt. Mulchen würde den Boden zusätzlich runterkühlen. Der nackte schwarze Boden erwärmt sich in der Sonne deutlich schneller.
Zu Beginn gieße ich täglich, wenn die Pflanzen beginnen, Früchte auszubilden, nur noch alle drei Tage. Und weil Gurken ein feuchtes Klima lieben und Krankheiten wie Mehltau sich eher bei Trockenheit bilden, weil dann das Pflanzengewebe abnimmt, sodass Krankheiten leichter eindringen können, gieße ich

sie dabei auch auf dem Blatt. Gurkenblätter trocken schnell ab und bekommen braune Ringe an den Außenstellen der Blätter, wenn sie austrocknen. Eine regelmäßige Düngung mit Flüssigdünger hat sich bei mir als äußerst positiv herausgestellt. Um die Blütenbildung zu fördern, helfe ich daher etwa sechs Wochen nach der Pflanzung mit Tomaten- und Gemüsedünger nach. Diesen Vorgang wiederhole ich dann alle 14–21 Tage – je nach Bedarf. Bilden sich nur wenige Blüten und die Gurke bleibt klein, kann die Düngung ebenfalls hilfreich sein.

KRANKHEITEN UND SCHÄDLINGE

Mehltau ist bei Gurken sicherlich die häufigste Krankheit – und zwar sowohl Echter als auch Falscher. Echten Mehltau erkennt man an weißen, mehligen Punkten auf der Blattoberfläche. Falscher Mehltau beginnt mit gelben Punkten, mit der Zeit werden die Flecken dann immer größer und auf der Blattunterseite wächst ein Pilzrasen. Häufiger und schädlicher ist bei mir der Echte Mehltau. Einzelne befallene Blätter sollten unbedingt entfernt werden. Bei stärkerem Befall kann ein schwefelhaltiges Mittel aus dem Gartenmarkt helfen. Auch eine Dusche mit verdünnter Milch hat sich bewährt (siehe Seite 101). Reife Früchte können noch geerntet und verzehrt werden, weitere Früchte werden aber selten noch reif.

ERNTE

Gurken tragen eine Zeit lang sehr intensiv, etwa sechs bis acht Wochen könnt ihr immer wieder ernten. Regelmäßiges Ernten führt auch dazu, dass weiter neue Früchte ausgebildet werden. Kleinere Gurkenpflanzen tragen übrigens deutlich mehr Früchte gleichzeitig. Später wachsen zwar immer noch einzelne Gurken nach, aber mit dem großen Ertrag ist es vorbei. Daher empfiehlt es sich, Gurken gestaffelt anzubauen und die Pflanzen regelmäßig zu ersetzen. Ich pflanze bei mir Gurken an drei Stellen, säe alle drei Wochen neu aus und wechsele die Pflanzen aus, sobald sie nicht mehr schön sind. Ich pflanze dann an anderer Stelle neu.
Mein Tipp: Weil Gurken anders als beispielsweise Tomaten sich nicht einfach vom Strunk lösen, kann schnell mal die ganze Ranke verletzt werden und die Pflanze stirbt im schlimmsten Fall ab, wenn man die Gurke beim Ernten abreißt. Besser ist es, sie vorsichtig abzudrehen oder, noch besser, mit einem Messer oder einer Schere abzuschneiden.

Gurken mit einer sauberen Schere oder einem sauberen Messer zu ernten, ist für die Pflanze schonender. Ein gerader Schnitt heilt zudem schneller und Krankheitserreger haben weniger Zeit, über die Wunde ins Gewebe einzudringen.

PICOLINO

Diese F1-Hybride aus dem Hobbybereich findet man schon lange in meinem Garten. Sie funktioniert sowohl im Freiland als auch im Gewächshaus. Die Anzucht erfolgt ab April im Gewächshaus, Direktsaat im Beet ist ab Mitte Mai möglich. Die Pflanzen können bis 2 Meter hoch werden, sind sehr mehltauresistent und die Früchte neigen nicht zum Bitterwerden. Die Sorte ist rein weiblich blühend, aus jeder Blüte kann also eine Frucht entstehen.

GERGANA

Eine ertragreiche Salatgurke mit überwiegend weiblichen Blüten. Der Anbau mehrerer Pflanzen beieinander stellt die Befruchtung sicher. Die Früchte werden 30–40 Zentimeter lang und entwickeln sich sehr schnell.
Die Sorte kann sehr gut im Freiland angebaut werden und dort sogar über den Boden ranken. Ich empfehle, dann allerdings mit Stroh zu mulchen, damit die Früchte nicht direkt auf dem Boden liegen. Geringer Pflanzabstand von 60 x 60 Zentimeter ist möglich. Die Gergana kann von Juni bis Oktober beerntet werden.

SNACK

Diese Snackgurke aus dem Profibereich bewährt sich bei mir im Garten seit zwei Jahren sehr gut. Sie hat als pathenokarpe Sorte nur weibliche, also Früchte tragende Blüten, und ist daher wirklich sehr ertragreich. Sie funktioniert vor allem im Gewächshaus, aber auch an einem Zaunelement im Freiland wächst sie bei mir gut. Die Blätter sehen draußen sogar deutlich länger schön aus. Die Sorte ist sehr krankheitsresistent und bildet bei einem gestaffelten Anbau bis in den Oktober ständig Früchte aus. Ich ernte sie, wenn sie etwa 10 Zentimeter lang sind.

KANECO

Die große Schlangengurke ist hauptsächlich für den Anbau im geschützten Bereich gedacht, sie gedeiht also am besten im Folientunnel und Gewächshaus. Bei mir rankte sie dort sehr stark, ich musste sie über die Anzuchttische und den Boden lenken. Die Sorte ist ebenfalls pathenokarp, außerdem resistent gegen Mehltau, Mosaikvirus und Gurkenkrätze, bei der sich graue Schimmelstellen an den Gurken bilden. Die Früchte werden bis zu 35 Zentimeter lang und sind frei von Bitterstoffen. Mit 20 Cent pro Korn eine recht preiswerte Sorte.

LEMON

Bei dieser Sorte handelt es sich um eine Zitronengurke, wie ich sie am Anfang des Kapitels beschrieben habe. Sie ist perfekt geeignet fürs Freiland, wächst unglaublich und bildet sehr viel Blattmasse und zahlreiche Früchte aus. Ich habe schon erlebt, dass sie die anderen Gurken regelrecht unterdrückt hat. Die Pflanzen sind bei meinen Kunden genauso beliebt wie die tennisballgroßen Früchte. Man erntet sie, wenn sie leuchtend gelb sind. Später wird die Schale härter. Lemon lässt sich gut im Salat verarbeiten oder einfach so als Snack löffeln.

VORGEBIRGSTRAUBE

Die Einlegegurke ist äußerst beliebt, weil sie sehr wuchsstark und wenig anfällig für Krankheiten ist. So ist ohne viel Mühe ein ordentlicher Ertrag sicher. Die samenfeste Sorte keimt bereits nach sieben bis zehn Tagen und ist bei einer Aussaat Anfang April ab Mitte Juni erntereif. Die Pflanze wächst recht kompakt und wird nicht über 1,50 Meter groß. Sie kann im Freiland angebaut werden, sollte dort allerdings nicht über den Boden ranken, da sie anfällig für verschiedene Pilzkrankheiten ist. Ein sonniger Standort mit lockerem Boden wird empfohlen.

EXKURS
LANGE ERNTE

Gestaffelt anbauen für eine lange und gleichmäßige Ernte

Ich habe früher fast immer alles an einem einzigen Tag gesät und dann das Beet nach den Eisheiligen auch auf einmal vollgepflanzt. Zur Erntezeit hatte ich dann häufig Schubkarren voll mit Zucchini und auch die Salate mussten so ziemlich alle gleichzeitig geerntet werden. Wir kamen mit dem Essen kaum hinterher. Mittlerweile baue ich, wo es geht, gestaffelt an. Dadurch kann ich das ganze Jahr über ernten, ohne dass sich das Gemüse im Beet »anstaut«. Wie das geht, erfahrt ihr jetzt.

Ein großer Vorteil des gestaffelten Anbaus ist, dass ihr viel länger ernten könnt. Gut, einige Kulturen wie Tomaten oder Paprika werden einfach erst nach den Eisheiligen gepflanzt und stehen dann den gesamten Sommer über im Gewächshaus oder Garten. Aber andere Kulturen lassen sich gut in unterschiedlichen Zeiträumen anbauen.

ZUCCHINI UND GURKEN

Beide habe ich früher nur einmal Mitte April gesät und dann nicht mehr. Weil der Erntezeitraum dieser Kulturen kurz und intensiv ist, hatte ich damals von Juni bis Juli eine regelrechte Gurken- und Zucchinischwemme. Aber wer will schon über Wochen nur Gurken und Zucchini essen? Ich auf jeden Fall nicht. Deshalb habe ich irgendwann damit begonnen, die Aussaat bei diesen beiden Kulturen in drei Etappen zu staffeln.
Die erste Runde Zucchini säe ich Mitte April, geerntet wird im Juni und Juli. Mitte Mai und Mitte Juni säe ich jeweils einen weiteren Satz. So kann ich auch

Ende Juli bis Anfang September noch weiter Zucchini ernten – und das immer in verträglichen Mengen.
Pro Satz plane ich in der Regel 14 Pflanzen ein: Neun Zucchini sind für den Verkaufsstand, vier für mich und eine für meine Hühner, die Zucchini genauso gerne mögen wie ich. Einige Früchte haben zudem matschige Stellen oder fangen an zu schrumpeln und sind deswegen für den Verkauf nicht geeignet. Die Hühner freuen sich darüber umso mehr!
Bei den Gurken ist es ähnlich, der Erntezeitraum ist bei dieser Kultur sogar noch kürzer und intensiver. Aber durch den gestaffelten Anbau wachsen, wenn die einen Pflanzen ihr Soll erfüllt haben und Mehltau bekommen, an einer anderen Stelle schon die nächsten heran.
Ich säe Gurken dazu das erste Mal Mitte April aus, dann folgt jeweils eine Aussaat Mitte Mai und Mitte Juni und noch einmal eine Anfang Juli. Ernten kann ich so bis Ende August. In jeder Charge habe ich acht bis zwölf Pflanzen. Ich pflanze sie aber nicht alle an einen Ort, um bei einem möglichen Mehltaubefall ein Übergreifen von Pflanze zu Pflanze zu verhindern.

Die Drohnenaufnahme zeigt schön, dass überall im Beet Gemüse in unterschiedlichen Stadien wächst. Dadurch kann ich das ganze Jahr über ernten.

Gut ist es, sich hier an den Saatguttüten zu orientieren. Dort ist in der Regel der optimale Zeitpunkt für die Aussaat angegeben. Ich schaue immer, dass ich verschiedene Sorten habe: Die eine kann schon etwas früher raus, die andere funktioniert auch im warmen Sommer noch sehr gut. In beiden Fällen ist die Auswahl an Sorten groß.

MÖHREN

Was bei Zucchini und Gurken klappt, hat sich auch bei Möhren bewährt. Die ersten werden bei mir recht früh im Jahr, etwa Ende März bis Mitte April, direkt in den Boden gesät. Sie können im Juli und August geerntet werden. Im Juni säe ich weitere Möhren – diesmal Sorten, die besonders gut mit Hitze klarkommen und im späten Herbst erntereif sind. Diese sogenannten Lagermöhren zählen schon zu den Winterkulturen.

Sobald im Beet etwas geerntet wurde und Platz ist für Neues, wird nachgepflanzt. So habe ich (fast) das ganze Jahr über frisches Gemüse.

SALATE

Salate baue ich das ganze Jahr über an. Im Winter habe ich Schnittsalate im Folientunnel, die langsam laufen. Ab Ende März stehen dann bis in den Winter hinein Kopfsalate im Gemüsegarten. Auch hier sind wieder die Sorten entscheidend für den Ertrag: Einige funktionieren sogar im Sommer gut, während andere bei hohen Temperaturen und langen Tagen anfangen zu schießen.

KOHL

Beim Kohl ist der Anbau in zwei Phasen geteilt: einmal der frühe Anbau und einmal der Herbstanbau. Im Frühjahr beginne ich gerne mit Brokkoli, Blumenkohl und Kohlrabi, die ich schon im Februar im Haus säe. Ende März kommen die Pflänzchen dann direkt ins Beet, denn auch wenn es noch mal kalt wird, ist dort der beste Standort.
Wer ein Gewächshaus hat, kann mit einer Ernte Mitte Mai rechnen und hat damit direkt wieder Platz frei für die Tomatenpflanzen. Wächst der Kohl im Gemüsebeet, wird der Platz ab Anfang Juni verfügbar – was immer noch ausreichend ist für Paprika, Zucchini oder Mais als Folgekultur.
Im Juni säe ich das zweite Mal Brokkoli und Blumenkohl für die Herbsternte. Außerdem kommt dann auch klassischer Winterkohl wie Rosenkohl, Grünkohl und Wirsing in die Erde.

KARTOFFELN

Sie werden bei mir innerhalb von zwei bis drei Monaten immer wieder gepflanzt: Die ersten Kartoffeln ziehen, nachdem ich sie im Haus vorgetrieben habe, Ende März ins Beet ein. Danach setze ich im Abstand von vier Wochen immer wieder weitere vorgetriebene Knollen ein – bis im Juli schließlich die letzte Rutsche erfolgt.

Weil die einzelnen Sorten unterschiedlich lang reifen, habe ich, um Arbeit zu sparen, auch schon mal alle Kartoffeln auf einmal gesetzt und einfach verschiedene Sorten genommen: Die einen sollten 80, die anderen 100 und die dritten 130 Tage in der Erde sein. Auf diese Weise hatte ich ebenfalls zwei Monate lang erntereife Kartoffeln. Mein Tipp, wenn ihr es auch so machen wollt: Setzt jede Sorte in eine eigene Reihe. Wenn es ans Ernten geht, fangt ihr mit der Kartoffel an, die am schnellsten reif ist. Danach geht ihr Reihe für Reihe zu den späteren Sorten weiter.

LAUCH

Hier erfolgt der Anbau ebenfalls wieder zu zwei Zeiten: einmal wie üblich im Frühjahr, sodass der Lauch den Sommer über steht und dann geerntet wird. Im Juni erfolgt parallel dazu dann die zweite Anzucht für eine Ernte bis ins neue Jahr. Gerade Lauch ist nämlich ein super Wintergemüse, das immer weiter geerntet werden kann, solange es nicht (wochenlang) friert. Beim Lauch gibt es spezielle Sorten für den Winteranbau, die lange mit kalten Temperaturen klarkommen. Achtet auf die Angaben auf den Samentütchen.

TIPP

DIE FLÄCHE RICHTIG AUSNUTZEN

Mit einer guten Staffelung und Beetplanung sind auf ein und demselben Stück Erde meist drei Kulturen pro Jahr möglich. Auf die frühen Kohlsorten folgen beispielsweise zwei Sätze Zucchini und im Herbst noch Radieschen oder Spinat. Dadurch lässt sich die Fläche im Gemüsegarten optimal ausnutzen.

Entscheidend ist jedoch, rechtzeitig mit der Anzucht der nächsten Pflanzen zu beginnen. Deshalb ziehe ich, während die eine Kultur auf dem Beet in die Erntezeit geht, den nächsten Satz oder die Folgekultur in Anzuchtplatten heran. So kann ich nach der Ernte schon kräftige Pflanzen ins Beet setzen, die dann wiederum schneller reif sind.

Erdnüsse

Wenn ich erzähle, dass ich Erdnüsse im Garten anbaue, sind meine Zuschauer immer sehr interessiert. Funktioniert das überhaupt? Wie wachsen Erdnüsse eigentlich? Wie viel Pflege brauchen sie? Und wie viel Platz?

Halbe Erdnusssamen keimen nicht, die könnt ihr gleich zur Seite tun fürs Vogelfutter.

Als ich selbst mit den Erdnüssen anfing, war ich genauso neugierig. Ich hatte gelesen, dass die Pflanze mit 30 Zentimeter Größe gerade mal so breit wird wie ein Salatkopf. Und dass man sie ähnlich wie Zwiebeln anbauen könne, wo eine dicht an der anderen steht. Auf einen Quadratmeter würden also rund acht Erdnusspflanzen passen. Der Platz für so ein Experiment war auf jeden Fall da. Also legte ich los. Seitdem säe ich jedes Jahr etwa 100 Erdnüsse für meinen Pflanzenverkauf aus. Ich habe sie schon im Kübel, Hochbeet und Freiland angebaut, dieses Jahr stehen sie im Gewächshaus.
Vom Aussehen erinnern Erdnusspflanzen an Klee. Aus der Erde kommen viele kleine Triebe, die Blätter sind gezackt und sehr fest und die Pflanze bildet schöne orangefarbene Blüten. Sie senken sich, sobald sie verblüht sind, in den Boden ab und bilden dort dann die Erdnüsse. Eine ziemlich lange Kultur, die im Februar beginnt und erst kurz vor dem Frost beerntet wird.

AUSSAAT

Für die Anzucht braucht es richtiges Erdnusssaatgut. Das gibt es mittlerweile aber bei mehreren Herstellern und sogar im Gartencenter an der Saatgutwand. Erdnüsse aus dem Supermarkt gehen nicht, da sie nicht schonend geknackt wurden und meist schon in der Mitte aufgesprungen sind. Erst recht klappt es nicht mit gerösteten oder gesalzenen Erdnüssen. Womit ihr es dagegen mal versuchen könnt, sind Erdnüsse aus dem Vogelfutter. Sie sind unbehandelt. Allerdings wird für das Futter meist günstiger Erdnussbruch verarbeitet, aus dem keine Pflanzen mehr keimen. Unterm Strich kommt ihr um vernünftiges Saatgut nicht herum.
Die optimale Zeit für die Anzucht ist Ende Februar. Ich säe die Erdnüsse in großen Schalen aus und pikiere sie, wenn sie aufgehen. Jede Erdnuss stecke ich mit der Spitze nach unten in die Erde, dort kommt, wenn alles gut geht, direkt eine dicke Wurzel heraus. Ihr könnt euch nicht vorstellen, was für eine Energie Erdnüsse zur Keimung mitbringen. Sie sind enorm mächtig und können daher ruhig 2–3 Zentimeter tief in die Erde gesteckt werden.

Einige Hersteller schreiben auf ihre Packungen, man solle die Erdnüsse vor der Aussaat in Wasser legen, um so den Keimprozess zu beschleunigen. Das mache ich nicht. Denn die Kerne weichen dann auf und schimmeln bei der hohen Keimtemperatur von 20 Grad unter Kunstlicht ziemlich schnell. Das ist mir zu riskant.
Was ich dagegen mache: Ich stecke die Kerne immer in eine Chilierde, weil deren Struktur sehr locker ist, was Erdnüsse lieben. Dadurch liegt die Keimquote bei mir in guten Jahren bei etwa 85 Prozent, was für diese Kultur unglaublich gut ist. In schlechten Jahren keimt allerdings trotzem oft nicht einmal die Hälfte der Kerne. Das muss mit einberechnet werden.
Die Keimung ist aber wirklich das Komplizierteste beim Erdnussanbau. Klappt sie, ist das schon die halbe Miete. Denn sobald die Pflanze erst einmal am Wachsen ist, ist der Ertrag so gut wie gesichert. Zunächst legt sie jedoch eine Wachstumspause ein: Von März bis Mai wächst sie zwar stetig weiter, wird aber nicht besonders groß.
Um sie abzuhärten, stelle ich die Pflanzen noch im Anzuchtgefäß von Anfang April bis Mitte Mai in den Folientunnel. Dort stehen sie bei angenehmen und schwankenden Temperaturen. Je nach Wetterlage kann es durchaus vorkommen, dass sie schon zu blühen beginnen. Das ist aber nicht weiter schlimm, eher ein gutes Zeichen.

STANDORT

Ist die Anzucht geschafft, kann die Erdnuss gepflanzt werden und dann an ihrem vorgesehenen Platz weiterwachsen. Am liebsten stehen sie in voller Sonne, dort können sie sich bestens entwickeln. Der Pflanzabstand beträgt

TIPP

JE DICKER, JE BESSER

Naturbelassene Erdnüsse aus dem Internet sind häufig noch keimfähig. Ich habe vor einigen Jahren einmal einen großen Beutel voll bestellt. Die Keimquote war mit 22 von 40 Erdnüssen im Durchschnitt eher niedrig, aber im Wachstum haben sich die Erdnüsse nicht groß von den anderen Sorten unterschieden. Die Erdnüsse selbst waren sehr groß, wobei ich gemerkt habe: Je größer das Saatgut, desto besser. Ich suche mir seitdem immer die dickeren Erdnüsse raus, die kleinen vertrockneten schicke ich gar nicht erst ins Rennen.

etwa 25 Zentimeter von Reihe zu Reihe und 15 Zentimeter von Pflanze zu Pflanze. Der Boden muss sehr locker sein, sandig und am besten mit etwas Kompost angereichert. Lehmiger Boden ist für Erdnüsse ungeeignet. Zusätzlichen Dünger im Pflanzloch braucht es nicht, ein guter vorbereiteter Boden reicht für die kleinen Pflanzen aus. Was das angeht, sind Erdnüsse recht genügsam.
Im Kübel sind Erdnüsse aus mehreren Gründen gut aufgehoben: Der Boden erhitzt sich dort mehr, sie sind vor Schädlingen wie Wühlmäusen sicher, Unkraut lässt sich leicht entfernen und es wachsen keine anderen Pflanzen über die Erdnüsse. Im Gewächshaus hingegen, wo ich es dieses Jahr ausprobiert habe, breiten sich gerade Melonen und Gurken aus und begraben die Erdnüsse einfach unter sich. Außerdem muss man im Gewächshaus wegen der wärmeren Temperaturen viel mehr darauf achten, dass die Jungpflanzen nicht vertrocknen. Na ja, einen Versuch war es wert.
Die Ernte ist im Kübel auch deutlich einfacher, weil man besser nach den Nüssen suchen kann und sie leichter aus dem Boden bekommt.
Im Gemüsegarten war bei mir der Ertrag bisher immer geringer – vielleicht aber auch nur, weil ich die Erdnüsse im Beet aufgrund der doch eher kleinen Fruchtansätze kaum wiedergefunden habe. Vielleicht sind mir aber auch einfach die Wühlmäuse zuvorgekommen.

PFLEGE

Während der Wachstumszeit braucht ihr euch nicht viel um die Erdnüsse zu kümmern. Sie wachsen quasi von alleine: Es kommen immer wieder neue Blüten und die Pflanze wird langsam buschiger. Eigentlich braucht ihr nur eins: Geduld, bis ihr endlich ernten dürft.
Ich gieße meine Erdnüsse nur alle drei Tage, ansonsten schwächeln sie schnell. Mulch verwende ich auch nicht. Die dauerhafte Feuchtigkeit ist nicht gut für die Entwicklung, zudem wird dadurch der Boden heruntergekühlt. Und Erdnüsse lieben einen warmen, lockeren Boden!
Groß düngen braucht ihr Erdnüsse ebenso nicht. Ich habe es in den letzten Jahren immer mal wieder getan, konnte aber nicht feststellen, dass das eine große Wirkung aufs Wachstum oder den Ertrag gehabt hätte. Ich hatte sogar eher das Gefühl, dass die doch recht kleinen Pflanzen nur schwer damit zurechtkommen. Eine leichte flüssige Düngung nach dem Start oder zur Blütezeit im Juli/August kann den Ertrag dennoch steigern. Ich verwende dafür selbst angesetzte Brennnesseljauche (siehe Seite 185), die wenig Nährstoffe, aber viele natürliche, pflanzenstärkende Inhaltsstoffe mitbringt. Ihr könnt die Erdnüsse auch leicht anhäufeln, wie man es von Kartoffeln kennt. Das kann den Ertrag ebenfalls erhöhen.

Direkt nach dem Rösten könnt ihr die noch warmen Erdnüsse würzen: mit Cayennepfeffer und Salz, Chili oder auch Vanillezucker und Zimt.

KRANKHEITEN UND SCHÄDLINGE

Ich kenne keine Krankheiten oder Schädlinge, die die Pflanze befallen können. Zumindest gab es bei mir im Garten diesbezüglich noch nie Probleme. Die größte Gefahr für eine Erdnusspflanze ist zu wenig oder zu viel Wasser – also zu vertrocknen oder zu ertrinken. Gerade Staunässe ist für die Wurzeln und Ausbildung der Erdnuss kontraproduktiv. Und: Wachsen Erdnüsse im Beet, langen Wühlmäuse gerne mal zu.

Erdnüsse ohne das umhüllende rote Häutchen keimen trotzdem, solange sie ganz sind.

ERNTE

Wenn das Wetter im Herbst schlechter wird, beginnt auch die Erdnusspflanze immer schlechter auszusehen: Ähnlich wie bei Kartoffeln oder Zwiebeln welkt das Laub, sobald die Pflanze reif ist und die Früchte nicht mehr versorgt werden müssen. Also fange ich an, die Erdnüsse zu ernten. Dazu ziehe ich vorsichtig die ganze Pflanze aus der Erde, entferne dann die einzelnen Erdnüsse von der Pflanze und lasse sie erst mal zwei Wochen im Trockenen liegen. Danach kann ich die Erde an den Hülsen ganz einfach mit einer Nagelbürste abschrubben und die Schale aufknacken.

Roh sind die Kerne noch recht weich und ein wenig mehlig – ähnlich wie ein Maiskorn. Nicht so lecker! Viel besser schmecken sie, wenn man sie röstet. Das geht am besten in der Heißluftfritteuse, alternativ auch im Backofen und dauert etwa 55–60 Minuten. Die Temperatur sollte rund 150 Grad betragen. Zum Glück hat meine Heißluftfritteuse einen Timer, so vergesse ich die Nüsse nicht und sie werden genau richtig.

Und jetzt natürlich noch zum Wichtigsten: Wie viel Ernte kann man überhaupt pro Pflanze erwarten? Ich habe im Jahr 2023 zehn Erdnusspflanzen angebaut und pro Pflanze etwa eine Handvoll Nüsse geerntet – was für so eine lange Kultur doch ein sehr geringer Ertrag ist. Auf einem Quadratmeter kann aber doch etwas dabei rumkommen. Ich würde sagen: Wenn ihr mindestens zehn Pflanzen habt, lohnt sich der Anbau.

TIPP

EINFACH AUSPROBIEREN

Die Erdnusssorten auf dem Saatgutmarkt sind begrenzt, deswegen konnte ich selbst bisher erst wenige verschiedene Sorten anbauen. Vermutlich gibt es bei Erdnüssen auch einfach keinen großen Unterschied. Nuss ist Nuss (auch wenn Erdnüsse genau genommen ja zu den Hülsenfrüchten gehören).

JIMMYS PRIDE

Sie ist die bekannteste Erdnuss im Hobbygärtnerbereich, viele bekannte Hersteller haben sie im Programm. Die Erdnuss ist sehr groß und hat eine dunkelrote Hülle. Die Keimquote ist sehr gut und liegt bei um die 80 Prozent. Ich empfehle, gerade diese Sorte nicht in Wasser einzulegen, sondern bei der Aussaat einmal kräftig zu gießen. Ordentlicher Ertrag nach fünf Monaten Kulturzeit!

ADERCHE F1

Diese Sorte war 2025 bei mir im Garten neu dabei. Ich habe sie bei einem Profigärtner bekommen und sie bildete viel mehr Blüten und Blattmasse als meine anderen Pflanzen. Deswegen dachte ich schon früh, dass sie wohl sehr ertragreich sein würde. Und was kann ich sagen? Als es ans Ernten ging, hat sich meine Vermutung bewahrheitet.

GAIA

Dies ist eine Sorte, die man in der Schale bekommt und selbst knacken muss. Dadurch, dass die Kerne noch geschützt sind, sind sie meist unbeschädigt, wenn sie ankommen, und außerdem sehr gut keimfähig.
Die Erdnuss ist normalgroß und bei mehreren Bioanbietern im Sortiment. Gaia mag es besonders gerne warm, ein Anbau im Gewächshaus oder Kübel wird empfohlen.

Späte Ernte

Viele Kohlarten, wie hier der Wirsing, sind erst im Herbst erntereif.

Kohl

Im eigenen Garten erfolgreich Kohl anzubauen, kann wirklich eine Herausforderung sein. Mal geht der Kohl in Blüte, mal bleibt er klein, Kohlrabis platzen und Blumenkohl verfärbt sich unschön … Trotzdem ist mit der richtigen Anzucht und Pflege eine vielfältige Ernte möglich. Aber erst mal zu meinen fünf liebsten Kohlarten.

- **Blumenkohl:** Er ist deutlich vielfältiger, als man meint. Es gibt es ihn in unterschiedlichen Farben – weiß, grün, violett, orange –, wobei die weiße Variante, an die die meisten heute vermutlich zuerst denken, gar nicht die ursprüngliche ist. Durch geschickte Sortenwahl kann man ihn fast das ganze Jahr über anbauen und ernten. Bei mir im Garten wollte er lange Zeit aber einfach nicht funktionieren. Die Pflanzen hatten zwar ewig viele Blätter, sonst aber nichts. Und wenn sich dann mal ein Kopf entwickelt hat, war er unschön braun belegt oder von Gartenvögeln angefressen. Von Jahr zu Jahr klappt es aber auch mit dem Blumenkohl immer besser. Man lernt schließlich in jeder Gartensaison dazu (aus jedem Misserfolg erst recht) und findet so irgendwann seine ganz eigene Strategie für eine gelungene Ernte.
- **Brokkoli:** Dieses Jahr war ich das erste Mal so früh dran, dass ich den ersten Brokkoli bereits zu den Eisheiligen ernten konnte. Derart früh im Jahr sind noch keine Schädlinge unterwegs, und so durfte ich mich über eine richtig gute Ernte freuen. Ich esse Brokkoli sehr gerne. Nächstes Jahr will ich unbedingt auch Sprossenbrokkoli anbauen. Hat das schon mal jemand gemacht?
- **Kohlrabi:** Bei Kohlrabi besteht immer die Gefahr, dass er zu holzig wird oder platzt. Aber auch hier habe ich mittlerweile meine Sorten gefunden, die gut performen. Man muss außerdem akzeptieren, dass jede Kultur ihre eigene Zeit hat, und sollte nach den Eisheiligen Mitte Mai nicht einfach alles auf einmal pflanzen. Dann staunt man, wie einfach auch Kohlrabi im eigenen Garten wachsen kann.
- **Rotkohl:** Kohl gehört ja allgemein eher zu den Starkzehrern, aber bei Rotkohl habe ich immer das Gefühl, er könne gar nicht genug bekommen – nicht nur was Nährstoffe betrifft, sondern auch Wasser. Bei Rotkohl entscheidet sich recht schnell, ob er einen dicken Kopf ausbildet oder nicht. Leider ist es bei mir schon öfter passiert, dass er außen zwar kräftige Blätter hatte, innen aber ganz schmal blieb.

- **Wirsing:** Auch er gehört bei mir unbedingt unter die Top 5. Wirsing ist zwar eher ein Herbstgemüse, bringt aber auch schon im Sommer viel Ertrag. Und weil meine Mutter einen sehr guten Wirsingeintopf kocht, strenge ich mich bei dieser Kultur immer besonders an. Trotzdem gibt es auch hier immer noch oft unnötig viele äußere Blätter. Aber die Kaninchen und Schnecken sollen ja auch etwas abhaben.

AUSSAAT

Für die Kohlaussaat gibt es drei große Phasen: einmal die Anzucht für sehr frühen Kohl, dann die Aussaat für Herbstkohlsorten und schließlich die Direktsaat. Wobei ich bei mir im Garten bei der Direktsaat passe, denn in Gegenwart der Kaninchen und Schnecken macht es einfach keinen Sinn, die Pflanzen ohne einen gesicherten Vorsprung ins Beet zu setzen.
Die frühen Kohlsorten werden zwischen Ende Januar und Mitte März ausgesät. Dieses Jahr hatte ich das Ziel, Brokkoli und Blumenkohl bis zu den Eisheiligen geerntet zu haben, um danach die Tomaten ins Gewächshaus pflanzen zu können. Also ging es schon Anfang Februar mit den ersten Aussaaten los – im Haus, in Schalen und unter Kunstlicht. Meine Chilis werden sich auch gedacht haben, was die schon hier wollen.
Ende Februar habe ich die Jungpflanzen in 24er-Anzuchtplatten pikiert. Und dann ging es bei mildem Wetter und Sonnenschein auch schon zur weiteren Anzucht in den Folientunnel. Einen Monat später, Ende März, habe ich im Gewächshaus gepflanzt. Die Pflanzen gaben mächtig Gas, Ende April hatten sie schon richtig große Blätter. Die ersten Kohlrabi bildeten sich aus und schafften es tatsächlich, bis zu den Eisheiligen erntereif zu sein. Bei Brokkoli und Blumenkohl dauerte es bis Ende Mai. Nächstes Jahr will ich noch früher ernten, deshalb werde ich wohl schon im Januar mit der Aussaat beginnen – auch wenn ich da für gewöhnlich noch unter der warmen Decke auf dem Sofa sitze und kaum an den Garten denke.
Sitzt ihm keine Folgekultur im Nacken wie bei mir, wird Kohl üblicherweise Anfang März gesät, Ende März bis Anfang April je nach Wetter ins Freiland gepflanzt und im Juni und Juli beerntet.
Die Herbstkultur wird, anders als es der Name vermuten lässt, nicht im Herbst oder Spätsommer ausgesät, sondern Ende Mai. Neben einer neuen

Mit der Anzucht fürs Gewächshaus kann es schon Ende Februar losgehen. Entsprechend früh kann dann auch geerntet werden – und es ist Platz für Neues.

Charge Blumenkohl und Brokkolisamen werden dann auch Wirsing, Rosenkohl und Grünkohl gesät. Im Juni kann nach einer sechswöchigen Anzuchtzeit gepflanzt werden und im Oktober geerntet.
Kohl säe ich immer in Anzuchterde und 24er- oder 54er-Anzuchtplatten. Die Anzucht im Gewächshaus dauert vier bis sechs Wochen.

STANDORT

Die frühen Sorten von Blumenkohl, Brokkoli und Kohlrabi wachsen sehr gut im Gewächshaus und im Folientunnel. Alle Herbstsorten sowie Rotkohl und Wirsing kommen bei mir ins Freiland. Im Hochbeet wächst bei mir nur Kohlrabi gut. Mit allen anderen Kohlsorten hat es bisher nicht geklappt.
Volle Sonne ist wichtig! In schattigeren Ecken bleiben Kohlköpfe eher klein, da wo sich viel Feuchtigkeit staut, platzt der Kohlrabi auf. Auch ein lockerer Boden ist für Kohl sehr wichtig.
Ich baue Kohl außerdem immer in Mischkultur mit Kartoffeln oder Salat an. Beide Kulturen haben ähnliche Ansprüche und werden ebenfalls mehrmals im Jahr ausgesät. So ist immer ein Stück vom Beet voll.
Noch wichtiger als die Mischkultur ist allerdings die Fruchtfolge: Kohl sollte jedes Jahr auf dem Gemüsebeet »weiterwandern«, damit die Pflanzen gesund bleiben und genug Nährstoffe kriegen. Erst nach vier Jahren darf er wieder auf der gleichen Stelle stehen. Wenn ihr Gründünger anbaut, solltet ihr auf Gelbsenf verzichten, da er wie Kohl zu den Kreuzblütlern gehört.

Es lohnt sich, immer mal wieder unter den Köpfen zu schauen und Unkraut (hier Vogelmiere) zu entfernen.

PFLEGE

Unkraut zu entfernen und regelmäßig zu gießen ist bei Kohl enorm wichtig. Zu viel Konkurrenz oder zu wenig Wasser führen zu einer geringeren Kopfausbildung. Gerade Blumenkohl und Rotkohl saugen viel Wasser ein.
Ich dünge Kohlpflanzen einmal bei der Pflanzung mit einem Langzeitdünger, der viel Stickstoff enthält. Nach einigen Wochen gebe ich dann noch eine flüssige Nachdüngung zur Fruchtausbildung – je nachdem, wie weit die Pflanze mit der Langzeitdüngung auskommt. Da gehe ich meist nach der Empfehlung der Hersteller. Tomatendünger ist hier ideal, er enthält auch noch Kalium, Phosphor, Kalzium und Magnesium. Bei einer weiteren hohen Stickstoffgabe würde der Kohl nur viele Blätter bilden, aber keinen Kopf.

KRANKHEITEN UND SCHÄDLINGE

Vom Kohlweißling hat bestimmt jeder Hobbygärtner schon einmal gehört. Der Schmetterling legt seine Eier auf den Kohlblättern ab, und wenn die Raupen schlüpfen, fressen sie die Pflanze ratzfatz kahl. Um das zu verhindern, hilft nur ein Kohlschutznetz mit einer Maschenweite von 1,6 Millimeter. Allerdings sind diese Netze recht teuer und verhindern einen Befall noch dazu nicht immer zuverlässig. Mir ist immer wieder passiert, dass ich das Netz nur kurz zum Unkrautjäten und Durchackern entfernt habe und, zack, schon war der Schmetterling am Kohl. Außerdem muss ich gestehen, dass ich es nicht besonders schön finde, meterweise Netze in meinem Gemüsegarten herumliegen zu haben. Auch wenn ich damit fahrlässig Schäden in Kauf nehme, lasse ich die Netze deswegen inzwischen weg. Nun liegt es an der Mischkultur mit Tomaten, Dill oder Sellerie, der Jahreszeit und einer Prise Glück, ob der Kohlweißling großen Schaden anrichtet oder eben nicht. In einem Jahr fahre ich gut damit, im anderen weniger.

Und dann sind da noch die Tauben: Ich habe mich lange gefragt, warum mein Salat immer gut aussieht, der Kohl dagegen nicht. Gerade junge Pflanzen, die ich in Erdpresstöpfe gepflanzt habe, sind schnell abgefressen. Manchmal sind 50 Köpfe in nur einer Nacht weg. Dann habe ich die Übeltäter auf frischer Tat erwischt! Im Gewächshaus kamen die Tauben sogar durchs offene Fenster und setzten sich auf den Blumenkohl, um ihn zu vernaschen. Na, immerhin hält der Zaun ums Gemüsebeet die Kaninchen fern.

ERNTE

Kohl kann bei guter Planung im Mai, Juni und Juli und dann noch mal von September bis November geerntet werden. Er braucht teilweise echt lange und es lässt sich auch nur schwer erkennen, wann er reif ist. Spätestens wenn oben einzelne Blüten aufgehen oder abfallen, sollte er aber vom Beet geholt werden.

Ein Mythos für sich ist die Grünkohlernte. Denn dass Grünkohl Frost braucht, bevor man ihn ernten kann, stimmt nur halb. Der Geschmack wird zwar tatsächlich immer besser, je kälter es wird, weil dann die Bitterstoffe in ihm in Zucker umgewandelt werden. Frost braucht es dafür aber keinen, nur niedrige Temperaturen. Wie kalt es sein muss, hängt von der Sorte ab; gerade moderne Sorten haben von sich aus schon weniger Bitterstoffe.

Grünkohl nach Frost – sieht schön aus, aber nicht alle Sorten brauchen die Kälte für den Geschmack.

BROKKOLI BOBBY

Dieser schöne mittelgroße Brokkoli aus biologischer Züchtung wächst in früher und später Kultur. Er gedeiht im Frühjahr vor allem im Gewächshaus gut und noch besser zum Herbst hin im Freiland. Die Pflanzen können im Abstand von 50 x 50 Zentimeter gesetzt werden. Bobby wächst sehr schnell, und wenn er nicht mehr größer wird, ist er erntereif. Auch toll: Ist der Hauptkopf abgeerntet, bilden sich bei dieser Sorte oft noch kleinere Seitenröschen.

KOHLRABI NORIKO

Diese Biozüchtung wird von März bis Mai gesät. Eine Voranzucht ab Februar führt zu einer sehr frühen Ernte bereits im Mai. Bei Aussaat im Mai kann im September geerntet werden. Ideal für den gestaffelten Anbau. Noriko wird schön groß und bildet ein zartes, schmelziges Innenleben. Er kann im Hochbeet, Gewächshaus und Freiland angebaut werden. Im Freiland reicht ein Abstand von 25 Zentimeter zwischen den Pflanzen aus. Die Sorte ist gut kälteverträglich.

BLUMENKOHL ERFURTER ZWERG

Der eher kleine Blumenkohl kann im Freiland schon im Juni geerntet werden. Er ist sehr robust und bildet große Blätter, die über den Kohlkopf lappen. So vor Sonnenlicht geschützt bildet sich ein schöner fester Blumenkohl aus. Der Erfurter Zwerg ist schossfest, neigt also nicht zu verfrühter Blütenbildung. Bei später Aussaat im Juni kann eine weitere Ernte im September eingefahren werden.

WIRSING PROVIDENCE

Eine äußerst ertragreiche F1-Hybrid-Sorte mit kräftigen dunkelgrünen Blättern, die auch im Sommer feste und große Köpfe ausbildet. Ich habe sie dieses Jahr im April gepflanzt und konnte schon Ende Juli ernten. Bei der Ernte kann Providence bis zu 1,7 Kilogramm auf die Waage bringen. Er verträgt Frost und ist kühl lagerbar. Perfekt für Wirsingeintopf oder Kohlrouladen!

ROTKOHL MATTERHORN

Diese F1-Hybride ist eine grandiose Züchtung und ein optisches Highlight im Garten, denn es handelt es sich hier nicht um einen klassischen runden Rotkohl. Matterhorn ist kegelförmig und im Inneren etwas heller. Er hat einen dicken Strunk, aber auch viele Blätter. Er braucht bis zur Ernte rund drei Monate, wiegt dann aber gut und gerne 1,5–2 Kilo. Die Köpfe werden alle etwa zur selben Zeit reif.

BLUMENKOHL PURPURINA

Violetter Blumenkohl ist wegen seiner natürlichen Farbstoffe (Anthocyane) besonders gesund. Diese Sorte eignet sich für den Anbau im Herbst und bringt ordentlich Farbe in die späte Erntekiste. Ich säe sie bei mir Anfang Juni für eine späte Ernte im Oktober und November. Purpurina bildet viele einzelne Röschen, auch noch nach der Ernte des Hauptkopfs. Die Farbe bleibt beim Blanchieren übrigens so intensiv, nur bei längerem Kochen verblasst sie. Vom Geschmack ähnelt Purpurina »normalem« Blumenkohl.

Kürbisse

Kürbisse sind nichts für ungeduldige Hobbygärtner. Erst wachsen sie nur langsam, dann überranken sie irgendwann alles und erst ab August kann geerntet werden, sofern nicht der Mehltau den Ertrag trübt. Um zu zeigen, was ihr anbauen könnt und wie es mit der erfolgreichen Ernte klappt, habe ich dieses Kapitel geschrieben.

An Zierkürbissen fasziniert mich vor allem die optische Vielfalt. Essen kann man diese Arten leider nicht, in den meisten Fällen sind sie sehr bitter und manchmal sogar giftig.

- **Hokkaidokürbis:** Der gängigste Kürbis im Hobbyanbau – auch ich baue ihn von Anfang an bei mir im Garten an. Die anderen Arten kamen erst später dazu. Bei meinem Pflanzenverkauf und im Erntehäuschen ist Hokkaido ebenfalls sehr gefragt. Verständlich, er ist äußerst ertragreich und die Früchte eignen sich perfekt für Kürbissuppe oder Kürbisbrot. Hokkaidokürbisse werden etwa 1–2 Kilo schwer und bilden bei guter Pflege pro Pflanze 5 bis 15 Kürbisse aus.
- **Speisekürbis:** Zu dieser Art zählt für mich vor allem der große Pumpkinkürbis, wie man ihn von Halloween kennt. Der ertragreiche Kürbis eignet sich nämlich bei Weitem nicht nur als Deko und zum Schnitzen, man kann ihn auch essen. In diesem Jahr habe ich besonders viele dieser Kürbisse im Garten. Sie können zwischen 7 und 20 Kilo schwer werden. Bei den kleinen Sorten sind recht viele Früchte an einer Pflanze, bei großen Sorten verständlicherweise nur wenige. Kostet eben Kraft.
- **Spaghettikürbis:** Der verhältnismäßig kleine gelbliche Kürbis verdankt seinen Namen seinem Fruchtfleisch im Inneren. Dieses löst sich nämlich bei der Verarbeitung in einzelnen Strängen, die an die italienischen Nudelklassiker erinnern. Spaghettikürbisse werden etwa 1,5 Kilo schwer. Pro Pflanze erhält man etwa zehn bis zwölf Früchte.
- **Butternutkürbis:** Er ist dick und lang und seine Form erinnert an eine Flasche. Die Schale ist cremeweiß, das Fruchtfleisch schön hell. Der Butternut lässt sich sehr gut lagern und kann für Suppen, Pürees oder als Ofengemüse verwendet werden.
- **Muskatkürbis:** Dieser Kürbis ist außen grün und ockerfarben, innen knallorange. Große Exemplare bringen bis zu 14 Kilo auf die Waage, »Minis« schaffen es immerhin noch auf 3–6 Kilogramm. Die Früchte sind außen wunderschön gerippt und insgesamt etwas flacher als die des Pumpkin. Sie enthalten viele Kerne.

AUSSAAT

Ich säe meine Kürbisse immer um den 10. April herum im Gewächshaus direkt in einzelne Töpfe aus. Unter Kunstlicht im Haus oder auf der Fensterbank kommen sie immer viel zu schmächtig. Die Samen werden etwa 2 Zentimeter tief in die Erde gedrückt. Bereits nach etwa zehn Tagen keimen sie und in nicht einmal einem Monat sind sie so groß geworden, dass sie ausgepflanzt werden. Kürbisse bekommen direkt kräftige Wurzeln, die anfangs jedoch ziemlich empfindlich sind. Deshalb werden sie nicht gern pikiert. Ich verwende also gleich 9 x 9 Zentimeter große Töpfe mit Anzuchterde und gebe immer nur einen Samen hinein. Sie werden mit der Spitze nach unten in die Erde gesteckt, das erleichtert die Keimung und fördert gesundes Wachstum.
Ihr könnt Kürbisse theoretisch auch direkt ins Gemüsebeet säen. Aber weil Mäuse und Vögel die Samen lieben und Schnecken den jungen Pflanzen zu schaffen machen, ist eine Anzucht im Gewächshaus sicherer.
Die späteste Aussaat ist Mitte Mai möglich, da die Früchte sonst nicht mehr rechtzeitig ausreifen, bevor es kalt wird.

STANDORT

Nach dem letzten Frost können die Kürbisse ins Freiland gepflanzt werden. Als Standort vielversprechend sind dabei nur Gemüsebeet und Hochbeet. In Kübeln wachsen Kürbisse nicht kräftig genug. In Hochbeeten hingegen können sie die gesamte Außenwand herunterranken. Die Früchte selbst liegen dann meist vor dem Hochbeet auf dem Boden. Kleinere Kürbisse kann die Pflanze problemlos auch in der Luft halten.
Im Gemüsebeet müsst ihr einiges an Platz für die Kürbisse einplanen. Auch wenn sie zu Beginn noch klein und harmlos aussehen, beanspruchen sie bald schon mehrere Quadratmeter für sich. Zudem sollte der Abstand zwischen den einzelnen Pflanzen mindestens 1,50 x 1,50 Meter betragen. Wachsen sie zu nah aneinander, mindert dies den Ertrag und erhöht zugleich das Krankheitsrisiko, etwa für Mehltau. Bei mir im Garten kommen die Kürbisse immer auf einen großen Erdhügel, der mit Kompost aufgebessert wurde, wo sie bis zu 8 Meter nach vorne ranken können. Zum Start gebe ich gleich noch eine große Handvoll Hornspäne ins Pflanzloch.
Irgendwann ist dann der ganze Kompost mit ihren riesigen Blättern bedeckt.

Kürbisse mögen es sonnig. Wenn der Boden dann noch schön humusreich ist, gibt es quasi kein Halten.

Kompost ist ein gutes Stichwort, denn man sagt ja häufig, man könne Kürbisse direkt in den Komposthaufen pflanzen. Das geht tatsächlich ganz gut. Kürbisse sind Starkzehrer und gerade die großen Sorten verbrauchen eine Menge an Nährstoffen. Aber wie ich schon öfter im Buch geschrieben habe: Kompost im Gartenboden ist immer eine gute Idee, um den Boden fruchtbar zu machen. Kompost versorgt euren Kürbis mit den nötigen Nährstoffen, er verschlingt wirklich viele davon.
Kürbisse brauchen außerdem, gerade wenn sie Früchte ausbilden, reichlich Wasser. Dafür bilden sie auch an den Strängen immer wieder Wurzeln. Es ist also sinnvoll, dass sie überall Erdkontakt haben können und nicht über den Rasen oder Pflastersteine ranken. Diese Kultur sollte außerdem sehr luftig stehen, damit die Blätter immer wieder durch Wind und Sonne abtrocknen können. Ansonsten steigt das Mehltaurisiko.

PFLEGE

Kürbisse brauchen die gesamte Vegetationszeit über immer wieder Nährstoffe. Ich dünge daher alle 21 Tage mit einem Flüssigdünger.
Werden die Seitentriebe zu lang, könnt ihr sie problemlos abschneiden. Das ist sogar zu empfehlen, weil sich der Kürbis dann auf die Hauptleitungen konzentriert und mehr und größere Früchte ausbildet.
Wenn die Früchte wachsen, könnt ihr sie mit Stroh unterfüttern. In der nassen Gartenerde werden sie sonst unten schnell mal gelb und schimmelig. Wenn ihr Probleme mit Wühlmäusen habt, legt ihr noch besser ein Holzbrett unter. Ansonsten wird der Kürbis von unten mit großer Wahrscheinlichkeit ausgehöhlt und die Ernte ist futsch. Auch wichtig: Wegen der Mehltaugefahr Kürbis immer nur an den Wurzeln gießen.

Kürbisse sind Starkzehrer. Vor allem die Sorten mit großen Früchten freuen sich über eine Portion Flüssigdünger im Gießwasser ab und zu.

KRANKHEITEN UND SCHÄDLINGE

Mehltau ist mit Abstand die größte Herausforderung für Kürbisse. Allerdings sind die Pflanzen sehr wuchsstark, und das bedeutet: Wenn der Mehltau kommt, sind sie meist schon recht groß und der Pilz breitet sich nicht so schnell aus. Trotzdem: Wenn eine ganze Pflanze voller Früchte Mehltau bekommt und schwächelt, bevor die Früchte reif sind, ist das wirklich ärgerlich.
Ob und wann im Gartenjahr Mehltau auftritt, hängt stark vom Wetter ab. Darüber hinaus lässt sich durch einen guten Standort – volle Sonne, windige

Kräftiges Orange, verholzter Strunk: Die Kürbisse sind erntereif und Halloween kann kommen.

Lage – das Risiko senken. Auch den Kürbis etwas zu beschneiden kann helfen. Denn je dichter er wächst, desto mehr Feuchtigkeit speichert sich. Das Wichtigste ist allerdings die Sortenwahl. Es gibt einige Sorten, die gute Resistenzen gegenüber dem Echten Mehltau aufweisen. Sie werden in den Saatgutläden häufig als PMT-Kürbisse deklariert. PMT kommt aus dem Englischen und ist die Abkürzung für »Powdery Mildew Tolerance«. Diese Sorten halten wesentlich länger durch und werden meistens nicht selbst befallen, sondern allenfalls von einer Pflanze in der Umgebung mit Mehltau infiziert. Wird so eine Sorte im Anbau also gut gepflegt und mit Nährstoffen versorgt, ist die Gefahr noch einmal um ein Stück mehr gebannt. Brennnesseljauche (siehe Seite 185) und Ackerschachtelhalm sind zusätzlich gute biologische Pflanzenstärkungsmittel. Im frühen Stadium lässt sich Mehltau außerdem mit Milch am Wachsen und Verbreiten hindern (siehe Seite 101). Wirklich effektiv ist das allerdings in den meisten Fällen nur zu Beginn der Krankheit.
Eine andere Kürbiskrankheit ist das Mosaikvirus, das die Blätter befallen kann: Sie verfärben sich und sehen durch die hellen Flecken aus wie panaschiert. Die Ernte wird dadurch jedoch kaum beeinflusst. Und zumindest bei mir im Garten ist das Virus sehr selten.
Schnecken und Kaninchen zähle ich der Vollständigkeit halber auch hier als Schädlinge wieder mit auf. Hat die Kürbispflanze jedoch erst mal auf Wachstum geschaltet, lässt sie sich kaum von kleinen Schnecken niederzwingen. Was kümmert es den Mond, wenn ihn ein Hund anbellt?

ERNTE

Die Kürbisernte beginnt in der Regel ab August, wobei je nach Art und Sorte Abweichungen möglich sind. Die großen Pumpkins zum Beispiel werden erst im September und Oktober reif – rechtzeitig zu Halloween –, andere Kürbisse sind schon im Sommer bereit zur Ernte.
Einen reifen Kürbis erkennt ihr vor allem an der Farbe, denn wie bei Paprika und Tomaten ändert sich die mit der Reife. Wenn der Strunk verholzt und braun wird, ist das ebenfalls ein gutes Zeichen. Ihr solltet den Strunk übrigens beim Ernten unbedingt dranlassen. Denn damit verhindert ihr, dass der Kürbis zu faulen beginnt oder Krankheitserreger ins Innere der Frucht gelangen.

UCHIKI KURI

Der klassische Hokkaido im Hobbyanbau, er stammt aus biologischer Züchtung und ist samenfest. Allerdings rate ich aufgrund der Bitterstoffe davon ab, Kürbisgewächse selbst zu vermehren. Der runde Kürbis mit der typisch orangen Optik wird 1,2–2 Kilo schwer, ist pflegeleicht und ertragreich. Für eine Pflanze solltet ihr ungefähr zwei Quadratmeter einplanen. Pro Pflanze wachsen bei guter Pflege etwa zehn Früchte heran. Sie sind früh erntereif und lassen sich gut lagern. Leider ist die Resistenz gegen Mehltau bei dieser Sorte nicht sehr hoch.

THE BOSS PMT

Ein großartiger Kürbis, der häufig für Halloween genutzt wird. Er wirkt sehr mächtig, ist schön rund, orange und seine Schale ist rau wie ein Basketball. The Boss wiegt bei der Ernte ab September 8–10 Kilogramm – aktuell wachsen die Pflanzen bei mir noch über die Erwartungen hinaus. Sie wuchern schon jetzt im Juli 3,5–4 Meter nach vorne und bilden mehrere Kürbisse aus. Ich denke, pro Pflanze werden es drei bis vier Kürbisse. Die Reifezeit bei diesem großen Kürbis beträgt lange 110 Tage. Dafür ist er sehr resistent gegen den Echten Mehltau.

WALTHAM

Ein schöner Butternutkürbis, die Früchte werden circa 35 Zentimeter lang, wiegen 2–2,5 Kilo und haben nur im unteren Kegel Samen. Im Anbau ist die Sorte recht anspruchslos, im Beet kommt sie mit zwei Quadratmetern aus. Waltham mag allerdings keine kühlen Nächte und sollte deswegen erst einige Tage nach den Eisheiligen ins Beet umziehen. Bis dahin bleibt er besser im Gewächshaus. Sät ihr Mitte April aus und pflanzt um den 20. Mai herum, könnt ihr ab Ende August ernten. Der Kürbis schmeckt schön nussig und lässt sich sehr gut lagern.

PYZA

Dieser Spaghettikürbis trägt viele kleine, etwa 2 Kilo schwere Früchte. Sie sind außen lange grün, reifen später aber zu einem hellen Gelb ab. Sie wachsen eher kompakt und erinnern optisch an Zucchini. Die Sorte zählt mit 80 Tagen Reifezeit zu den schnellen Kürbissen und ist in guten Jahren bereits ab Ende Juli erntereif.

MUSCADE DE PROVENCE

Der schön gerippte grünbraune Speisekürbis mit leuchtend orangefarbenem Fruchtfleisch erreicht ein Gewicht von 7–10 Kilo. Je sonniger er steht, desto schöner und farbenprächtiger wird er. Der Pflanzabstand sollte mindestens 1 x 1 Meter betragen. Trotz langer Vegetationsphase – reif ist dieser Muskatkürbis erst nach 110 Tagen – bleibt er bei mir in guten Jahren lange mehltaufrei.

AMORO

Schöner Hokkaidokürbis aus den Niederlanden mit unglaublichem Geschmack. Die recht kleinen Früchte sind leuchtend orange und lassen sich gut auch roh verzehren. Amoro wächst sehr kompakt und ist damit auch fürs Hochbeet bestens geeignet. Dort kann er an der Seite herabranken. Pro Pflanze bilden sich bis zu zehn Kürbisse aus.

Zuckermais

Seit Jahren habe ich bei mir im Garten Zuckermais wachsen. Die unkomplizierte Kultur unterscheidet sich vom Futtermais aus der Landwirtschaft durch einen höheren Zucker- und niedrigeren Stärkegehalt. Dadurch eignet er sich zum Kochen und Grillen. Er wird zwar mit einer Höhe von 1,50–1,70 Meter nur etwa halb so groß wie Futtermais, aber immerhin können an einer Pflanze mehrere Maiskolben heranwachsen. Und neben dem klassischen leicht süßlich schmeckenden Zuckermais könnt ihr noch anderen Mais anbauen.

Mais erfreut sich unter Hobbygärtnern zunehmender Beliebtheit. Allerdings lieben ihn auch viele Vögel. Passt also auf, dass sie ihn nicht vor euch abernten.

- **Popcornmais:** Hier ist der Name selbsterklärend! Es gibt viele schöne Sorten in unterschiedlichen Farben. Die Körner sind sehr fest und können nicht roh verarbeitet werden. Die Pflanzen werden mit etwa 2 Meter im Garten etwas größer als Zuckermais. Popcornmais trägt bei guter Pflege zwei bis vier Kolben, die in der Regel zuverlässig auch ausreifen. Damit das Popcorn später gut poppt, muss der Mais allerdings nach der Ernte noch austrocknen und dann abgepult werden.
- **Minimais:** Eine echte Rarität im Gemüsegarten ist der Minimais. Ich zumindest kannte ihn lange nur süßsauer eingelegt aus der Konservenabteilung im Supermarkt. Doch die Minimaiskölbchen wachsen tatsächlich auch im eigenen Garten. Im Grunde ist Minimais eine Zuckermaissorte, der Anbau ist allerdings etwas komplizierter, vor allem weil die Ernte auf den Punkt sein muss, um die richtige Reife zu erwischen. Im Hobbyanbau gibt es zudem noch wenig Saatgutauswahl, da die Kultur sehr selten angebaut wird. Ausprobieren lohnt sich trotzdem!

AUSSAAT

Auch wenn Mais in der Landwirtschaft direkt aufs Feld gesät wird, ziehe ich ihn für meinen Garten lieber vor. Der Hauptgrund dafür ist, dass mir die Vögel so nicht die jungen Keimlinge aus der Erde picken. Außerdem haben die im Gewächshaus groß gewordenen Pflanzen bereits einen guten zeitlichen Vorsprung. Und auf den richtigen Abstand kann ich sie auch gleich setzen. Gesät wird bei mir Anfang April im Gewächshaus in 24er-Anzuchtplatten, also Platten mit großen Löchern. Auch Anzuchtplatten, die eigentlich für Stecklinge gedacht sind, eignen sich gut. Denn Mais hat tiefe Wurzeln.

Ich verwende handelsübliche Anzuchterde und weiche den Mais vorher nicht ein. Er keimt auch so recht schnell und zuverlässig. Anfang Mai, wenn ich sehe, dass es nicht mehr ganz so kalt wird, setze ich den Mais dann in die Erde. Die zweite Runde Mais säe ich Ende Mai, diesmal als Direktsaat in Reihen. Wichtig ist dabei, die Saatreihen unkrautfrei zu halten, denn Mais lässt sich schnell unterdrücken. Durch die versetzte Aussaat habe ich nicht nur eine gestaffelte Ernte, sondern kann auch unterschiedliche Maissorten anbauen, die sich sonst fremd bestäuben können.
Prinzipiell kann die Anzucht von Januar bis Mitte Mai erfolgen, eine Aussaat direkt in das Gemüsebeet ist bis Ende Juni möglich.

PFLANZUNG

Mais ist ein Starkzehrer und steht gerne in organischem Material. Deshalb gebe ich häufig eine Portion Rinderdungpellets oder Hornspäne mit in die Erde. Ich setze Mais außerdem etwas tiefer, damit er am Anfang stabiler steht. Alternativ könnt ihr die Pflanzen auch leicht anhäufeln, so wie ihr es von Kartoffeln kennt. Der Pflanzabstand beträgt 50 Zentimeter zwischen den Reihen und etwa 25 Zentimeter in der Reihe.
Etwa drei Wochen nach der Pflanzung säe ich Stangenbohnen um die Maispflanzen. Sie können dann an ihm hinaufwachsen, haben also eine natürliche Rankhilfe. Quasi als Gegenleistung reichern sie den Boden mithilfe ihrer Knöllchenbakterien mit Stickstoff an. Zwischen den Maispflanzen pflanze ich, wenn genug Platz ist, noch Kürbisse oder Melonen (siehe Seite 169).

Nicht jeder Maiskolben wird am Ende so schön groß, wie ich es mir wünschen würde. Manche, wie dieser hier, hören einfach auf zu wachsen.

STANDORT

Mais bevorzugt einen sonnigen Standort, funktioniert aber auch im Halbschatten noch gut. Jedoch ist gerade in voller Sonne eine gute Wasserversorgung notwendig. Die Kultur hat lange »Startschwierigkeiten«, sobald das Wetter im Juni besser wird und die Wurzeln der Pflanze tiefer gehen, wachsen die Pflanzen dafür rasant – vorausgesetzt sie stehen in einem guten Gartenboden mit hohem Humusanteil.
Auch wenn die Pflanzen auf den ersten Blick recht stabil wirken: Bei einem heftigen Gewitter knicken sie leicht um. Ihr solltet Mais daher immer etwas windgeschützt anbauen.

Bei mir wächst der Mais ausschließlich im Gemüsebeet. Im Hochbeet oder Gewächshaus steht er nicht so gut. Im Kübel soll er zwar funktionieren, platztechnisch ist das dennoch eine Herausforderung.
Im Beet kann Mais durchaus zwei bis drei Jahre auf derselben Stelle stehen. Wenn ihr den Platz habt, solltet ihr trotzdem rotieren. Ich baue zum Beispiel nach dem Mais immer eine Zwischenfrucht an, also Gründünger im Herbst, um den Boden wieder vorzubereiten. Das neutralisiert die Fruchtfolge und gleichzeitig kommt neues organisches Material in den Boden.

Brennnesseljauche setze ich immer gleich in großen Mengen in einer Regentonne an. Das lohnt sich auch, wenn ihr weniger Gemüse anbaut. Denn wenn sie fertig ist, könnt ihr sie abgießen und in einem verschlossenen Gefäß kühl und dunkel mehrere Wochen aufbewahren.

PFLEGE

Maispflanzen im Freiland können mit Rasenschnitt gemulcht werden, wodurch mehr Feuchtigkeit im Boden gehalten und Unkraut unterdrückt wird. Sollte es sich trotzdem breitmachen, muss es entfernt werden. Gerade in den ersten Wochen ist das die Hauptaufgabe.
Mais ist ein Windbestäuber, es braucht zur Befruchtung also keine Insekten. Wenn ihr nachhelfen wollt, könnt ihr die Blüten vorsichtig schütteln. Um Fremdbestäubung zu vermeiden, sollte bei jeder Runde immer nur eine Sorte angebaut werden. Maispflanzen unterschiedlicher Sorten sollen mindestens im Abstand von etwa sechs Wochen wachsen, damit sie nicht zur selben Zeit blühen. Trotzdem kann es, wenn es in der näheren Umgebung ein Maisfeld gibt, vereinzelt zu Fremdbestäubung kommen. Dann schmecken einige Körner des Maiskolbens wie Futtermais, also mehlig.

Für einen höheren Ertrag breche ich alle Seitentriebe aus, also die Ausläufer, die von den Wurzeln ausgehen. Sie rauben der Pflanze enorm viel Kraft, bilden aber letztendlich höchstens einen kleinen Maiskolben aus. Die Seitentriebe wachsen zwar mehrmals neu aus, sind also recht hartnäckig. Aber ich bin das auch, deshalb kommen sie immer wieder ab. Der Aufwand lohnt sich, denn die Maiskolben am Hauptstamm werden dadurch deutlich dicker.
Mais braucht im Lauf der Saison eine kräftige Nachdüngung, ich habe hier gute Erfahrungen mit Guano gemacht. Von ihm braucht man nur sehr wenig, da er sehr gut und schnell wirkt. Ich streue das Pulver etwa Ende Juni, also sechs Wochen nach der Pflanzung, zwischen die Pflanzen und arbeite es nur leicht mit der Pendelhacke ein. Zur Unterstützung kann vier Wochen später dann noch mal mit Brennnesseljauche (siehe Seite 185) gedüngt werden.

Zuckermais

Diese Kultur war bei mir von Anfang an dabei. Ich esse ihn eben einfach sehr gerne!

KRANKHEITEN UND SCHÄDLINGE

Gartenvögel sind sicherlich die hartnäckigsten Feinde des Maisbauern. Nicht nur, dass sie die Keimlinge stibitzen. Auch kurz bevor der Mais reif ist, kommen sie in Scharen und wollen sich an den Kolben bedienen. Sobald der Mais befruchtet ist und die feinen Haare an den Kolben welken, könnt ihr die Kolben vor ihnen schützen, indem ihr sie einzeln in kleine Säckchen einpackt – ähnlich wie man es auch von Weintrauben kennt.
In besonders nassen Jahren kann Maisbeulenbrand auftreten. Die Kolben werden dann von grauem Pilz, den sogenannten Maisbeulen, befallen. Maisbeulenbrand kann sehr hartnäckig sein und auch im Boden weiter überleben. Die befallenen Pflanzen sollten daher zeitnah entfernt und entsorgt werden. Eine vielversprechende Behandlung ist mir nicht bekannt und vorbeugend kann das Risiko nur durch Fruchtfolge und eine gute Sortenwahl minimiert werden.

ERNTE

Wenn sich die feinen Haare am Kolben braun verfärben und abtrocknen, ist das ein gutes Indiz dafür, dass der Mais reif ist. Manchmal kommen auch Gartenvögel und wollen an den reifen Maiskolben picken – dann ist erst recht höchste Zeit zum Ernten.
Bei manchen Zuckermaissorten ist die Spanne für den optimalen Reifezustand sehr kurz. Ich schaue deswegen lieber einmal zu oft nach ihnen, als dass ich den richtigen Moment verpasse. Wenn man die Haut der Kolben ein Stück herunterzieht und die obersten Körner gelb sind, kann geerntet werden. Anschließend entferne ich die Hülle komplett, blanchiere die Kolben kurz und friere sie dann ein. So sind sie ziemlich lange haltbar. Am besten schmecken Maiskolben jedoch frisch vom Grill oder direkt in Salzwasser gekocht, mit etwas Kräuterbutter und Gewürzen.
Nach der Ernte kompostiere ich die Maispflanzen, indem ich sie durch den Gartenhäcksler jage. Die Reste lege ich auf der Stelle wieder als Mulch aus.
Deutlich komplizierter ist die Ernte beim Minimais. Da seine Kolben sehr jung geerntet werden, erkennt man den richtigen Zeitpunkt nicht an den sonst typischen äußeren Merkmalen. Stattdessen richtet man sich vor allem nach der Größe der Kolben. Sie beträgt optimalerweise 8–10 Zentimeter, wobei der Maiskolben so dick sein sollte wie der Mittelfinger. Ich schaue bei dieser Kultur wirklich täglich nach und ernte lieber zwei Tage zu früh als zu spät. Zu große Exemplare schmecken nicht mehr.
Der Minimais kann dann super süßsauer eingelegt oder auch in Gemüsepfannen verarbeitet werden. Roh schmeckt er mir nicht, auch wenn er dann supergesund sein soll.

GOLDEN RUSH

Dieser samenfeste Zuckermais ist bei mir im Garten noch neu. Er ist bereits etwa 95 Tage nach der Saat erntereif, bringt also ziemlich früh Ertrag. Früher und später Anbau sind gleichermaßen möglich. Die Sorte wächst bei mir sehr gut, bildet jedoch viele Seitentriebe, die immer wieder entfernt werden müssen. Dann aber wachsen bei guter Pflege zwei Kolben pro Pflanze. Sie sind mit einem Zuckeranteil von rund 15 Prozent und einem Eiweißgehalt von etwa drei Prozent sehr süß und besitzen einen guten Nährwert.

SPRINTER

Ertragreicher früher Zuckermais mit sehr großen Kolben von über 25 Zentimetern. Die Sorte ist besonders tolerant gegenüber Krankheiten und sehr trockenheits- und hitzeverträglich. Dennoch bildet sie in heißen, trockenen Sommern deutlich kleinere Kolben aus. Ich habe den Sprinter seit drei Jahren bei mir im Garten und ihn auch schon als Powersaat ausprobiert, wobei die Wurzelbildung noch besser war. Die Sorte aus dem Profibereich wächst jedoch auch ohne die keimfördernde Beize zuverlässig und der Ertrag ist gleich.

GOLDEN BANTAM

Samenfeste Biosorte, sehr bekannt im Hobbyanbau. Für mich war sie die erste Zuckermaissorte überhaupt. Golden Bantam gibt es bereits über 100 Jahre, sie ist nicht ganz so süß und muss sehr rasch verarbeitet werden, weil sich der Zucker sonst schnell in Stärke umwandelt. Aber im passenden Stadium geerntet und dann mit etwas Salz und Butter gleich verzehrt ist sie ein Genuss. Aussaat ist von April bis Mai möglich, Ernte von August bis Mitte Oktober.

KREMGOLYO

Samenfester Biopopcornmais ungarischer Herkunft mit schönen harten gelben Körnern – im Saatguthandel auch unter dem Namen Puffmais zu finden. Die Pflanzen werden etwa 2 Meter hoch und bilden bis zu vier Kolben aus, die mit 25 Zentimeter Länge etwas größer sind als bei Zuckermais. Die Reifezeit beträgt 100–120 Tage. Ich lasse den Popcornmais außerdem nach der Ernte noch länger nachtrocknen, bei zu viel Feuchtigkeit ploppt er in der Mikrowelle nicht richtig auf. Übersetzt bedeutet Kremgolyo übrigens »cremige Kugel«.

TASTY SWEET

Zuckersüße F1-Hybride mit einer hohen Ertragssicherheit, guter Kolbenbildung und geringer Anfälligkeit für Krankheiten. Sie ist bei mehreren Herstellern im Programm und eine bekannte Sorte für den Hobbyanbau. Der Geschmack der Körper ist besonders süß. Je später geerntet wird, desto mehr wandelt sich der Zucker jedoch in Stärke um, das mindert den Geschmack.

Möhren

Möhren sind fester Bestandteil meines Gartens. Und obwohl sie ein sehr klassisches Gemüse sind, lassen sie sich durchaus vielseitig anbauen. Es gibt besonders kleine, zarte Babymöhren, violette und gelbe Möhren, Sommer-, Herbst- und Wintermöhren. Also schauen wir uns diese Kultur doch einmal genauer an.

Bei Kulturen mit sehr kleinen Samen, die schnell zu eng gesät werden, könnt ihr auch mit Saatbändern arbeiten.

AUSSAAT

Möhren werden ausschließlich per Direktsaat in den Boden gebracht. Die ersten können bereits im zeitigen Frühjahr, etwa Ende März, im Beet gesät werden und sind meist schon nach drei Monaten, also ab Ende Juni, erntereif. Die letzte Aussaat sollte im Juli erfolgen – für eine Ernte im späten Herbst. Die dafür geeigneten Sorten lassen sich meist gut lagern.

Weil ihre Samen so klein sind, werden Möhren oft zu dicht gesät. Das ist schlecht, denn bei zu dichtem Wachstum bilden sie sich teils gar nicht aus oder es kommt nur jede Menge Grünzeug. Und wenn doch Möhren wachsen, bleiben sie klein und krumm. Die Aussaat gelingt einfacher, wenn ihr das feine Saatgut vorher im Verhältnis 50:50 mit Sand mischt. Positiver Nebeneffekt: Das Möhrensaatgut haftet am Sand und weht nicht weg. Möhren sind nämlich Lichtkeimer und die Samen sollten nur hauchdünn mit Erde bedeckt werden. Um zu keimen, brauchen Möhren außer Sonnenlicht etwa 15 Grad Lufttemperatur und genug Feuchtigkeit im Boden. Und der Gärtner braucht viel Geduld, denn bis man etwas im Beet erkennt, können gut und gerne drei Wochen vergehen. In dieser Zeit ist es wichtig, das gesäte Stück unkrautfrei zu halten. Es empfiehlt sich, ein paar Radieschen mit einzusäen. Sie keimen bereits nach wenigen Tagen und markieren so die Saatreihe.

Was ich auch nur empfehlen kann, ist, die Möhren auf einem Damm zu säen. Das ist zwar nicht zwingend notwendig, kann aber helfen, den Boden locker zu halten, damit sich die Möhren tief und gerade ausbilden können.

STANDORT

Möhren gehören zu den Wurzelgemüsen, und deshalb ist es für eine ertragreiche Ernte besonders entscheidend, wie gut der Boden im Gemüsegarten ist. Er darf nicht zu lehmig sein, sonst bilden sich die Möhren nur ganz schwer aus. Zu sandig darf er aber auch nicht sein, denn dann haben die Möhren nur

wenig Halt und Wasser sowie Nährstoffe kommen nicht ausreichend an die Wurzeln. Ich empfehle, das Stück für Möhren im Vorfeld zu fräsen oder mit der Broadfork tiefgründig zu lockern. Eine Grunddüngung sollte etwa drei Wochen vor der Aussaat erfolgen. Ich verwende dafür meist einen gekörnten Gemüse-Universaldünger. Möhren sind zudem Freunde von Kompost. Er hat optimale Eigenschaften für den Anbau. Das Wurzelgemüse wächst übrigens auch im Hochbeet sehr gut. Dort ist vor allem der lockere Boden ein Vorteil. Hier gibt es allerdings auch häufiger Fraßschäden durch Wühlmäuse. Ein eingebauter Wühlmausschutz, etwa ein Gitter, sichert die Ernte. Möhren wachsen am besten im Halbschatten. Sie funktionieren zwar auch in der prallen Sonne, dort fällt es ihnen aber schwerer, den Wasserhaushalt konstant zu halten und eine kräftige Wurzel auszubilden.

Zu den Möhren pflanze ich gerne Zwiebelgewächse oder Tagetes. Letztere sorgen für eine gute Bodengesundheit und verhindern, dass Nematoden, winzig kleine Fadenwürmer, die Möhren befallen, wodurch sie häufig eine äußerst »interessante« Form bekommen. Was witzig aussehen kann, steht allerdings der großen Ernte im Weg. Tagetes verströmen außerdem einen Duft, der Schädlinge aus der Luft wie die Möhrenfliege abhält. Zwiebeln und Möhren halten sich ebenfalls gegenseitig die Schädlinge vom Leib: Die Möhrenfliege meidet den Geruch von Zwiebeln, die Zwiebelfliege geht nicht gern in die Nähe von Möhren. Alle drei Pflanzen passen zudem vom Nährstoffverbrauch und Platzbedarf gut zueinander.

Tagetes und auch Zwiebeln in der Nachbarschaft fördern die Gesundheit von Möhren.

PFLEGE

Sobald endlich die Keimlinge aus dem Boden spitzen, stehen auch schon die ersten Arbeiten an. Die Möhren müssen dann nämlich auf den passenden Abstand vereinzelt werden, damit sie sich später nicht gegenseitig am Wachsen hindern. Je größer die Möhren und das Laub werden, desto schwerer kann man die Konkurrenz entfernen, ohne die Hauptpflanzen zu beschädigen. Nach dem Vereinzeln stehen die Möhren etwas locker. Nun ist ein guter Zeitpunkt, sie leicht anzuhäufeln. Dadurch stehen sie fester und werden oben an den sichtbaren Stellen nicht grün.

Die Grunddüngung vor der Aussaat reicht meist für die ganze Saison aus, also dünge ich meine Möhren in der Regel nur selten nach. Wenn es tatsächlich nötig sein sollte, weil die Möhren nicht wachsen, ist der beste Zeitpunkt dafür sechs Wochen nach der Aussaat. Dann beginnen die Möhren zu wachsen. Die Nachdüngung erfolgt flüssig mit einem Universal-Gemüsedünger.

KRANKHEITEN UND SCHÄDLINGE

Die Möhrenfliege ist bei dieser Kultur sicher der größte Schädling. Eine Fliege kann bis zu 100 Eier legen, aus denen dann Larven schlüpfen, die sich durch die Möhre fressen und für unschöne Gänge sorgen. Ist eine Möhre sehr stark befallen, kann sie das Wachstum deswegen sogar komplett einstellen. Hier hilft vor allem die Mischkultur mit der Zwiebel, auch ein engmaschiges Gemüsenetz unter 1,6 Millimeter schützt. Und: Je früher im Jahr ihr Möhren anbaut, desto geringer ist der Schädlingsdruck. Schnell wachsende Möhren sind ebenfalls weniger betroffen. Ich muss sagen, dass ich häufig Glück habe und ohne diese Maßnahmen auskomme. Man sollte den Schädling aber kennen. Achtet zudem bei der Saatgutwahl auf starke und vielleicht sogar resistente Sorten. Nematoden können Verformungen an den Möhren hervorrufen. Ein gesunder Boden und eine Mischkultur mit Tagetes können die Umgebung der Möhren jedoch deutlich stärken. Und natürlich lieben Kaninchen und Schnecken das Grün der Möhren! Der angenehme Duft scheint sie magisch anzuziehen. Doch ist das Laub nicht intakt und abgefressen, wird auch die Möhre nicht mehr besonders groß. Wühlmäuse und Kaninchen fressen sich auch an den Möhren selbst satt – wobei man die Fraßspuren der Wühlmaus meist erst bei der Ernte entdeckt: Es fehlt das untere Ende der Möhre. Ich lese und höre immer wieder, dass Knoblauch neben den Möhren Wühlmäuse fernhalten würde. Aus eigener Erfahrung weiß ich aber: Wenn Wühlmäuse hungrig sind, lassen sie sich von ein paar anderen Pflanzen nicht abhalten.

ERNTE

Möhren sind an sich immer erntereif, denn große Möhren können genauso auch als Babymöhren geerntet werden. Der Geschmack ist allerdings immer dann am besten, wenn sie die geplante Größe erreichen. Zum Ernten zieht ihr die Möhren einfach aus der Erde. Wenn sie ein wenig »hartnäckig« sind, könnt ihr mit einer kleinen Gartenschaufel nachhelfen und den Boden rundum etwas lockern.

Späte Möhrensorten, die im Herbst geerntet werden, sind häufig Lagermöhren. Sie werden, nachdem sie aus der Erde geholt wurden, nicht gewaschen, sondern die Erde wird nur leicht entfernt. So werden sie dann in einer Kiste mit Sand dunkel gelagert. Ihr könnt die Möhren nach der Reife auch einfach noch für vier bis fünf Wochen in der Erde lassen. Vor dem ersten richtigen Frost sollten sie aber raus, sie können sonst weich und gammelig werden.

Möhren

Im Supermarkt haben alle die gleiche Form, weil die krummen aussortiert werden. Das ist bei der eigenen Ernte anders.

HARLEQUIN MIX

Bei diesem Mix handelt es sich um eine bekannte Mischung aus verschiedenen Möhren in den Farben Weiß, Gelb, Orange und Lila – es ist also alles dabei. Insbesondere die violetten und gelben Möhren stechen hier hervor. Die klassisch orangefarbenen sind eher langweilig und unterdurchschnittlich, die weißen wachsen bei mir immer etwas schlechter. Geschmacklich sind wir hier bei einer Bewertung von 7,5 von 10 Punkten.
Die Möhren haben eine Kulturzeit von zwölf Wochen und können im März und April in die Erde. Wer sich in eine der Sorten verliebt hat, kann sie natürlich auch einzeln pflanzen: Harlequin Mix beinhaltet Julia oder Jeanette (orange), Purple Haze (violett), Yellowstone (gelb) und White Satin (weiß).

PARISER MARKT

Eine Sorte in der klassischen Möhrenfarbe, aber mit der Form eines Radieschens. Sie ist aufgrund des schnellen Wachstums vor allem für den sehr frühen Anbau im Beet sowie für eine Kultur im Balkonkasten, Kübel oder Hochbeet geeignet. Der Sortenname variiert je nach Hersteller von Pariser Markt 4 zu Pariser Markt 5. Trotz unterschiedlicher Ziffern sind die Sorten jedoch augenscheinlich gleich.
Die Aussaat sollte im März bis Mitte April erfolgen, weil die verhältnismäßig kleine Pflanze dann wegen des noch geringen Unkrautdrucks bessere Chancen hat. Später im Jahr geht sie schnell unter. Im Hochbeet sind diese Möhren ganzjährig ein Highlight und leicht anzubauen, für Kinder ein echtes Highlight. Lässt sich gut verarbeiten, zum Beispiel zu Möhreneintopf.

FLYAWAY

Die Flyaway ist eine klassische orangefarbene Möhre. Sie ist recht schmal und wird bis zu 18 Zentimeter lang, auf einem Damm sogar noch etwas länger. Weil sie resistent ist gegen die Möhrenfliege, baue ich sie immer wieder gerne an. Sie wächst vor allem in halbschattigen und leichten, sandigen Böden gut. Gesät wird zwischen März und Juni, geerntet dann hauptsächlich zum Direktverzehr. Die Sorte zählt zu dem bekannten Nantaisetyp und wächst auch im Hochbeet zuverlässig.

LILA LU

Diese Sorte hatte ich erst einmal in meinem Garten. Sie ähnelt der Purple Haze, ist innen aber etwas orangefarbener. Auch die Außenhaut ist leicht mit orangen Streifen durchzogen. Lila Lu ist bei mehreren Herstellern im Angebot und unter Hobbygärtnern recht bekannt. Mit bis zu 140 Tagen braucht sie aber etwas länger bis zur Ernte: Bei einer Aussaat Ende März ist es frühestens Mitte August so weit. Die samenfeste Sorte gibt es ausschließlich in Bioqualität.

KAMARAN

Die Sorte wurde 2025 bei einem Gartenbloggertreffen zur »Challenge-Möhre« auserkoren. Wir legten uns also alle mächtig ins Zeug, um ein möglichst großes und dickes Exemplar präsentieren zu können. Meine größte brachte es am Ende zwar auf unglaubliche 26 Zentimeter, wog aber nur etwa 149 Gramm. Zum Vergleich: Die Gewinnermöhre lag bei über 245 Gramm. Kamaran ist als Powersaat erhältlich. Sie wird von März bis Mai gesät und ab August bis zum ersten Frost beerntet. Eine gute Lagermöhre für den Herbstanbau.

Erbsen

Erbsen funktionieren im eigenen Garten vor allem an einem Rankgerüst in der Sonne gut. Wenn sie nicht gestützt werden oder sich nicht selbst halten können, klappt es zwar auch. Die Pflanzen sacken dann aber schnell in sich zusammen. Dadurch wird der Standort meistens zu feucht: Die Pflanzen werden krank und die Ernte wird auch deutlich aufwendiger. Die EINE Erbse gibt es aber gar nicht. Man unterscheidet auch hier verschiedene Arten und Sorten. Meine Favoriten stelle ich euch jetzt vor.

Praktisch bei Erbsen: Wie alle Hülsenfrüchte reichern sie den Boden mit Stickstoff an, düngen sich also quasi selbst.

- **Zuckererbsen:** Zuckererbsen, auch Zuckerschoten genannt, baue ich am liebsten an. Die knackigen Schoten kann man, weil die Erbsen deutlich süßer sind als andere, gut direkt vom Strauch vernaschen. Oder man schwenkt sie in der Pfanne nur leicht in Butter und Speck – auch sehr lecker! Ich setze Zuckererbsen bei mir im Garten meist an den Zaun, dort können sie sich selbst festhalten.
- **Markerbsen:** Sie unterscheiden sich im Wachstum kaum von den Zuckererbsen und können jung und klein ebenfalls direkt verzehrt werden. Später werden sie jedoch größer und lassen sich gut palen. Markerbsen eignen sich perfekt zum Einfrieren.
- **Pal- und Schalerbsen:** Diese Erbsen enthalten mehr Stärke, schmecken eher mehlig und sind damit ideal für Suppen und Eintöpfe. Obwohl sie sehr ertragreich sind, habe ich sie erst einmal selbst angebaut – die anderen mag ich einfach lieber.

AUSSAAT

In meinen ersten Jahren habe ich Erbsen Anfang April immer direkt in Reihen im Gemüsebeet ausgesät. Dann habe ich angegossen und gewartet. Sie keimten allerdings sehr ungleichmäßig und wurden noch dazu häufig von Vögeln herausgepickt. Also bin ich irgendwann dazu übergegangen, sie in Anzuchterde und Anzuchtplatten anzuziehen.
Loslegen könnt ihr damit bereits ab Mitte März – und bis Juni ist anschließend noch eine weitere Anzucht möglich. Je weiter die Saison allerdings voranschreitet, desto unzuverlässiger keimen Erbsen. Sie brauchen dazu nämlich angenehme Temperaturen, im Sommer ist es ihnen einfach zu warm. Im Juli ist die Zeit für Erbsenanzucht daher vorbei. Was aber immer

noch klappen kann, ist die Direktsaat. Ich säe die Erbsen dafür immer zu dicht aus, manchmal auch als kleine Horstsaat, also immer drei Erbsen auf einer Stelle. Auch dann werden zwar einige nicht keimen, aber ich kann sie bei der Pflanzung passend setzen und den Abstand bestimmen.
Erbsen haben es zur Keimung gerne gleichmäßig feucht, die Saat sollte nicht austrocknen. Dennoch weiche ich sie vorher nicht in Wasser ein, wie es manche Gärtner empfehlen, sondern lege sie direkt in die Erde und gieße dann. Weiche Erbsen schimmeln in aufgewärmter Gartenerde dahin und die Keimquote sackt deutlich nach unten.
Meine Anzucht steht im April im Gewächshaus, dort sind die Bedingungen gut und die Erbsen keimen rasch.

STANDORT

Erbsen haben es gerne sonnig, wachsen aber auch im Halbschatten zuverlässig. Der Boden sollte locker und sandig bis humos sein. Ein lehmiger Boden führt dazu, dass die Erbsen noch schlechter keimen und die Wurzeln sich nicht gut entwickeln. Man hört ja oft, dass Erbsen es nicht windig

Erbsen vorziehen lohnt sich, denn in der Direktsaat gehen sie sehr oft nicht an – zumindest bei mir.

mögen. Bei mir im Garten haben sie allerdings kein Problem damit. Ich denke, der Hinweis soll daran erinnern, dass Erbsen schnell abknicken und in sich zusammenfallen. Aber wenn sie eine Rankstütze oder ein Rankgerüst haben, ist ihnen Wind meiner Erfahrung nach egal.
Als Rankhilfe eignen sich besonders Zaunelemente oder Rankgitter. Alternativ könnt ihr auch ein paar Pfosten einschlagen und in unterschiedlichen Höhen eine Kordel dazwischen spannen. »Nackte« Äste und Stangen sind ungeeignet, an ihnen können sich die Erbsen nicht halten und müssten fixiert werden. Womit ihr es versuchen könnt, sind Reisigäste, sie sind stark verzweigt. Allerdings müsst ihr ziemlich viele davon schneiden, denn ein Ast reicht meist nur für zwei Erbsenpflanzen. Ihr könnt Erbsen zudem in Doppelreihen pflanzen. So halten sie sich auch gegenseitig fest.

PFLEGE

Erbsen brauchen auch nach der Anzucht noch regelmäßig Wasser. Trockenheit wirkt sich auf die Blütenbildung aus und weniger Blüten bedeuten weniger potenzielle Ernte. Ich habe außerdem beobachtet, dass auch die Hülsen nicht so groß werden und nicht so gut gefüllt sind, wenn es zwischendurch längere Zeit trocken ist. Deshalb gieße ich meine Erbsen, wenn es länger nicht regnet, etwa alle drei Tage. Mulchen kann bei Erbsen ebenfalls helfen, auch wenn ich das sonst nur im Gewächshaus und Hochbeet mache. Rasenschnitt oder Stroh sind gut dazu geeignet.

Eine Mulchschicht aus Stroh hält die Feuchtigkeit in der Erde und fördert damit am Ende auch die Ernte.

Während der Wachstumszeit können die Erbsen zur Stabilität direkt nach dem Aufgehen einmal angehäufelt werden.
Nachdem die Erbsen bei mir in einen gut vorbereiteten Gartenboden kommen, dünge ich weder bei der Pflanzung noch während der Wachstumsphase. Ist der Boden bei euch im Beet sehr sandig und enthält er nur wenig Humus, empfehle ich, zur Blütenbildung einmalig und ergänzend mit Brennnesseljauche zu düngen (siehe Seite 185).

KRANKHEITEN UND SCHÄDLINGE

Wenn ich gerade Erbsen anziehe, muss ich noch besser als sonst aufpassen, dass keine Mäuse ins Gewächshaus kommen. Die lieben nämlich nicht nur Kürbiskerne und Zucchinisamen, sondern können auch von Erbsen nicht genug bekommen (von

Bohnen übrigens auch nicht). Entsprechend sind sie auch im Freiland hinter den Erbsen her. Noch mehr aber setzen ihnen dort die Vögel zu. Die sind vor allem auf die frischen Erbsenkeimlinge scharf. Zur Aussaat im Freiland kann daher ein Gemüseschutznetz über den Erbsen helfen.
Gartenvögel ziehen aber auch frisch gesetzte junge Erbsen samt Ballen aus der Erde. Deshalb drücke ich die Erbsen beim Pflanzen immer besonders gut an. Außerdem dünge ich nicht mit organischen Materialien. Denn das lockt Bodenlebewesen zum Dünger und die Vögel picken dann den Wurzelballen heraus, um an Asseln, Regenwürmer und Käfer zu gelangen.
Bei zu dichtem Wachstum und zu viel Regen und Feuchtigkeit können Erbsen Mehltau bekommen. Die Blätter werden dann zuerst mehlig und klebrig, später gelb. Sie trocknen quasi aus und sterben ab. Was für viele wie ein Nährstoffmangel aussieht, ist also meistens eine Blattkrankheit.
Die Fusarium-Welke kann nicht nur Tomaten, sondern auch Erbsen befallen, vor allem bei dauerhaft schlechtem Wetter tritt dieser Pilz vermehrt auf. Er lässt die Blätter vergilben und absterben und fördert Fäulnis. Es gibt jedoch viele Erbsensorten, die gegen diese Krankheit resistent sind. Achtet auf entsprechende Angaben auf den Saatguttütchen.

Zuckererbsen

Der Name ist Programm: Diese Erbsen schmecken besonders mild. Außerdem könnt ihr sie anders als die meisten Hülsenfrüchte roh essen.

ERNTE

Erbsen sind in der Regel nach zehn bis zwölf Wochen erntereif, bilden aber, wenn die reifen Hülsen regelmäßig entfernt werden, ständig neue Blüten und Hülsen. So kann oft noch vier Wochen weitergeerntet werden. Danach ist es dann aber vorbei: Die Pflanzen werden schwächer und es bilden sich nur noch selten Hülsen aus. Zu lange solltet ihr mit der Ernte übrigens nicht warten. Nicht nur dass die Hülsen ihr sattes Grün verlieren und sich immer mehr ins Gelbe verändern. Die Erbsen haben auch umso weniger Geschmack, je dicker sie werden. Eine Ausnahme sind die Markerbsen. Sie sind auch richtig groß noch genießbar, weil nur der Geschmack in den Hülsen abnimmt, die man bei ihnen sowieso nicht mitisst.
Mein Tipp: Die Erbsenschoten sitzen sehr fest am Strauch. Um die Pflanze nicht aus Versehen zu verletzen und damit zu schwächen, ist es wichtig, bei der Ernte eine Schere zu benutzen.
Nach der Ernte entferne ich bei Zuckerschoten die Enden knapp und ziehe die Fäden. Immer! Auch bei als fadenlos beschriebenen Sorten. Denn auch sie haben einen (dünnen) Faden. Und mich persönlich stört das. Ihr könnt die Fäden aber natürlich auch dranlassen.
Markerbsen werden direkt nach der Ernte gepalt und lassen sich dann sehr gut portionsweise einfrieren – praktisch, denn ich finde, Erbsensuppe und -eintopf sind eher was für den Winter.

SWEET HORIZON

Eine Biozuckererbse für den späten Anbau, die vor allem wegen der Hülsen interessant ist: Sie sind etwa 11 Zentimeter lang und sehr luftig gefüllt, die Erbsen werden nicht schnell zu groß. Die fadenlosen Hülsen sind bei einer Aussaat im April etwa Mitte Juni erntereif und können bis August fortlaufend beerntet werden. Sie sind lange süß. In Doppelreihen gesät ist diese Sorte selbstrankend, weil sich die Pflanzen dann gegenseitig festhalten. Eine Rankhilfe ist für die etwa 1 Meter hohe Pflanze dennoch hilfreich. Resistent gegen Echten Mehltau.

EVITA

Etwa 70–80 Zentimeter hohe Markerbse, die ich seit Jahren immer wieder im Gemüsegarten anbaue. Sie wächst schnell und ist sehr ertragreich. Ich ziehe die Erbsen Ende März vor und pflanze sie Mitte April aus. Bei einer guten Pflege sind sie dann schon Anfang Juni erntereif. Die Hülsen sind prall gefüllt und werden etwa 9 Zentimeter lang. Evita wächst auch in Direktsaat gut an, es sollte nur nicht zu warm sein. Diese Erbsensorte muss unbedingt gestützt werden, damit der schwere Ertrag sie nicht in die Knie zwingt.

DELIKETT

Diese Sorte ist im Vergleich zu der Sweet Horizon kleiner, bildet gleichmäßigere fülligere Hülsen aus und ist insgesamt »knackiger«. Der Anbau im Freiland funktioniert gut am Rankgerüst, Delikett kann aber auch am Hochbeet herunterranken. Die Sorte ist resistent gegen mehrere typische Krankheiten. Sie eignet sich gut für den frühen Anbau, da sie auch bei nur 15 Grad schon nach sieben Tagen keimt. Die Erbsen lassen sich gut einfrieren.

OSKAR

Diese Markerbse kommt aus dem Profianbau und ist besonders resistent. Laut Hersteller funktioniert sie in jedem Klima – vom Rheinland übers Erzgebirge bis hoch in den Norden. Der Zeitraum für die Aussaat ist von April bis Juni nur sehr kurz, mit einer frühen Anzucht im März und einer späten Direktsaat Ende Juni kann dennoch von Juni bis September geerntet werden. Die Pflanzen sind etwa 70 Zentimeter hoch und müssen auf jeden Fall gestützt werden; am besten ranken sie an Gittern. Denn sie bilden extrem viele, etwa 12 Zentimeter lange Hülsen.

NORLI

Eine biologische Zuckererbsenzüchtung für den Hobbyanbau. Sie wächst hervorragend und muss wegen der geringen Höhe von etwa 50 Zentimeter kaum gestützt werden. Aus diesem Grund funktioniert sie auch im Hochbeet und Kübel gut. Norli eignet sich für den frühen Anbau und bildet kompakte, kleine Schoten. Sie ist zudem resistent gegen die Fusarium-Welke. Was ich besonders gut finde: Wenn man sie mal zu ernten vergisst, kann man sie kurz vor der Überreife auch als Markerbse verwenden – also zum Einfrieren und für Eintöpfe.

SIMA

Diese Markerbse ist besonders, weil sie für den Überwinterungsanbau geeignet ist: Sie kann im September und Oktober gesät werden und ist direkt bei ersten warmen Temperaturen im April des Folgejahrs erntereif. Die bis zu 60 Zentimeter hohe Sorte ist sehr widerstandsfähig, vor allem eben gegen kalte Temperaturen. Sie ist noch recht neu auf dem Markt und insgesamt eher etwas für Hobbygärtner, die schon früh im Jahr Erbsen ernten wollen. Die lange Standzeit und der dafür eher »normale« Ertrag sind für mich eher ein Nachteil.

Kartoffeln

Ich fand ja zuerst die Landwirtschaft gut, deshalb waren Kartoffeln meine allererste Kultur. Und bis heute kann ich mir meinen Garten ohne sie nicht vorstellen. Kartoffeln gehören bei mir einfach dazu. Sie sind unglaubliche Lebensmittel und noch dazu sehr vielseitig im Geschmack. Mit den Jahren habe ich tolle Sorten kennengelernt, die sehr resistent sind und guten Ertrag liefern. Ein Kilo Ernte pro Pflanzkartoffel ist realistisch – somit sind Kartoffeln eine der ertragreichsten Kulturen im Garten.

Kartoffeln werden einmal gepflanzt und später im Jahr dann einfach wieder aus der Erde geholt. Weniger Aufwand geht fast nicht.

AUSSAAT, ANZUCHT UND PFLANZUNG

Kann man Kartoffeln auch vorziehen? Tatsächlich ja! Ganz neu, seit 2025, gibt es vielversprechende Saat für Kartoffeln auf dem Markt – und als Insiderinfo für euch: 2026 werden weitere Saatguthersteller mit Kartoffelsaat folgen. In Zukunft wird sich hier bestimmt noch mehr tun. Die Kreuzungen sollen durch eine Resistenz gegen die Kraut- und Braunfäule vor allem ertragssicherer sein. Ich habe schon dieses Jahr von einem Profigärtner eine Pflanze bekommen, die aus dem neuen Saatgut gezogen wurde. Das Ergebnis sehe ich dann bald, bei der Ernte. Ich bin wirklich gespannt.

Aber auch jetzt schon sind Kartoffeln bei mir in der Anzucht. In einem Eierkarton oder einer einfachen Kiste, ohne Erde und ohne Wasser, lasse ich sie in einem dunklen Raum (in der Sonne werden Kartoffeln schnell grün und trocknen aus) etwa 3–5 Zentimeter vortreiben, bevor ich sie in die Erde bringe. Warum ich sie nicht einfach direkt einpflanze? Die ersten Kartoffeln kommen Ende März in die Erde. Wenn ich noch zwei Wochen früher anfange, ist es draußen noch viel zu kalt. Also nutze ich die Chance und gebe der Kartoffel damit die Möglichkeit, direkt stark auszutreiben. Weil Kälte das Wachstum hemmt, ist somit eine frühere Ernte möglich.

Ich häufele dann auch direkt bei der Pflanzung an. Dadurch wachsen die Kartoffeln schön im warmen Damm heran und kommen erst Ende April aus der Erde. Ohne Damm wären sie schon ab Mitte April draußen und müssten bei Frösten häufiger zurückstecken.

Für eine gestaffelte Ernte setze ich Kartoffeln einmal Ende März in die Erde und dann noch einmal Mitte Juni. Bei beiden Runden verwende ich unterschiedlich frühe Sorten. Frühe Sorten heißt nicht, dass sie früh im Jahr angebaut werden können, sondern dass sie schneller reif sind. Frühkartoffeln

brauchen meist 80 Tage, mittelfrühe Sorten 100–120 Tage. Setze ich beide Sorten zur selben Zeit in die Erde, habe ich eine frühere und eine spätere Ernte, kann also insgesamt über eine längere Zeit ernten. Ich beginne mit der Ernte, wenn das Laub trocknet und welkt. Reife Kartoffeln können aber auch noch etwa einen Monat in der Erde warten, bis ich sie ernte.
Im Prinzip könnt ihr auch einfach Kartoffeln aus dem Supermarkt in die Erde bringen. Jede Kartoffel, die in der Küchenlade austreibt, kann gepflanzt werden. Wichtig ist nur, die Kartoffeln zeitnah aus dem Netz zu nehmen. Sonst hängen später die Austriebe darin fest und brechen aus. Der Vorteil von Pflanzkartoffeln ist, dass sie sorgfältiger geprüft und strenger aussortiert werden. Sie sind zudem auf Krankheiten geprüft.

STANDORT

Für Kartoffeln ist ein lockerer, sandiger Boden besonders wichtig. Ich fräse ja am Anfang des Jahres meinen Garten immer grob durch und gerade da, wo die Kartoffeln hinkommen, macht das wirklich Sinn. In festen und lehmigen Böden werden die Kartoffeln schwerer groß und Staunässe führt zur Wurzelfäule. Entscheidend ist vor allem die Pflanztiefe. Ich ziehe eine Rille mit dem Gartenpflug, in dieser Rille dünge ich dann mit einem Langzeitdünger wie Kleedünger, Hornspänen oder Rinderdungpellets. Dann setze ich die Kartoffeln relativ eng nebeneinander. Normalerweise wird ein Abstand von 30–35 Zentimeter empfohlen, bei mir sind es meist nur 25 Zentimeter, was immer noch vollkommen ausreicht. Ich baue Kartoffeln auch sehr gerne im Hochbeet an. Ein sonniger Standort ist ideal, dann trocknen die Pflanzen nach Nässe schneller ab.
Den Standort wechsle ich von Jahr zu Jahr. Denn Kartoffeln gehören zu den Nachtschattengewächsen und können wie Tomaten die Kraut- und Braunfäule bekommen, die dann auch im Boden verbleiben kann. Deswegen kommen nach Kartoffeln immer spezielle Folgekulturen in die Erde. Empfehlenswert sind hier Gründünger, insbesondere spezielle Kartoffelfolgesaaten. Wird nach der Ernte eine Gründüngung als Zwischenfrucht angebaut, kann die Kartoffel, wenn es nicht anders geht, auch schon im darauffolgenden Jahr wieder in dieses Stück Erde. Nur Tomaten sollten nicht in der Nähe

Erntezeit: Wenn das Kraut der Kartoffelpflanzen verwelkt, könnt ihr euch mit der Forke langsam auf Schatzsuche machen.

von Kartoffeln wachsen. Beide Pflanzen können ähnliche Krankheiten bekommen und diese dann aufeinander übertragen.

PFLEGE

Das Wetter ist entscheidend, wie lange das Grün der Kartoffeln gut aussieht. Auch bei sehr trockenem Wetter bleiben die Kartoffeln klein und bekommen an der Schale Trockenheitsmerkmale, typisch sind kleine schwarze Stippen (Flecken). Gerade deshalb ist es wichtig, die sehr durstigen Kartoffeln gut mit Wasser zu versorgen.

Mehr Dünger bekommen Kartoffeln bei mir selten. Er käme wegen der angehäufelten Dämme ohnehin kaum dort an, wo er gebraucht wird. Lieber bereite ich den Boden mit Bodenaktivator vor und gebe ausreichend Langzeitdünger mit in die Pflanzrille. Sollte ich das Gefühl haben, die Kartoffeln bräuchten noch Unterstützung, dünge ich einmal mit Guano nach. Das feine Pulver lässt sich leicht in den Damm einharken.

Was die Unkrautbekämpfung angeht: Anfangs komme ich zwischen den Dämmen super mit der Pendelhacke durch, um das Unkraut klein zu halten. Und ab Juni, wenn die Kartoffeln richtig groß geworden sind, haben sie so viele Blätter gebildet, dass sie sich selbst vor Unkraut schützen. Dann gibt es quasi nichts mehr zu entfernen, einfach, weil kein Licht mehr zum Boden durchdringt und deswegen nichts wachsen kann. Wenn Kartoffeln eng und buschig wachsen, hat das außerdem den Vorteil, dass an der Oberfläche liegende Kartoffeln nicht so schnell grün werden.

Kartoffeln klappen im Hochbeet sehr gut, weil sich die Erde dort schön aufheizt. Ernten ist auch bequemer.

KRANKHEITEN UND SCHÄDLINGE

Der häufigste Schädling ist sicher der Kartoffelkäfer. Er frisst das Laub, vermehrt sich rasant und lockt andere Kartoffelkäfer an. Bald ist die Pflanze voll von den kleinen gestreiften Schädlingen. Und leider mindert so ein Befall den Ertrag deutlich, da die Pflanzen weniger Energie in die Kartoffel umleiten können.

Am Anfang hilft es noch, die Käfer abzusammeln. Aber wenn es zu viele sind, schneide ich die Pflanze ab und entsorge sie mitsamt den Käfern. Nur zum Ende der Saison bemühe ich mich kaum noch um die Kartoffelkäfer, weil das Laub dann ohnehin zu welken beginnt und nicht mehr gebraucht wird. Kulturschutznetze, wie sie auch beim Anbau von Kohl eingesetzt werden, können helfen, das Grün der Kartoffeln zu schützen. Das ist allerdings nur bei einer kleinen Fläche praktikabel und noch dazu eine recht teure Angelegenheit. Und wie ich schon sagte: Mir gefallen die Netze nicht, sie passen nicht zu meiner Vorstellung von einem schönen Gemüsegarten. Also versuche ich, anders vorzubeugen.

Der Zeitpunkt der Pflanzung spielt hier, wie bei fast allen Gemüsekulturen, eine wichtige Rolle. Im Frühjahr ist der Schädlingsdruck generell niedriger als im Sommer. Also versuche ich, die ersten Kartoffeln schon im Juli zu ernten, noch bevor die Kartoffelkäfer überhaupt in meinem Garten ankommen. Dass kräftige und gut wachsende Kartoffeln besser mit Schädlingen zurechtkommen, ist, denke ich, auch klar.

Ein sehr gutes biologisches Abwehrmittel gegen Schädlinge ist Brennnesseljauche (siehe Seite 185). Wie sie genau hilft, weiß ich gar nicht. Aber ich kann euch verraten, dass die Pflanzen nach der Behandlung wirklich unglaublich stinken. Also wenn ich ein Kartoffelkäfer wäre, würde ich mich da nicht wohlfühlen und erst recht nichts anknabbern.

Die Kraut- und Braunfäule kann die Ernte ebenfalls mindern. Umso wichtiger sind Sorten, die sehr resistent gegen diese Krankheiten sind. Außerdem sollten die Kartoffeln weder zu viel Stickstoff bekommen noch zu viel mit dem Rasensprenger gegossen werden. Beides macht sie anfälliger für die Kraut- und Braunfäule. Ich lege also manchmal zum Gießen einfach nur den Gartenschlauch zwischen die Dämme. Aufs Mulchen verzichte ich bei Kartoffeln auch, denn dadurch staut sich die Feuchtigkeit, was die Pilzbildung fördert. Und, ja, das Wetter spielt natürlich auch eine entscheidende Rolle. Bei gleicher Sorte und gleicher Pflege läuft es in einem Jahr besser, im anderen Jahr schlechter. Aber so ist es eben im Garten.

Es gibt noch andere Viruserkrankungen, die leichte Schäden an der Schale verursachen. Schädlich sind sie allerdings nicht.

Kartoffelkäfer selbst sind nicht gefährlich, aber ihre Larven sind enorm gefräßig. Die Weibchen legen ihre Eier auf die Blattunterseite ab. Es lohnt sich, hier immer mal wieder zu kontrollieren.

ERNTE

Wenn das Laub welkt und die Reifetage um sind, schaue ich nach meinen Kartoffeln und beginne mit der Ernte. Los geht es Ende Juni und durch die unterschiedlichen Sorten sowie die versetzte Pflanzung habe ich dann bis in den September immer wieder neue Knollen. Wobei die Kartoffeln auch gut noch eine Weile in der Erde bleiben können, selbst wenn sie schon reif sind. Dadurch wird vor allem die Schale fester. Bei starkem Krankheitsbefall auf den Blättern sollten sie allerdings nicht zu lange in der feuchten Gartenerde liegen, damit sie nicht zu faulen beginnen.

AGRIA

Die große länglich-ovale Kartoffel eignet sich perfekt für Bratkartoffeln, Wedges oder als Ofenkartoffel. Sie ist mehligkochend, kann aber je nach Anbauregion auch etwas fester ausreifen. Sehr hoher und großer Ertrag bei einer guten Resistenz gegen Braunfäule. Mit 120–140 Tagen Reifezeit eine der mittelfrühen Sorten, die länger im Boden bleiben. Gepflanzt wird Agria von April bis Juni, geerntet ab Anfang August bis Ende September.

GRANOLA

Dies ist eine mittelfrühe, eher festkochende Sorte aus den 1970er-Jahren – klassisch gelb und leicht rundlich. Sie hält lange gegen die Kraut- und Braunfäule durch, kann nach der Reife noch länger in der Erde verbleiben und ist gut lagerfähig. Der Anbau im Gemüsebeet funktioniert, aber auch im Kübel oder Hochbeet bringt sie gute Erträge. In kleineren Pflanzgefäßen müsst ihr aber unbedingt auf eine gute Wasserversorgung achten. Die Granola eignet sich besonders gut für Salz- und Bratkartoffeln.

BLAUER SCHWEDE

Diese Kartoffel ist ein echter Hingucker, ich habe sie in meinem ersten Garten häufig angebaut. Sie kommt, wie der Name verrät, aus Schweden. Ihr Alter ist unbekannt, wird aber auf über 70 Jahre geschätzt. Die lilafarbenen Kartoffeln mit dunkelblauer Schale eignen sich gut für selbst gemachte Chips aus der Heißluftfritteuse. Aufgrund des leicht süßen und erdigen Geschmacks sind sie auch super für Ofenkartoffeln. Allerdings verlieren sie dann (und noch mehr, wenn sie »normal« gekocht werden) einen Großteil der blauen Farbe.

BAMBERGER HÖRNCHEN

Die festkochende Sorte stammt aus dem Jahr 1870 und war im Jahr 2008 sogar mal Kartoffel des Jahres. Zweimal hatte ich sie bereits im Garten, wobei der Ertrag jedes Mal recht gering war, weil die Kartoffeln nicht besonders groß wurden. Andererseits sind sie gerade aufgrund ihrer Größe und leichten Schale super zum Verzehr mit Schale geeignet. Sie haben einen sehr würzigen, leicht nussigen Geschmack. Mit fast 150 Tagen Reifezeit sind sie sehr spät erntereif und noch dazu krankheitsanfällig. Insgesamt eher etwas für Liebhaber und Profis.

NEMO

Eine mehligkochende Sorte, deren außergewöhnliche Schale mit roten und gelben Flecken direkt ins Auge fällt. Im Inneren ist Nemo überwiegend gelbfleischig mit leichten rosafarbenen Verfärbungen. Vor allem im Hochbeet oder in einer Kartoffeltonne bildet diese Sorte sehr große Kartoffeln aus. Nemo kommt aus den Niederlanden und eignet sich perfekt für Pommes, Ofenkartoffeln, Püree oder für den Grill. Mit 100 Tagen Reifezeit zählt sie zu den mittelfrühen Sorten. Die Ernte ist ab Juni möglich.

ROSARA

Sehr frühe große gelbfleischige Kartoffel mit roter Schale, die erst 1991 zugelassen wurde, mittlerweile aber stark verbreitet ist. Sie wächst nicht nur bei mir, sondern auch bei anderen Hobbygärtnern und Garteninfluencern sehr erfolgreich. Die vorwiegend festkochende Kartoffel ist wenig anfällig für Krankheiten. Ihr Geschmack ist einzigartig und ein wenig cremig. Toll für Salz- oder Ofenkartoffeln.

Bohnen

Bohnen sind im Garten eine wirklich einfache und ertragreiche Kultur. Gerade Buschbohnen gefallen mir gut. Sie brauchen keine Stütze, sondern werden einfach nur in Reihen gesät, wachsen wie von allein und bilden eine Vielzahl an geschmacklich guten Hülsen.

Achtung: Alle Bohnen sind roh verzehrt giftig!

- **Stangenbohnen:** Die sehr wild rankenden Bohnen mit langen und dicken Hülsen können bis zu 3 Meter groß werden und brauchen ein stabiles Rankgerüst. Stangenbohnen gibt es in verschiedenen Farben, gängig sind grün, lila und gelb. Alle sind sehr lange tragend.
- **Buschbohnen:** Sie werden nur 30–40 Zentimeter groß und brauchen deswegen kein Rankgerüst. Die Erntezeit ist kurz, dafür umso ertragreicher. Gut, dass sich Bohnen einfrieren lassen. Ich säe Buschbohnen für eine gestaffelte Ernte gerne zweimal im Jahr aus – in Reihen direkt im Gemüsebeet.
- **Dicke Bohnen:** Dicke Bohnen sind sehr ertragreich. Die erste Runde säe ich bereits im Februar in Töpfen aus und pflanze sie im März ins Gemüsebeet. Sie sind nämlich sehr frostverträglich und später im Jahr bekommen sie schnell Läuse, auch wenn der Schädlingsdruck im Gewächshaus geringer ist. So aber sind sie ohnehin bis zu den Eisheiligen erntereif und ich kann an ihrer Stelle Sommergemüse pflanzen. Im Gewächshaus kann eine frühe Aussaat im Februar auch als Direktsaat erfolgen.
- **Edamame:** Die Sojabohnen sind bei mir im Garten noch recht neu. Die kompakten Pflanzen werden ähnlich wie Buschbohnen nur etwa 40 Zentimeter hoch. Die Hülsen bilden sich recht zuverlässig und können regelmäßig beerntet werden. In der Anzucht sind Edamame allerdings etwas komplizierter als andere Bohnen, da die Keimquote geringer ist und sie höhere Ansprüche stellen. Sie brauchen zum Beispiel mehr Wärme als klassische Buschbohnen. Sojabohnen brauchen im Schnitt etwas weniger als 100 Tage von der Saat bis zur Reife. Die Hülsen sind dann ordentlich dick gefüllt. Sie können nach der Ernte direkt verwendet oder eingefroren werden.
- **Feuerbohnen:** Die wuchsstarken, rankenden Bohnen mit den schönen Blüten und Hülsen hatte ich schon lange nicht mehr in meinem Garten. Sie ähneln vom Wachstum den Stangenbohnen, sind aber nicht so ertragreich wie diese. Feuerbohnen werden jung geerntet oder spät als Trockenbohnen genutzt. Sie eignen sich auch gut als Zaunbegrünung.

AUSSAAT

Bohnen sind allgemein frostempfindlich und werden deswegen erst Mitte Mai nach den Eisheiligen ins Freie gesät oder ausgepflanzt. Die Anzucht kann aber natürlich schon früher beginnen.

Mit den Dicken Bohnen geht es los: Die Aussaat erfolgt bereits ab Januar bis Ende März. Für die Anzucht verwende ich 24er- oder 35er-Anzuchtplatten, da sie sehr kräftig austreiben.

Auch Stangenbohnen ziehe ich ab Mitte April vor. Dadurch gewinne ich Zeit, denn direkt im Freiland säen könnte ich erst nach dem letzten Frost. Kalte Temperaturen hemmen die Keimung, deshalb ist die Anzucht im Gewächshaus erfolgreicher. So kann ich bereits ab Juli Stangenbohnen ernten. Ihr könnt Stangenbohnen an einem Rankgerüst mit vier bis sechs Körnern pro Stange aussäen, sie stören sich nicht gegenseitig beim Wachstum. Eine Direktsaat im Beet ist ab Mitte Mai möglich.

Buschbohnen säe ich dann Mitte Mai in einer etwa 1–3 Zentimeter tiefen Saatrille direkt ins Beet und bedecke sie mit Erde, denn Bohnen sind generell Dunkelkeimer. Aufgrund von Vogelfraß und weil die Keimquote nie bei 100 Prozent liegt, säe ich bei dieser Kultur dichter als üblich. Buschbohnen wachsen zudem sehr gut in Konkurrenz, und so ist eine höhere Ernte auf begrenztem Raum möglich.

Bei guter Witterung keimen Bohnen innerhalb von 10–14 Tagen. In dieser Zeit solltet ihr die Erde gleichbleibend feucht halten. Aber Vorsicht: Bohnen vertragen keine Staunässe.

TIPP

BOHNENZELT

So ein Rankgerüst für Stangen- und Feuerbohnen ist schnell gebaut. Es kostet kaum etwas, kann im Winter auseinandergenommen, eingelagert und im nächsten Jahr einfach wieder aufgebaut werden. Ich verwende dafür die wilden Ausläufer von der Haselnusspflanze oder Latten aus dem Baumarkt, beides ist möglich, Hauptsache, die Äste beziehungsweise Latten sind mindestens 2,50 Meter lang. Vier bis fünf davon werden dann wie ein Tipi aufgestellt, ordentlich in den Boden gedrückt und oben mit Jutegarn zusammengebunden. Die Pflanzen können daran hinaufranken und die Latten hängen später voller Bohnen, die ich rückenschonend ernten kann.

Warum immer nur grüne Bohnen? Es gibt auch blaue und gelbe Sorten für den Garten.

STANDORT

Bohnen brauchen einen humusreichen und lockeren Gartenboden. Ihr müsst nicht extra düngen, denn sie sind keine Starkzehrer. Sie wachsen zudem mit wenigen Ausnahmen sehr gut im Halbschatten, die sonnigen Plätze gehen bei mir im Garten daher an andere Kulturen. Es gibt einige, die die Sonne mehr brauchen, so wie Paprika, Tomate, Zucchini und Zwiebel.

PFLEGE

Viel ist nicht zu tun: Buschbohnen häufele ich für eine bessere Stabilität ganz leicht einmalig nach der Keimung an. Stangen- und Feuerbohnen müssen immer wieder ans Rankgerüst geführt werden, damit sie auch wirklich nach oben wachsen und sich nicht am Boden schlängeln. Des Weiteren gilt: Nicht zu viel gießen, Bohnen mögen auch später keine Staunässe. Unkraut sollte für ein mächtigeres Wachstum regelmäßig entfernt werden, da es viele Nährstoffe und Sonnenlicht raubt.
Eine extra Düngung kriegen meine Bohnen nicht, sie kommen mit der Grundversorgung aus dem Boden klar. Außerdem können sie mithilfe ihrer Knöllchenbakterien selbst Stickstoff aus der Luft im Boden anreichern. Eine Ausnahme stellt das Bohnenzelt da, an dem vier bis sechs Bohnen auf engem Raum stehen. Hier könnt ihr aufgrund des höheren Verbrauchs mit etwas

organischem Dünger bei Bedarf zur Blütezeit nachhelfen. Mit einem flüssigen Tomatendünger wird aufgrund des höheren Kaliumanteils die Blütenbildung und damit auch die Ernte gefördert.

KRANKHEITEN UND SCHÄDLINGE

Bohnen wachsen sehr unkompliziert und in meinem Garten gab es bei ihnen noch nie einen Schädlingsbefall – obwohl es durchaus Tierchen gibt, die Bohnen mögen. Eins davon ist die Bohnenfliege, die auf den ersten Blick aussieht wie eine ganz normale Stubenfliege. Sie legt ihre Eier auf das Saatgut oder den Blättern ab und die Larven fressen dann die Bohnenhülsen an, die deswegen entweder gar nicht austreiben oder verkümmern. Bohnenfliege sind nur bei der Aussaat oder für Jungpflanzen problematisch. Größere Pflanzen nehmen durch sie keinen Schaden.
Auch Schnecken und Kaninchen sind sehr interessiert am jungen Grün der Bohnen und fressen es gerne ab.
Das Bohnen-Mosaikvirus wird durch Blattläuse und andere Schädlinge übertragen und kann alle Hülsenfrüchte befallen, also auch Bohnen. Dann verfärben sich die Blätter und die Bohnen verformen sich. Saatgut kann ebenfalls bereits mit dem Mosaikvirus befallen sein.
Dicke Bohnen haben häufig mit Blattläusen zu kämpfen – je später im Jahr, desto höher ist die Schädlingslast. Gerade hier empfiehlt sich deshalb der frühe Anbau im Gemüsebeet. In einem Gewächshaus mit geschlossenen Türen ist ein Befall noch unwahrscheinlicher.

ERNTE

Bohnen sind je nach Sorte bereits nach fünf bis acht Wochen bereit zur Ernte. Wenn ich also Mitte Mai Buschbohnen aussäe, rechne ich ab Mitte Juli mit Ertrag. Die Ernte hält dann ungefähr sechs Wochen an. Denn das Entfernen der reifen Bohnen fördert die Bildung von neuen Blüten und Fruchtansätzen. Ich ernte meine Bohnen, sobald sie sich gut ausgebildet haben, aber noch nicht zu groß sind. Wenn ihr einmal reife Bohnen übersehen habt, seht ihr ganz deutlich, wann sie überreif sind: Die Hülse wird dann blasser und die Bohnenkerne fester. In dem Fall lasse ich die Bohnen an der Pflanze trocknen und nutze sie im neuen Jahr einfach als Saatgut.
Es empfiehlt sich, täglich nach den Bohnen zu schauen, sobald die ersten Hülsen groß werden. Denn Bohnen bilden sich unglaublich schnell aus. Lila Bohnen sind auch direkt von Anfang an lila, sie müssen sich nicht erst entwickeln. Die reifen Bohnen sollten übrigens immer abgeschnitten werden, nicht abgezupft, um die Pflanze möglichst schonend zu »berauben«. Anderenfalls richtet man schnell mal zu großen Schaden an.

Frische Bohnen halten im Kühlschrank leider nur ein paar Tage. Ihr könnt sie aber putzen und dann einfach einfrieren.

SAXA

Diese mit 40 Zentimeter Höhe recht kompakte Buschbohne ist bei Hobbygärtnern sehr beliebt, weil bereits nach etwa acht Wochen mit einer ersten Ernte gerechnet werden kann. Die Hülsen enthalten keine Fäden und sind sehr zart. Die Bohnen sind leicht bräunlich und eher klein. Saxa wächst gut in Reihensaat im Beet, aber auch im Hochbeet oder Balkonkasten. Im Gewächshaus gelingt sie schon in sehr früher Kultur. Die samenfeste Sorte ist bei vielen Saatgutanbietern im Programm und kann selbst vermehrt werden.

PURPLE TEEPEE

Sehr beliebte samenfeste Buschbohne mit lilavioletten fadenlosen Hülsen, die beim Kochen jedoch blassgrün werden. Die Hülsen sind mit 15–18 Zentimeter sehr lang und tragen viele schöne hellbraune Körner. Purple Teepee verträgt keinen Frost und wird daher erst nach den Eisheiligen in das Freiland gesät oder gepflanzt. Eine Voranzucht im Gewächshaus kann ab Mitte April erfolgen. Die Ernte kann bei einer Voranzucht mit Pflanzung Mitte Mai ab Juli beginnen, bei Freilandaussaat ist sie ab Ende Juli möglich. Gut geeignet für Bohnensalat.

NECKARKÖNIGIN

Ertragreiche Stangenbohne mit fast 30 Zentimeter langen Hülsen, die bei allen üblichen Saatgutanbietern im Programm ist und sich leicht selbst vermehren lässt. Ich ziehe sie im Gewächshaus vor und setze sie etwa Mitte Mai an ein Bohnenzelt. Dort wächst sie schnell auf 2–2,50 Meter Höhe. Die Sorte ist sehr robust, auch bei längerem ungünstigem Wetter, und resistent gegen das Mosaikvirus. Warme Bodentemperaturen sind ihr besonders wichtig, den Boden deshalb nicht mulchen. Sonniger Standort bevorzugt.

BLAUHILDE

Sehr beliebte historische lilafarbene Sorte mit sehr langen fadenlosen Hülsen und dicken Bohnen. Blauhilde ist äußerst resistent und funktioniert gut in Freilandsaat. Sie wächst gut an einem Bohnenzelt und sieht in Kombination mit der Neckarkönigin (siehe links) sehr schön aus.

GREEN SHELL

Die einzige Edamamesorte, die ich bisher im Anbau hatte. Sie wächst ähnlich wie eine Buschbohne oder auch Zuckerschoten bis zu 60 Zentimeter hoch. An einer Rispe bilden sich mehrere Hülsen, die, wenn sie reif sind, dauerhaft beerntet werden können. Sojabohnen mögen es gerne warm, Green Shell stand bei mir in voller Sonne, ohne einen direkten Nachbarn, der ihr das Licht wegnahm. Ich habe sie im April vorgezogen, im Mai ins Freiland gepflanzt und konnte im August ernten.

HANGDOWN

Äußerst ertragreiche und robuste Puffbohne, die sich gut von Blattlausbefall erholt. Sie wird im zeitigen Frühjahr angebaut, die Aussaat erfolgt ab Mitte Februar bis Ende März. Geerntet wird zwischen Juni und August, je nach Standort und Aussaatzeitpunkt. Die samenfeste Sorte hängt voll mit langen Hülsen, jede davon enthält etwa vier bis fünf dicke Bohnen. Ich habe einmal extra ein paar Bohnen an den Pflanzen vergessen, die direkt noch im selben Jahr erneut im Beet ausgelaufen sind.

Salate

Salat gilt ja unter Hobbygärtnern gern als recht einseitig und viele glauben, dass er im Sommer nicht richtig funktioniert. Deswegen möchte ich in diesem Kapitel zeigen, wie vielseitig die Kultur ist und dass sie mit einer guten Planung und den richtigen Sorten sehr wohl ganzjährig beerntet werden kann. Zehn verschiedene Salate stelle ich euch vor, dazu erfahrt ihr alles Wichtige zu Anbau und Pflege – und natürlich verrate ich auch wieder, welche Sorten besonders ertragreich sind.

Generell empfehle ich euch, Salate selbst vorzuziehen. Die Sortenvielfalt und vor allem die Stabilität der Jungpflanzen ist deutlich höher.

- **Feldsalat:** Er eignet sich sehr gut als späte Kultur nach den Tomaten oder Paprika – im Gewächshaus kann er vom Herbst bis zum Winter geerntet werden. Auch als frühe Kultur im März ist er im Gewächshaus interessant. Feldsalat könnt ihr aber auch problemlos im Freiland anbauen. Dafür empfiehlt sich eine Aussaat von Ende August bis September. Der Salat ist sehr frosthart und wächst anspruchslos auf vielen Gartenböden.
- **Kopfsalat:** Er ist der Klassiker, wenn man an Salat aus dem Garten denkt, und dabei erfreulich vielseitig. Einige Sorten wachsen im Sommer, andere im Frühjahr und Herbst, wieder andere stehen sogar über den Winter. Ich baue Kopfsalat entsprechend gestaffelt an – eine Ernte gibt es meist nach zehn Wochen. Bei den Kopfsalaten gibt es einen sehr hohen Anteil an samenfesten Biosorten und kaum F1-Hybriden. Die Auswahl ist gigantisch, vor allem die rotbraunen Kopfsalate sind, was Resistenz, Wachstum und Ertrag betrifft, super. Wichtig ist vor allem die Schossfestigkeit, damit der Salat im Sommer nicht in Blüte geht.
- **Eissalat:** Er funktioniert entgegen dem Namen auch sehr gut im Sommer und eignet sich perfekt für einen bunten Salatteller. Eissalat ist äußerst schossfest und selten bitter. Die Anzucht erfolgt bereits ab Februar, für eine Pflanzung Ende März und eine frühe Ernte im Mai.
- **Pflücksalat:** Diese Salate sind sehr wuchsstark, schnell erntereif und können, weil ständig neue zarte Blätter nachwachsen, immer wieder beerntet werden. Sie sind damit äußerst ertragreich. Der Anbau im Gemüsegarten funktioniert zuverlässig. Ich baue Pflücksalate auch im Winter im Gewächshaus an, damit meine Hühner frisches Grün haben. Pflücksalate werden direkt und dicht gesät, nicht vorgezogen. Aussaaten im März und September haben bei mir gut performt.

- **Bataviasalat:** Die Mischung aus Romana- und Eissalat kommt ursprünglich aus Frankreich. Für mich ist er aber eher eine kleine Art Kopfsalat. Denn auch wenn sich kein dichter Kopf bildet, ist das Wachstum sehr ähnlich. Die Blätter sind aufgrund der wellenartigen Verformung hübsch anzusehen, zudem gibt es Bataviasalat in schönen grünbraunen Farben. Eine Ernte ist nach etwa acht Wochen nach der Aussaat zu erwarten.
- **Romanasalat:** Romanasalate sind außen grün und werden zum Herz hin heller. Ihre Blätter sind etwas fester und vom Geschmack her intensiver als die anderer Salate. Was mir besonders gefällt: Romanasalate sind schnell erntereif, meistens brauchen sie nicht einmal zwei Monate.
- **Asiasalat:** Eine besonders einfache Kultur, insbesondere Pak Choi hat mich überzeugt (auch wenn er genau genommen zum Kohl gehört). Kein Schädling, anspruchslos, mühelos in sechs bis acht Wochen erntereif und sehr ertragreich. Ich säe ihn Ende März und kann bereits zu den Eisheiligen ernten. Asiasalate wie Mizuna, Wasserspinat und Shiso können sogar noch früher vorgezogen und gepflanzt werden. Es gibt sie häufig als Saatmischungen.
- **Babyleaf-Salat:** Das sind eigentlich auch Pflücksalate, allerdings werden sie noch konstanter und früher beerntet – bereits nach drei Wochen kann es losgehen. Der Anbau funktioniert ganzjährig. Babyleaf-Salate sind häufig Mischungen mehrerer Pflück-, Schnitt- und Eichblattsalatsorten und werden nicht in Reihen, sondern breitwürfig ausgesät.

Asiasalate sorgen für Abwechslung auf dem Teller. Bei vielen Mischungen ist zudem ein mehrmaliger Schnitt möglich.

- **Zichoriensalat:** Zu dieser Gruppe gehören Salate wie Zuckerhut, Radicchio und Chicorée. Sie eignen sich allesamt optimal für den Herbstanbau – als Nachkultur im Gemüsegarten –, weil sie auch niedrigere Temperaturen gut aushalten und sogar bedingt frosthart sind. Mit den Wurzeln geerntet sind sie, je nach Sorte, bis zu sechs Wochen haltbar. Viel länger als andere Salate.
- **Rucola:** Noch ein ganz Schneller: Bei guter Kulturführung ist Rucola, auch als Salatrauke bekannt, nach 28 Tagen erntereif. Er ist reich an Vitaminen und Mineralstoffen und die Senföle in ihm, die auch für den leicht scharfen Geschmack verantwortlich sind, machen ihn besonders gesund. Der Anbau ist ganzjährig möglich, im Sommer auch im Freiland. Die Kultur eignet sich gut für Hochbeete und Balkonkästen.

AUSSAAT

Salate haben bei mir zwei Hauptkulturzeiten: Die ersten Samen säe ich Ende März im Gewächshaus in Anzuchtplatten aus – und das wiederhole ich dann alle zehn Tage bis Anfang Mai. So habe ich gestaffelt bis Ende Juni vor allem Kopfsalate immer erntereif. Die zweite Anzuchtzeit für spätere Ernten zieht sich dann von Juli bis in den August.

Fürs Frühjahr säe ich vor allem Asia-, Romana- und Pflücksalat aus. Für den Sommer Eissalate, Romana, Kopfsalate und Batavia. Direkt im Gemüsebeet in Reihen gesät werden nur Pflücksalate und Feldsalat, wobei Letztere auch wie Asiasalate breitwürfig gesät werden können. Eissalat, Romanasalat und Kopfsalat ziehe ich in 77er-Anzuchtplatten vor.

Salate sind Lichtkeimer, daher werden die Samen immer nur leicht mit Erde bedeckt. Das Saatkorn hat wenig Eigenenergie und braucht Licht, damit das keimfördernde Protein in ihm zuverlässig freigesetzt wird.

Salat keimt bereits bei niedrigen Temperaturen um die 15 Grad. Kalte Temperaturen danach lassen sie kompakt wachsen und verhindern Geilwuchs. Im Sommer sollte Salat deswegen im Halbschatten bis Schatten keimen. Die Erde sollte zur Keimung immer feucht gehalten werden. Bewährt hat sich hierzu eine Ballbrause oder der feine Gießaufsatz einer Gießkanne, um die winzigen Samen, die ja kaum von Erde bedeckt sind, nicht zu verschwämmen. Bereits nach sieben Tagen hat der Salat gekeimt. Pro Parzelle in der Anzuchtplatte sollte danach auf eine Pflanze pikiert werden.

Bereit zum Nachpflanzen: Ich ziehe das ganze Frühjahr über Salat vor, um im Beet nach der Ernte gleich wieder aufzufüllen.

STANDORT

Salate wachsen gut im Halbschatten und zwischen anderen hochwachsenden Pflanzen. Ich setze bei mir zum Beispiel immer eine Reihe Salat unter die Sonnenblumen. Im Frühjahr pflanze ich Salat außerdem zwischen die noch kleinen Paprika und Tomaten. Bis diese größer werden und mehr Platz brauchen, sind die Salatköpfe bereits geerntet.
Salate werden bei der Pflanzung nicht tiefer gesetzt, es empfiehlt sich sogar, den Erdballen leicht aus der Erde ragen zu lassen. Zu tief aufgesetzt staut sich Nässe an den unteren Blättern, die dann verfaulen und Schnecken anlocken. Anders wie häufig empfohlen mulche ich Salat auch nicht. Denn der Kontakt zu anderem Material fördert ebenfalls Fäulnis am Blatt.

PFLEGE

Wenn der Standort stimmt, gibt es eigentlich gar nicht so viel zu tun. Salat braucht nach einer geringen Grunddüngung im Frühjahr mit einem mineralischen Gartendünger über die gesamte Kulturzeit keinen weiteren Dünger mehr. Allerdings ist er recht schwach gegenüber Gräsern und Unkräutern, weshalb die Hauptpflegeaufgabe auch darin besteht, diese Konkurrenten von ihm fernzuhalten. Regelmäßiges Auflockern des Gartenbodens rund um die Pflanzen fördert zudem die Wasserverfügbarkeit und die Sauerstoffversorgung an den Wurzeln – fördert also das kräftige Wachstum.

KRANKHEITEN UND SCHÄDLINGE

Wenn ich an Schnecken in meinem Garten denke, sehe ich sie immer unter den feuchten Blättern eines Salatkopfs sitzen. Ich glaube, nichts ist für sie interessanter. Für Kaninchen gilt übrigens dasselbe. Obwohl ich mein gesamtes Gemüsebeet eingezäunt habe, schaffen es gerade die kleinen Jungtiere immer wieder hinein und langen beim Salat ordentlich zu.
Um nicht noch extra Schnecken anzulocken, solltet ihr Salat nicht abends gießen, wenn sich die Feuchtigkeit noch länger hält als tagsüber. Gerade in der Anfangszeit hilft zudem ein Schneckenkragen oder Fraßschutz gegen Kaninchen. Und manchmal heißt es einfach cool bleiben: Ich habe schon oft erlebt, dass Salat erst mal angefressen wird, dann aber das restliche Wachstum nicht mehr interessant zu sein scheint.

ERNTE

Salat ist einfach zu ernten und Pflücksalate wachsen sogar wieder nach, sodass sie mehrfach Ertrag bringen. Den richtigen Zeitpunkt erkennt ihr daran, dass der Salatkopf fest wird. Wartet ihr jetzt noch zu lange, fängt der Salat an, in die Höhe zu schießen, um in Blüte zu gehen und Saatgut auszubilden.

Sonnenschutz

Wenn Salat zu sonnig steht, schießt er schnell und geht in die Blüte. Am besten pflanzt ihr ihn zwischen Tomaten, Sonnenblumen oder anderes höherwachsendes Gemüse, das ihm genug Schatten spendet.

ATTRAKTION

Der bekannte Sommersalat bildet große Köpfe, die lange schossfest sind. Er ist samenfest und kann bei einer Blüte über Samen vermehrt werden. Wenn ich ihn im April vorziehe und im Mai pflanze, wächst er bei mir im Gemüsebeet besonders gut. Die Sorte kann aber bis Anfang Juli gesät und entsprechend bis in den Oktober geerntet werden. Die Aussaat erfolgt in Aussaaterde, nach circa zehn Tagen beginnt die Keimung. Die Kulturzeit von zehn Wochen ist ebenso sehr gut. Plant für die großen Salate einen Abstand von 35 x 35 Zentimeter ein.

LITTLE GEM

Dieser Bioromanasalat ist eher klein und kompakt. Die Salatherzen werden nach innen hin gelb und schmecken sehr süß. Eine frühe Aussaat im Februar mit Pflanzung Ende März im Folientunnel oder Frühbeet wird empfohlen. Bereits ab Mai bis in den Oktober hinein kann dann geerntet werden, sofern als Direktsaat in Reihen oder als Anzucht im Gewächshaus in Platten nachgesät wird. Die Kultur ist mit einem Pflanzabstand von 15 x 15 Zentimeter sehr platzsparend. Ein echtes Highlight aufgrund des Geschmacks und der Wachstumszeit.

MAIKÖNIG

Der Maikönig, auch als Meikoningin angeboten, wird geziert von einem leicht rötlichen Rand, ist aber überwiegend grün. Er ist eine alte und bewährte Kopfsalatsorte aus dem biologischen Hobbyanbau, zählt zu den Butterkopfsalaten, ist sehr robust und für den frühen Anbau, auch im Freiland, gut geeignet. Weil die Direktsaat dort aber erst ab Mai möglich ist, empfehle ich euch auch hier eine Voranzucht im Gewächshaus ab Ende März. So könnt ihr bereits im Juni ernten.

AMERIKANISCHER BRAUNER

Diesen Pflücksalat baue ich schon seit Jahren an. Sobald irgendwo ein wenig Platz ist, säe ich ihn aus. Er ist nämlich nicht nur sehr lecker und kann mehrmals beerntet werden, ich verfüttere ihn auch an meine Hühner.
Der Anbau im Folientunnel funktioniert im Frühjahr und Herbst, so kann ich bis in den Winter ernten – obwohl nicht als frosthart ausgezeichnet, überlebt er dort problemlos leichte Fröste. Bei warmen Temperaturen wächst er sogar den Winter über weiter. Auch im Freiland funktioniert die Sorte gut, wenn es nicht zu kalt wird.

ZUCKERHUT

Dieser Zichoriensalat eignet sich zwar erst für den Herbstanbau, dafür könnt ihr ihn, weil er auch leichten Frost verträgt, bis in den Winter beernten. Die Aussaat ist ab Juli, die Pflanzung im August und die Ernte von November bis Januar möglich. Der Name Zuckerhut lässt sich weniger auf den Geschmack zurückführen als auf die Kegelform. Geschmacklich ist der Salat eher leicht herb. Dünstet man ihn, werden die Bitterstoffe abgebaut und das nussige Aroma wird intensiviert.

GALA

Diese Feldsalatsorte ist für ihr schnelles Wachstum, gerade bei kühlen Temperaturen, bekannt. Ich säe sie meist breitwürfig als Folgesaat nach den Tomaten und Paprika im Gewächshaus aus. Nach rund drei Monaten kann ich dann mit der Ernte rechnen – und habe mitten im Winter frischen Salat. Genauso funktioniert Gala im Gewächshaus schon im März. Und im Hochbeet hatte ich ebenfalls bereits Erfolg. Nur im Gemüsegarten säe ich ihn selten ins Freiland. Der Unkrautdruck ist dort einfach zu hoch.

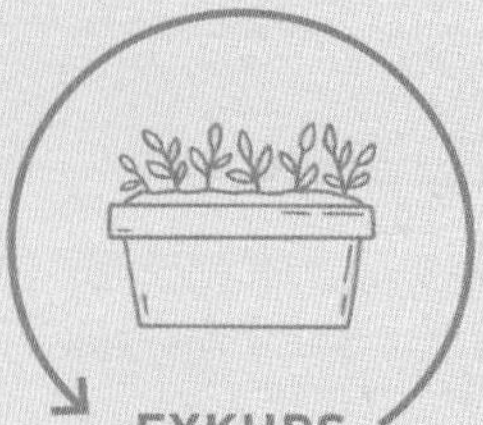

EXKURS
KLEINE FLÄCHE

Wenig Platz, doch viel Ertrag

Als ich mit zwölf Jahren mit dem Gärtnern anfing, hatte ich nur wenige Quadratmeter für den Gemüseanbau. Damals habe ich gelernt, möglichst viele Kulturen auf engem Platz anzubauen. Aber welche Gemüse brauchen nur wenig Platz? Welche Kulturen wachsen sehr zügig und ermöglichen so eine Folgekultur? Dieses Kapitel ist besonders für diejenigen Leser unter euch gedacht, die nur einen kleinen Gemüsegarten haben oder vielleicht sogar nur eine Terrasse oder einen Balkon. Ihr könnt nämlich auch mit wenig Platz viel ernten – ich erkläre euch, wie das geht.

KULTUREN, DIE SCHNELL WACHSEN

Bei scharfen Chilis dauert es unglaubliche 200 Tage, bis die Früchte reif sind. Selbst wenn ihr sie Ende Januar aussät, könnt ihr also erst ab Mitte August zu ernten anfangen. Und bis dahin benötigt diese Kultur viele Monate intensive Pflege. Auch Kartoffeln sind mit 120 Tagen im Schnitt nicht die schnellsten. Es geht aber auch anders. Eine Kultur, die besonders schnell wächst, ist Pak Choi. Dieser Asiasalat, auch Senfkohl genannt, wird im Gemüsegarten zu Recht immer populärer. Er benötigt kaum Pflege und ist nach wenigen Wochen fertig zur Ernte. Ich habe ihn dieses Jahr Anfang April gesät und im Mai bereits geerntet. Er stand also nicht einmal zwei Monate im Beet.
Vor dem Pak Choi war ein Winterporree auf diesem Stück und aktuell wachsen dort Zucchini. Sie liefern ebenfalls sehr viel Ertrag in kurzer Zeit: Mitte April gesät und nach den Eisheiligen gepflanzt gibt es ab Mitte Juni eine fette Ernte. Nach der intensiven Erntezeit plane ich für dort Grünkohl und Wirsing ein. Binnen zwölf Monaten habe ich so auf einem kleinen Stück Erde vier äußerst ertragreiche Kulturen stehen.

Lauchzwiebeln sind auch sehr einfach und können zudem gut in Reihen zwischen eine bestehende Kultur gesät werden, die kurz darauf geerntet werden soll. Sie mögen es beim Keimen gern schattig und feucht, gerade im Sommer. Zwischen den anderen Kulturen fühlen sie sich also pudelwohl. Wenn die Zwiebeln dann nach 14 Tagen zu keimen beginnen, werden oder wurden gerade die abgeernteten Pflanzen entfernt – und die Zwiebeln haben Platz zum Wachsen. Perfektes Timing!

Pflück- und Asiasalate gehen auch immer sehr schnell, etwa einen Monat nach der Aussaat könnt ihr schon ernten. Genauso versprechen Radieschen, Mairüben und Babymöhren im Frühjahr eine zeitige Ernte. Zuckererbsen und Bohnen brauchen etwa zwei Monate nach der Pflanzung.

Besonders im Gewächshaus möchte ich früh im Jahr möglichst solches Gemüse anbauen, das bis zu den Eisheiligen abgeerntet werden kann. Denn dann sollen Tomaten, Paprika und weitere Sommergemüse einziehen.

MEHR PFLANZEN VORZIEHEN

Das Wichtigste beim platzsparenden Gärtnern ist die Voranzucht von Kulturen. Die Beete sind dadurch deutlich kürzer belegt, außerdem haben Jungpflanzen einen guten Vorsprung, auch gegen Schnecken. Bereits im Januar könnt ihr zum Beispiel Kohl vorziehen, der dann im März ins Gewächshaus umzieht. Kohlrabi ist damit definitiv vor den Eisheiligen durch. Brokkoli konnte ich in diesem Jahr um den 20. Mai herum ernten und Blumenkohl Ende Mai. Ich war diesmal allerdings auch ein wenig spät dran, meine Anzucht startete erst im Februar. Hätte ich früher begonnen, wären Mitte Mai wahrscheinlich alle Kohlpflanzen reif gewesen.

ALLES AUF EINEM FLECK

Es gibt Pflanzen, die gut gemeinsam wachsen, ohne sich im Wachstum zu behindern. Vermutlich habt ihr schon mal vom Milpa-Beet gehört, in dem die drei südamerikanischen »Schwestern« Mais, Bohne und Kürbis zusammen gepflanzt werden. Der Mais dient als Rankgerüst für die Bohnen, die Bohnen wiederum versorgen mit ihren Knöllchenbakterien, die Stickstoff im Boden anreichern, den Mais mit Nährstoffen. Die Kürbisse ranken auf der Erde, schützen den Boden mit ihren Blättern vor dem Austrocknen und unterdrücken zugleich Unkräuter.

Eine gute und altbewährte Pflanzkombi: Mais und Kürbis.

Von so einem XXL-Kürbis hat man natürlich auch lange etwas.

Dieses Milpa-Beet habe ich in diesem Jahr umfunktioniert und die Kürbisse durch Wassermelonen ersetzt, die sich durch die Maispflanzen schlängeln und deren Früchte dann vor ihnen in der Sonne liegen.
Eine weitere gute und sparsame Kombination ist Sonnenblumen, Salat und Bohnen. Die Sonnenblumen kommen in den Hintergrund und halten die Bohnen. Die Salatköpfe wachsen unten vor den Sonnenblumen in Richtung Sonne. Auch sonst lässt sich Platz nutzen. Tomaten und Paprika zum Beispiel sind am Anfang lange klein. In den Zwischenräumen könnt ihr also bereits bei der Pflanzung noch schnell einen Salat, Radieschen oder auch Spinat dazusetzen.

DIE SORTENWAHL

Es gibt bei jeder Kultur Sorten, die nicht so viel Platz beanspruchen. Einige Tomaten, wie zum Beispiel Buschtomaten, werden nur 30–40 Zentimeter hoch und tragen dennoch sehr viele Früchte. Es gibt spezielle Topfphysalis und auch Sonnenblumen, die nur eine Höhe von 40 Zentimeter erreichen statt 4 Meter. Es empfiehlt sich also gerade beim platzsparenden Gärtnern, auf die Sortenwahl zu achten.
Auch bei Paprika gibt es, was das Wachstum betrifft, beeindruckende Unterschiede. Einige wachsen sehr kompakt, andere werden fast 2 Meter hoch.

Wobei hier auch die Pflege eine Rolle spielt: Wer am Anfang alle Blüten stehen lässt, erhält eine kompaktere Pflanze. Werden die Blüten erst mal entfernt, konzentriert sich die Paprika weiter aufs Wachstum.

HOCHRANKEN LASSEN

Viele Pflanzen, die sich eigentlich über den Boden schlängeln, lassen sich auch an einem Zaunelement, an Holzlatten oder Stäben hochranken. Das spart viel Platz.
Kletterzucchini beispielsweise wachsen sehr breit, können aber auch in die Höhe gelenkt werden. Wassermelonen wachsen bei mir zwar quer durch den Folientunnel, können das aber auch an einem Zaunelement tun. Kürbisse lasse ich im Sommer immer von einem Hügel über den Kompost wachsen. Das Wurzelwachstum dieser Pflanzen ist meistens sehr komprimiert. Die Blattmasse hingegen wird breiter und kann beliebig gelenkt werden.
Stangenbohnen wachsen bei mir an einem Bohnenzelt (siehe Seite 157). Um jede Latte pflanze ich vier Bohnen in die Erde. Buschbohnen brauchen noch weniger Platz. Sie werden einfach in Reihen gesät und bilden massig Ertrag.

PFLANZENABSTAND MINIMIEREN

Der Pflanzenabstand wird auf den Saatguttüten häufig sehr großzügig angegeben. Bei Kulturen wie Tomaten, Gurken oder Zucchini empfehle ich, ihn auch einzuhalten, da Krankheiten wie die Kraut- und Braunfäule oder Mehltau dann nicht direkt überspringen.
Andere wie die Lauchzwiebeln säe ich direkt als Bund aus: Pro Loch in der Anzuchtplatte kommen vier bis sechs Samen. Diese Tuffs sparen später im Beet viel Patz ein und die Ernte ist auch einfacher. Porree kann in 2er-Tuffs gesetzt werden, die Stangen drücken sich dabei auseinander.
Zuckererbsen säe ich ebenfalls in 3er-Tuffs. So vermeide ich gleich noch Lücken, falls einige Körner nicht aufgehen oder die Keimsprossen von Vögeln vernascht werden.
Möhren säe ich immer etwas dichter, dafür aber nicht in geraden Reihen, sondern leicht versetzt in einer Art Zickzackmuster aus. Beim Vereinzeln muss ich so nur wenige Pflänzchen entfernen.
Spinat und Feldsalat werden ebenfalls sehr dicht und breitwürfig gesät statt in Reihen. Keine Lücken bedeuten hier mehr Ertrag.

Damit sich Möhren gut entwickeln, brauchen sie genug Platz um sich herum. Deshalb die Pflänzchen unbedingt ausdünnen, wenn sie zu dicht stehen.

Gemüsezwiebeln setze ich direkt Zwiebel an Zwiebel und lasse keinen Abstand in der Reihe. So habe ich es einmal auf einem Acker gesehen – und einfach nachgemacht. Das klappt wunderbar und bedeutet mehr Ertrag pro laufendem Meter.

Auch Kartoffeln setze ich ziemlich nah aneinander. Statt der empfohlenen 30–35 Zentimeter Abstand sind es bei mir nur 25 Zentimeter. Das mindert den Ertrag nicht, im Gegenteil: Ich kriege ja mehr unter.

GEWÄCHSHAUS

Mit einem Gewächshaus lässt sich der Erntezeitraum auch auf einer begrenzten Fläche deutlich verlängern. Ihr könnt früher mit dem Pflanzen starten und die Saison im Gewächshaus erstreckt sich im Vergleich zum Gemüsebeet beinahe über das ganze Jahr. Während mein Beet im Winter Pause macht, wächst im Gewächshaus immer irgendetwas. Die Pflanzen wachsen zudem ertragreicher und schneller und sie werden durch mehr Wurzelwachstum und mehr Wärme besser versorgt. Ohne Regen von oben und ohne kalte Nächte halten die meisten Pflanzen einfach länger durch.

FRÜHBEET UND VLIES

Die kostengünstige Variante zum Gewächshaus heißt Frühbeet. So ein Aufsatz ist im Grunde ein Minigewächshaus, das einfach auf ein Hochbeet gebaut oder direkt ins Gemüsebeet gestellt werden kann und damit den Anbau- und Erntezeitraum in Nu verlängert.

In meinem ersten Garten hatte ich auch so ein einfaches Frühbeet. Der Boden in ihm hat sich schnell erwärmt und ich konnte früher mit der Aussaat starten. Und die Hirse, die ich damals als Vogelfutter angebaut habe, keimte bei der höheren Luftfeuchtigkeit unter der Haube auch schneller.

Neben meinem Garten ist ein Blumenfeld zum Selberpflücken. Dort wird ein Teil der jungen Tulpen nachts mit einem Vlies abgedeckt. Sie blühen dadurch rund zwei Wochen früher als die anderen – und so kann man auch zwei Wochen länger Tulpen pflücken.

In meinem Garten nutze ich auch so ein Vlies, um Gemüsepflanzen im Frühjahr nachts abzudecken und vor Kälte zu schützen. Bei frisch gesäten Möhren oder jungen Kohlpflanzen bringt das richtig viel, denn die Pflanzen sind so geschützt und werden dadurch schneller reif.

Vlies schützt Jungpflanzen, wenn es im Frühling nachts plötzlich noch mal richtig kalt wird.

HOCHBEET

In einem kleinen Hochbeet lässt sich ebenfalls platzsparend gärtnern. Ich lasse zum Beispiel Gurken, Kürbisse und Melonen außen daran herunterranken. So verbrauchen sie drinnen keinen Platz. Der Pflanzabstand kann im Hochbeet generell minimiert werden, auch weil sich Unkraut leichter entfernen lässt.

GÄRTNERN AUF DEM BALKON

Auf einem Balkon ist wirklich nur sehr begrenzt Platz zur Verfügung, trotzdem lässt sich dort ganz ordentlich gärtnern. Denn fast jede Kultur kann auch in einem Topf angebaut werden. Seit ein paar Jahren sind auch Pflanzsäcke im Trend. In ihnen könnt ihr auch dort, wo kein Beet angelegt werden kann, viel anbauen.

In Blumenkästen wachsen nicht nur schöne Blumen, sondern auch Kräuter optimal. Wer möchte, kann Pflücksalate, Asiasalate oder auch essbare Blumen säen. Drei Kohlrabi wachsen auch sehr gut in so einem Balkonkasten, Paprika und Tomaten gut zu zweit in Maurerkübeln oder einzeln in einem größeren Topf.

Für Kartoffeln und Erdbeeren gibt es spezielle Pflanztürme, in denen sie »mehrstöckig« angebaut werden können. Der Ertrag in diesen Gefäßen ist wirklich gut.

Bei kleinen Pflanzgefäßen müsst ihr vor allem auf ein gutes Substrat achten, das Wasser und Nährstoffe halten kann. Normaler Gartenboden ist für einen Kübel jedoch zu schwer. Ich empfehle Tomaten- und Gemüseerde, gemischt mit einer lockeren Pflanzerde für Gemüsejungpflanzen – das Ganze etwa im Verhältnis 50:50. Unten in den Töpfen solltet ihr eine Drainageschicht mit Bimsgranulat oder Blähton einfüllen, denn Gemüsepflanzen mögen keine Staunässe. Dafür brauchen Pflanzen in engem Raum meist weniger Dünger, vor allem in geschlossenen Gefäßen, da der Dünger nicht ausgewaschen wird.

Wichtig ist auf einem warmen Balkon auch der Sonnenschutz, zum Beispiel mithilfe eines kleinen Sonnenschirms. In der prallen Sonne verbrennen die Pflanzen so nah an der Hauswand sonst schnell. Gurken sind hier außerdem besonders anfällig für Falschen Mehltau, weil die Luftfeuchtigkeit sehr hoch ist und die Luft steht. Sie sollten besser möglichst luftig stehen.

Selbst auf dem kleinsten Balkon ist Platz für Kräuter, die es im Supermarkt nicht gibt.

KAPITEL 3

REICHE-ERNTE-BOOSTER

Das richtige Plätzchen, die richtige Portion Nährstoffe und Wasser und dazu noch ein paar Tipps gegen Fraßfeinde: Damit lässt sich die Chance auf einen guten Ertrag noch mal deutlich erhöhen. Das Beste: Viel Aufwand macht nichts davon.

Richtig düngen

Ein wichtiger Schritt zur üppigen Ernte ist eine gute Düngung. Pflanzen brauchen passende Nährstoffe, damit sie viele Blüten und dann große Früchte tragen. Leider gilt hierbei nicht, dass viel Dünger automatisch auch viel Ertrag bedeutet. Deshalb erfahrt ihr in diesem Kapitel, wie ihr euer Gemüse richtig düngt und welche Dünger wirklich gut funktionieren.

Eins vorneweg: Das Kapitel »Düngen im Garten« ist für mich selbst noch nicht vollständig abgeschlossen. Ich teste nach wie vor noch jedes Jahr ein wenig herum, womit ich bei welchen Kulturen die besten Erträge erziele. Grundsätzlich unterscheidet man feste Dünger, wie zum Beispiel Hornspäne, und Flüssigdünger. Feste Dünger bieten den Vorteil, dass man sie gut dosieren kann. Sie geben ihre Nährstoffe langsam ab und enthalten meist viel Stickstoff, was gerade zu Beginn der Wachstumsphase sehr wichtig ist. Deshalb gebe ich meistens gleich eine Handvoll davon ins Pflanzloch. Im Verlauf der Gartensaison unterstütze ich meine Pflanzen bei der Blüten- und Fruchtausbildung dann zusätzlich oft noch mit einem Flüssigdünger.
Gartendünger könnt ihr euch übrigens auch super selbst machen, darauf gehe ich gleich noch genauer ein.

WELCHE NÄHRSTOFFE BRAUCHEN PFLANZEN?

Für ein gutes und gleichmäßiges Wachstum braucht eine Pflanze verschiedene Nährstoffe. Manche davon sorgen für ihre allgemeine Gesundheit, andere fördern das Wurzelwachstum und die Nährstoffaufnahme und wieder andere steigern den Ertrag. Alle Nährstoffe zusammen sorgen dann, im richtigen Verhältnis, für eine kräftige und ertragreiche Pflanze.

Alle Pflanzen freuen sich über Extranährstoffe. Aber nicht jede braucht einen eigenen Dünger.

Stickstoff

Stickstoff ist dafür da, der Pflanze einen guten Wachstumsschub zu geben. Sie wird durch ihn richtig sattgrün und sieht vitaler aus. »Die Tomate muss auch erst mal zwei Meter hoch werden«, sag ich immer bei meinen Workshops in den Gartencentern. Allerdings wäre es ein Fehler, deshalb zu denken, dass eine Pflanze umso besser wächst, je höher der Stickstoffgehalt im Dünger ist. Gerade bei kleinen Jungpflanzen sollte der Stickstoffgehalt sogar reduziert werden, sonst nimmt die Zellfestigkeit ab und die Pflanze verliert an Stabilität.

Bei Jungpflanzen erkennt ihr zu viel Stickstoff zum Beispiel daran, dass die Pflanze vergeilt: Sie wird zu schnell zu groß und sehr instabil. Später erkennt ihr einen Stickstoffüberschuss dann an dunkelgrünen und weichen Blättern.

Kalium

Kalium ist der Gegenspieler von Stickstoff. Habt ihr einmal zu viel von diesem an die Pflanze gebracht, lässt sich das mit Kalium ziemlich einfach wieder ausgleichen.
Kalium sorgt für eine kräftige Pflanze, verleiht ihr Stabilität und macht sie widerstandsfähig gegen Trockenheit. Bei Gemüse und Rasen gibt es sogar spezielle Herbstdünger, die viel Kalium enthalten und damit die Pflanzen für den Winter stärken. Bei Rasen erhöht Kalium die Trittfestigkeit, wenn man bei Frost auf ihm läuft.

Bohnen brauchen zwar nicht viel Dünger. Aber je nach dem, wie sie sich entwickeln, bekommen auch sie manchmal einen Wachstumsbooster mit auf den Weg.

Phosphor

Phosphor ist vor allem für die üppige Blütenbildung und Fruchtausbildung nötig. Fehlt er, entwickelt die Pflanze kaum Blüten und trägt später dement-

Flüssigdünger fördert die Blütenbildung – und ohne Blüten tragen die Pflanzen später keine Früchte.

sprechend auch wenig Früchte. Stattdessen steckt sie alles in die Blattmasse und besteht deshalb hauptsächlich aus Blättern – das ist natürlich schlecht für die Ernte.
Bei Tomaten lässt sich ein Phosphormangel an braunen Flecken auf den Blättern erkennen.

Die Mischung macht's

Habt ihr ein Lieblingsessen? Vielleicht Spaghetti Bolognese? Dann stellt euch doch mal vor, jemand kocht sie für euch. Am Anfang freut ihr euch sicher sehr darüber. Aber was wäre, wenn ihr jeden Tag zu jeder Mahlzeit nur noch Nudeln mit Bolo essen dürftet? Würde es euch dann noch schmecken? Ich denke mal, eher nicht.
Genauso ist das auch bei euren Pflanzen mit dem Gartendünger. Gibt es immer nur sehr viel Stickstoff, mangelt es ihnen irgendwann an den anderen Nährstoffen. Deshalb ist es wichtig, einen ausgewogenen Gartendünger zu verwenden. Düngt ihr immer nur mit Stickstoff, wird die Pflanze zwar immer größer, bildet aber kaum Blüten und Früchte.
Im Verlauf einer Saison wechseln daher bei mir, wie schon gesagt, die Gartendünger von fest auf flüssig. Das heißt: Nachdem die Pflanzen gesetzt sind und zu wachsen beginnen, fange ich an, sie mit einem flüssigen Dünger zu versorgen. Der enthält nämlich vor allem Kalium und Phosphor – und diese Nährstoffe sind dafür da, der Pflanze zu signalisieren: »Du bist groß genug, du kannst jetzt viele Blüten bilden und Früchte versorgen.« Erfolgt dieser Umschwung der Nährstoffe nicht oder zu spät, habt ihr am Ende der Gartensaison, wenn der erste Frost kommt, viele unreife Früchte an der Pflanze.
Im Handel erkennt ihr die entsprechenden Dünger an den Bezeichnungen »Gemüsedünger« oder »Tomatendünger«.
Wichtig: Ist euer Boden nicht gut aufgebaut, kann er den Dünger nicht lange halten. Damit eure Pflanzen also auch etwas von ihrem Dünger haben, solltet ihr unbedingt auch das Kapitel » Guter Boden – Voraussetzungen für eine reiche Ernte« lesen (siehe ab Seite 51).

WELCHE PFLANZEN BRAUCHEN DÜNGER?

Habt ihr schon mal davon gehört, dass man die Pflanzen je nach ihrem Nährstoffbedarf in drei große Gruppen unterteilt? Es gibt die Schwachzehrer, die Mittelzehrer und die Starkzehrer. Ihr müsst deshalb aber nicht unbedingt

Flüssigdünger

Vor allem Starkzehrer profitieren von den zusätzlichen Nährstoffen. Er sollte aber nicht direkt an die Pflanze gelangen, um Verbrennungen zu vermeiden.

bei jeder Pflanze nachschauen, zu welcher Gruppe sie gehört – das Internet ist sich in diesem Bereich ohnehin nicht immer ganz einig. Viel einfacher zu merken sind folgende zwei Leitsätze, nach denen ich auch die Pflanzen in meinem Garten dünge:

- Bildet eine Pflanze viele und/oder große Früchte aus, die sie versorgen muss? Ist das der Fall, so wie beispielsweise bei Melonen, Paprika, Tomaten und Kürbissen, dünge ich öfter. In den meisten Fällen erhalten diese Kulturen bei mir alle 14 Tage eine Portion Flüssigdünger – wie auf der Verpackung beschrieben.
- Bildet eine Pflanze keine großen Früchte, sondern nur Blätter oder kleine Knollen wie Salat, Mangold, Radieschen, Feldsalat oder Spinat, dünge ich weniger bis gar nicht. Denn meistens reicht für diese Pflanzenarten die Grundversorgung aus, die im Boden noch übrig ist.

Die nachfogende Tabelle gibt euch weitere Hinweise.

WER BRAUCHT VIEL DÜNGER?

Diese Pflanzen brauchen viel Dünger:	Diese Pflanzen dünge ich selten:
Gurken, Tomaten, Paprika, Melonen SD + alle 2 Wochen flüssig	Bohnen, Erbsen GD + maximal eine Nachdüngung nach 6 Wochen
Chilis, Physalis, Auberginen SD + alle 2 Wochen flüssig	Salate, Möhren nur GD
Mais, Kürbisse, Zucchini SD + alle 3 Wochen flüssig	Blumen, Kräuter nur SD
Zwiebeln, Kohl, Erdnüsse SD + alle 4 Wochen flüssig	Radieschen, Spinat, Mangold, Feldsalat nur GD
Kartoffeln einmalig bei Pflanzung mit Langzeitdünger, teilweise Nachdüngung flüssig bei der Blüte	Lauchzwiebeln, Porree nur SD

GD: Grunddüngung, das heißt, es sind bereits genug Nährstoffe im Gartenboden enthalten. Ich dünge diese Kultur also nicht zusätzlich.
SD: Startdüngung, das heißt, ich verwende einen festen Langzeitdünger bei der Pflanzung.

Geschickt kombinieren

Um es euch einfacher zu machen, könnt ihr bei der Planung eurer Gemüsebeete Pflanzen mit unterschiedlichem Nährstoffbedarf nacheinander pflanzen. An die Stellen, wo also in einem Jahr Starkzehrer wie Tomaten oder Paprika wuchsen, kommen in der nächsten Saison Bohnen oder Salat, die weniger Dünger brauchen – und umgekehrt.

Die andere Variante ist, dass ihr in Mischkulturen arbeitet und Pflanzen mit unterschiedlichen Nährstoffbedarfen kombiniert. So haben es zum Beispiel schon die alten Maya in Südamerika gemacht, als sie Mais und Bohnen nebeneinander pflanzten. Bohnen brauchen wenig Nährstoffe und können als Leguminosen mithilfe von Knöllchenbakterien Stickstoff aus der Luft binden. Der Mais profitiert von den Bohnen als Nährstofflieferant und ist im Gegenzug ein super Rankgerüst für sie. In dem Zwischenraum eines solchen klassischen »Milpa-Beets« können auch noch Kürbisse oder Melonen ranken. Das hat auf die Düngewirkung allerdings keinen Einfluss und außerdem kann es schnell zu eng werden, weil diese beiden Kulturen sich gerne richtig ausbreiten.

Fruchtfolge schont den Boden, erhält Nährstoffe und hilft, Schädlinge zu reduzieren.

WANN WIRD GEDÜNGT?

Wie genau und wann ich dünge, hängt wieder davon ab, ob es sich um Fest- oder Flüssigdünger handelt. Feste Dünger, die beim Auspflanzen mit eingebracht werden, vermenge ich mit der Erde im Pflanzloch, damit nicht der gesamte Dünger direkt an den Wurzeln liegt. Das wäre zu viel des Guten. Erde und Dünger sollten danach kräftig angegossen werden, damit die Pflanze Bodenschluss erhält. Ich pflanze übrigens am liebsten in den Abendstunden, dann ist es nicht mehr so warm und die Pflanze kann sich akklimatisieren. Die ersten Stunden nach der Pflanzung sind entscheidend.

Flüssige Dünger bringe ich ebenfalls in den Abendstunden aus. Mit der Gießkanne gieße ich ihn ohne Brause direkt an die Wurzeln. So vermeide ich, dass Dünger an der Pflanze kleben bleibt. Um sicherzugehen, gieße ich die Pflanzen im Anschluss immer noch mit klarem Wasser ab.

GARTENDÜNGER – EINE AUSWAHL

Welche Dünger kann ich also empfehlen, die euch definitiv zu einer reichen Ernte verhelfen? Hier kommen meine Favoriten, mit ihnen habe ich in meinem Garten durchweg gute Erfahrungen gemacht.

Guano

Bei diesem Naturdünger handelt es sich um ein Pulver aus den verwitterten Exkrementen von Seevögeln wie Pinguinen oder auch aus ähnlichen Ablagerungen aus den Ausscheidungen von Fledermäusen oder Robben.

Guano ist sehr ausgewogen, und weil er so fein ist, ist er für die Pflanze auch ziemlich schnell verfügbar. Aus diesem Grund ist das der einzige feste Dünger, den ich auch zum Nachdüngen verwende. Wegen seiner sehr starken Wirkung verwende ich allerdings meist nur einen Esslöffel pro Pflanze.
Achtung: Guano hat einen starken Geruch und ist sehr staubig, was das Ausbringen an windigen Tagen erschwert.

Hornspäne

Mein absoluter Standarddünger für alle Starkzehrer. Denn Hornspäne versorgen eure Pflanze nicht nur sehr lange, sondern auch sehr gleichmäßig. Sie sind reich an Stickstoff, wodurch die Pflanze bestmöglich profitiert. Hornspäne riechen zwar leicht, locken damit aber viele Tiere wie Regenwürmer an, was das Bodenleben fördert. Mehr Bodenleben ist immer gut, denn durch Zersetzung sind auch die Nährstoffe besser für eure Pflanzen verfügbar.

Kleedünger

Düngerpellets aus Klee ähneln sehr stark Kaninchenfutter, das man in der Zoohandlung kaufen kann. Sie riechen nicht nur genauso, sondern sehen auch so aus. Der Vorteil für eure Pflanzen besteht darin, dass der Klee kurz vor der Blüte, wenn er für die Nutzung als Gartendünger abgemäht und pelletiert wird, sehr viele Nährstoffe und vor allem Stickstoff enthält. Somit ist Kleedünger ein optimaler Startdünger für Melonen, Erdnüsse, Möhren, Kartoffeln, Kohl und auf Staudenbeeten.

Schafwolle

Weil sich Schafwolle nur langsam auflöst, zählt sie zu den besten Düngern in der Langzeitversorgung. Sie ist reich an Stickstoff für einen guten Start und sichert langfristig gutes Wachstum. Als Abfallprodukt ist sie außerdem sehr nachhaltig und zudem oft regional. Es gibt sie in großen Säcken – unbehandelt oder pelletiert. **Meine Empfehlung:** Auf jeden Fall in den Gartenboden einarbeiten. Wenn ihr Schafwolle auf dem Gemüsebeet fürs Mulchen verwendet, lockt ihr Vögel an, die damit ihre Nester ausbauen. Auch Schnecken nisten sich gern in der Wolle ein. Beides mindert die Ernte.

Frischer Pferdemist

Er hat nicht nur eine gute Düngewirkung, sondern wärmt auch den Boden auf und wirkt so wie eine »Fußbodenheizung«. Außerdem wird das Bodenleben sehr stark belebt.
Im Gewächshaus arbeite ich Pferdemist bereits einige Zeit vor der Pflanzung ein. Im Hochbeet kann er gut in der mittleren Schicht eingesetzt werden. Und

TIPP

KÜRBISSE AUF DEM KOMPOST

Als Altenpfleger komme ich regelmäßig mit älteren Heimbewohnern ins Gespräch übers Gärtnern und wie das früher so gemacht wurde. Dabei höre ich häufig, dass viel Mist und Kompost zur Düngung genutzt worden ist. Gerade Kürbisse hat man früher häufig direkt auf den Kompost gepflanzt. So mache ich das nun auch seit zwei Jahren und es klappt erstaunlich gut.

TIPP

LANGZEIT-DÜNGER

Getrocknete Rinderdungpellets können bei der Pflanzung direkt mit in das Pflanzloch gegeben werden und setzen dort ihre Nährstoffe gleichmäßig und über einen langen Zeitraum hinweg frei.

auch wenn ich Tomaten in Kübeln ziehe, arbeite ich ihn gerne ein, weil Tomaten Starkzehrer sind. Aber Vorsicht: Direkt an der Pflanze ist Pferdemist zu »scharf«. Die Pflanze bekommt dann zu viele Nährstoffe auf einmal, ihre feinen Wurzeln gehen ein und die Blätter verbrennen. Das äußert sich ähnlich wie beim Sonnenbrand durch weiße Flecken auf den Blättern.
Nur im Gemüsegarten kommt Pferdemist bei mir nicht zum Einsatz, da ist mir der Aufwand einfach zu groß. Im Beet bietet sich stattdessen eine Gründüngung an (siehe ab Seite 62). Außerdem kann Pferdemist je nach Herkunft Rasen- und Unkrautsamen enthalten, die das Pferd aufgenommen und dann unverdaut wieder ausgeschieden hat. In diesem Fall wächst die Wiese dann im Gemüsegarten weiter. Falls ihr es trotzdem versuchen wollt: Pferdemist wirkt am besten, wenn er im Frühjahr etwa 20 Zentimeter tief eingearbeitet wird. Um ihn in den Boden zu bringen, hebe ich eine Reihe von 20–25 Zentimeter aus und packe die Erde zur Seite. Nachdem ich den Mist in die Furche gefüllt habe, kommt dann wieder die Gartenerde darauf. So beginnt die Zersetzung schon vor der Pflanzung und das Bodenleben wird aktiv.
Abgelagert, also wenn er bereits etwa ein Jahr alt ist, kann Pferdemist auch in einer dünnen Schicht direkt aufs Beet.

Flüssigdünger

Er ist die beste Möglichkeit, eure Pflanzen gezielt zu düngen – direkt an die Wurzeln. Er ist von den Nährstoffen her sehr ausgewogen und enthält viel Kalium und Phosphor für die Blütenbildung, Fruchtausbildung und Fruchtsüße. Perfekt also für Düngungen in der zweiten Jahreshälfte! Tomaten- und Gemüsedünger gibt es von vielen Herstellern mit teilweise pflanzenspezifischen Anpassungen, so wie zum Beispiel bei Tomaten speziell zur Vorbeugung von Krankheiten und Mangelerscheinungen.
Da bei mir das ganze Jahr über Hühnermist anfällt, kann ich mir einen Teil meines Bedarfs an Flüssigdünger selbst produzieren. Das funktioniert ähnlich wie bei Brennnesseljauche (siehe Kasten rechts): Ich gebe einfach Hühnerkot in ein Wasserfass, fülle so viel Wasser dazu, dass er eben bedeckt ist, lasse dann alles 14 Tage stehen und rühre nur ab und zu mal um. Wenn sie fertig ist, wird die Jauche im Verhältnis 1:10 mit Wasser gemischt und aufgebracht.

Urgesteinsmehl

Urgesteinsmehl ist genau genommen eher ein Bodenverbesserer als ein Dünger und kann im Frühjahr aufgebracht werden. Es sorgt für eine gleichmäßige Nährstoffversorgung, indem es andere Nährstoffe bindet, und kann in einer Pflanzenjauche auch zur Geruchsminderung eingebaut werden.

Kalziumdünger für Tomaten

Wenn es Tomaten an Kalzium fehlt, kommt es zur Blütenendfäule: Der untere Teil der Tomate wird braun und stirbt ab. Das ist nicht schädlich, schmeckt aber nicht und muss weggeschnitten werden, mindert also gewissermaßen die Ernte. Als Haushaltstipp wird deshalb oft empfohlen, Kalziumtabletten aufzulösen und die Tomaten damit zu gießen. Meistens besteht jedoch gar kein Mangel an Kalzium im Boden, sondern in der Pflanze. Tomaten haben Adern, die Wasser und Nährstoffe in die Früchte transportieren. Nur wenn die Früchte frei liegen, kann die Sonne die Tomaten »schwitzen« lassen. Dann wird vermehrt Wasser verbraucht und die Pflanze zieht mit neuem Wasser neue Nährstoffe und damit auch genügend Kalzium in die Früchte hoch. Das Wachstum zu fördern, normal zu düngen und vor allem die Früchte freizuschneiden reicht meistens also schon aus. Ansonsten kann ein Kalziumdünger helfen.

Jetzt kennt ihr meine Lieblingsdünger und wisst, wie ihr sie einsetzen könnt. Wichtig ist aber, das Thema »maximale Ernte« wie ein Puzzle zu sehen: Ein Teil allein ergibt noch kein Bild. Genauso bringt nur Dünger noch keine reiche Ernte. Achtet auf einen guten Boden, der Nährstoffe speichern kann, und zieht starke Pflanzen mit vielen feinen Wurzeln heran. So können später mehr Nährstoffe aufgenommen werden.

TIPP

BRENNNESSELJAUCHE

Brennnesseljauche entsteht, wenn man frische Brennnesseln in einem Maurerkübel mit so viel Wasser übergießt, dass sie gerade bedeckt sind. Dann lässt man den Sud etwa zwei Wochen stehen. Nach zwei Tagen ergibt dieses Brennnesselwasser schon mal ein super Pflanzenschutzmittel. Wenn ihr es auf die Blätter von Rosen oder Tomaten sprüht, wirkt das auf Blattläuse und Spinnmilben wegen des Geruchs und der Schärfe abschreckend.
Nach 14 Tagen habt ihr eine fertige Jauche zur Düngung. Das Verhältnis für eine klassische 10-Liter-Gießkanne ist dabei 2 Liter Jauche und 8 Liter Wasser. Die Kraft der Brennnessel zur Düngung wird aber von vielen überschätzt. Genaue Labortests bestätigen nur eine geringe Anzahl an Nährstoffen. Trotzdem verwende ich sie bei mir im Garten gerne als Unterstützung für eine reiche Ernte.

Optimal bewässern

Ohne Wasser bleibt keine Pflanze lange gesund und vor allem bildet sie keine großen Früchte. In trockenen Sommern und insbesondere im Gewächshaus müsst ihr deshalb für ausreichend Nass sorgen. Wobei ich die meisten Gemüsepflanzen lieber seltener, dafür aber kräftiger gieße.

Wenn ich mit dem Gartenschlauch im Gewächshaus stehe, zähle ich meistens gedanklich bis zehn – und dann gehe ich zur nächsten Pflanze weiter. Ich habe den Wasserdruck an der Gießbrause so eingestellt, dass in dieser Zeit etwa zwei bis drei Liter fließen. Damit sind die Pflanzen erst einmal versorgt und gleichzeitig bilden sie während der nächsten Tage, in der ich bewusst eine Trockenheitsphase setze, auf der Suche nach Wasser neue Wurzeln. Ich fördere also das Wurzelwachstum, sodass die Pflanze bei jedem Gießen mehr Wasser aufnehmen kann und immer größer wird.

Draußen im Gemüsebeet läuft der Rasensprenger dreimal die Woche, meistens 30–40 Minuten, um den Boden zu sättigen. Allerdings gieße ich nur die Hälfte des Beets von oben. Auf der anderen Hälfte stehen nämlich Tomaten, Zucchini, Gurken und Paprika, also diejenigen Pflanzen, die nicht so gerne Wasser auf die Blätter bekommen. Sie gieße ich deswegen einmal wöchentlich mit der Brause oder der Gießkanne.

Im Hochbeet ist bei mir der Wasserverbrauch deutlich höher, obwohl ich eine gute Gartenerde habe, die einiges an Wasser hält. Aber die kräftigen Pflanzen verbrauchen am sonnigen Standort durch eine bessere Erwärmung einfach mehr Wasser.

Der Wasserbedarf einer Pflanze ist immer gleich. Nur das Wetter nimmt uns manchmal ein wenig Arbeit ab: Wenn es regnet und nicht so heiß ist, könnt ihr seltener gießen.

GIESSKANNE, BRAUSE ODER SCHLAUCH?

Im Garten nutze ich viele Gießkannen. Mittlerweile habe ich grüne, graue, rote, orangefarbene, gelbe und blaue … Und die Sammlung wird sich in den nächsten Jahren ganz bestimmt noch erweitern.

Im Gewächshaus bin ich vor allem bei der Jungpflanzenanzucht mit den Gießkannen unterwegs. Denn der Vorteil ist, dass sich das Wasser in den Kannen schon mal im Gewächshaus erwärmen kann, bevor ich gieße. Das hat einen positiven Einfluss auf die Entwicklung meiner Jungpflanzen. Ein Brauseaufsatz sorgt dafür, dass das Wasser feiner aus der Kanne kommt. So werden die noch kleinen Pflanzen geschont.

Aber auch später gieße ich gerne mit Kannen, weil ich so die Menge viel genauer kontrollieren kann. Außerdem kann ich mit dem feinen Aufsatz meine Tomaten gezielt von unten gießen, ohne Spritzwasser zu erzeugen, das an die Pflanzen gelangt. Gerade Tomaten mögen das nämlich gar nicht.
Wenn ich allerdings im Sommer richtig viel gießen muss, nehme ich dazu lieber den Gartenschlauch mit einer Gießbrause. Aber auch damit gieße ich immer direkt im Wurzelbereich der Pflanzen. Mit dem reinen Schlauch, also ohne Aufsatz, befülle ich nur meine Gießkannen, Wassertonnen und Eimer. Und den Schlauch irgendwo ins Beet zu legen ist in meinen Augen Wasserverschwendung, weil das Wasser kaum effektiv genutzt wird.

TIPP

GIESSRINGE
Am liebsten arbeite ich mit Gießringen – das sind kleine Gräben um die Pflanzen, in denen sich das Wasser sammelt. Dadurch fließt das Wasser nicht davon und versickert direkt an den Wurzeln in den Boden. Den Gießring lege ich schon beim Pflanzen an, indem ich die Pflanze einfach etwas tiefer einsetze.

BEWÄSSERUNGSTECHNIKEN

Für die Bewässerung habe ich schon eine Vielzahl an Schläuchen, Sprengern und Brausen getestet. Das sind meine Favoriten:

- **Gartenschlauch:** Im Garten nutze ich vor allem ¾-Zoll-Gartenschläuche. Ich empfehle, auf die gute Qualität bekannter Marken zu setzen. Bei günstigen Alternativen hatte ich häufig Probleme mit dem Material: In der Sonne wurde es weich und klebrig, an porösen Stellen bildeten sich Löcher und die Anschlüsse rutschten nach einiger Zeit vom Schlauch ab, weil die Festigkeit abgenommen hat. Um den Gartenschlauch zu schonen, ist es sinnvoll, einen Schlauchwagen zu nutzen oder eine Wandhalterung zu installieren.
- **Gießbrause:** Ich nutze verschiedene Gießbrausen zur Bewässerung. Im Gewächshaus gefällt mir ein Profigießstab am besten. Die Düse vorne ist fein und ergiebig, mit dem langen Stab kommt man in jede Ecke.
- **Rasensprenger:** Im Gemüsebeet arbeite ich gerne mit Viereckregnern. So kommt an jede Stelle gleichmäßig die gleiche Menge Wasser. Dagegen ist mir aufgefallen, dass die klassischen Kreiselregner an den Enden viel Wasser versprühen, in der Mitte aber weniger ankommt. Deswegen benutze ich diese Sprenger nur, um meine Rasenflächen bei sehr heißem Wetter vor Austrocknung und Verbrennung zu schützen.
- **Bewässerungscomputer:** Ein Bewässerungscomputer ist eine Zeitschaltuhr für den Wasserhahn. Damit könnt ihr euren Garten zu bestimmten Zeiten automatisch bewässern, ohne selbst vor Ort sein zu müssen. Mir gefallen die Bewässerungscomputer so sehr, dass ich auf Seite 190–191 einen kleinen Exkurs dazu geschrieben habe.
- **Verlegrohre:** Ich habe in meinem Garten unterirdisch vier Wasseranschlüsse verlegt. Ein Wasserhahn kommt in der Streuobstwiese aus dem Boden, ein zweiter an den Gewächshäusern, ein dritter am Gemüsebeet und der vierte ist an der Hauswand befestigt. Der Wasserdruck ist so gut, dass ich zwei Schläuche gleichzeitig laufen lassen kann.

WASSERTONNEN

Im Garten habe ich glücklicherweise einen Brunnen, der mich mit ausreichend Wasser versorgt. Allerdings ist dieses Wasser ziemlich kalt. Ich nutze daher einige Wassertonnen, um es erst einmal eine Weile abstehen zu lassen, sodass es wärmer wird. Natürlich sammle ich auch Regenwasser. Vom Gartenhaus- oder Gewächshausdach lässt es sich super in die Wassertonnen leiten. Regenwasser enthält im Gegensatz zu Brunnenwasser oder Wasser aus dem Hahn keine Mineralien und ist gesünder für Pflanzen und Boden.
Ich nutze sehr gerne Wassertonnen mit 520 Liter Füllvolumen. Das reicht eine Weile, genau gesagt für 52 Gießkannen. Die Wassertanks stehen auf Sockeln, damit ich die Gießkannen darunterstellen und einfach befüllen kann.

Regenwasser kostet nichts und schont das Grundwasser. Außerdem lieben Pflanzen kalkarmes Wasser.

WASSERBEDARF

Nicht alle Gemüsepflanzen brauchen gleich viel Wasser. Ich achte gerade in den Gewächshäusern auf den individuellen Bedarf, um den optimalen Geschmack zu fördern. Melonen und Tomaten zum Beispiel schmecken meiner Meinung nach viel intensiver, wenn sie nicht mit zu viel Wasser möglichst dick und schwer gezogen werden. Auf der anderen Seite wird die Pflanze bei zu wenig Wasser und Trockenheit schwach und verliert an Resistenz gegen Krankheiten. Deshalb hier der Wasserbedarf der wichtigsten Kulturen im Überblick.

Wurzelgemüse (zum Beispiel Möhren)	Wenig Wasser – mögen Trockenheit und keine Staunässe, um sich optimal auszubilden
Zwiebelgewächse	Wenig Wasser – bilden intensive und große Knollen bei trockenerem Wetter
Salate	Mittlerer Wasserbedarf – brauchen vor allem regelmäßig Wasser für zarte Blätter
Kohlgewächse	Mittlerer Wasserbedarf – bilden bei zu wenig Wasser kleinere Köpfe. Kohlrabi kann rissig werden bei viel Wasser und holzig bei zu viel Trockenheit
Tomaten, Paprika, Gurken	Die drei Hauptkulturen in meinem Gewächshaus haben alle einen hohen Wasserbedarf. Generell ist der Wasserbedarf bei Pflanzen mit großen Früchten höher

PROJEKT
BEWÄSSERUNG

Bewässerungsautomatik selbst bauen

Wann ist eigentlich die beste Zeit, um Pflanzen im Garten zu gießen? Bei dieser Frage sind sich die Hobbygärtner nicht ganz einig. Klar, keiner gießt mittags – das hat wirklich keine Vorteile, eher nur Nachteile und sollte nur in Ausnahmefällen passieren. In der Mittagssonne verbrennen Pflanzen und das Wasser verdunstet schon, bevor es überhaupt an den Wurzeln angekommen ist. Die einen Hobbygärtner gießen also frühmorgens, die anderen spätabends. Aber spielt das wirklich eine Rolle? Ich glaube schon! Mit dem richtigen Gießen könnt ihr deutlich mehr ernten.

MORGENS ODER ABENDS – PRO UND CONTRA

Die Mehrheit der Hobbygärtner empfiehlt, morgens zu gießen. Der Boden ist dann über Nacht abgekühlt, es verdunstet nicht so viel Wasser und die Pflanzen können sich für den Tag vollsaugen. Allerdings bleiben auch Wassertropfen auf den Blättern zurück, die später zu Sonnenbrand führen können. Und bis die Pflanze alles Wasser aufgenommen hat, vergehen ein paar Stunden, in denen durch die Wärme wieder einiges verdunstet.
Abends zu gießen wird oft kritisch gesehen. Die Pflanzen sind aufgeheizt und können durch das kalte Wasser einen Schock kriegen. Außerdem bleibt die Feuchtigkeit nachts mit den kühlen Temperaturen an den Pflanzen. Beides in Kombination kann negativ auf das Pflanzenwachstum wirken. Tomaten und Kartoffeln etwa bilden so schneller Kraut- und Braunfäule. Gurken, Zucchini und Kürbis bekommen schneller Mehltau. Melonen sind anfälliger für Spinnmilben und Schnecken werden auch angelockt.
Der einzige Vorteil des abendlichen Gießens besteht darin, dass die Pflanzen eine längere Regenerationszeit haben, in der sie sich mit Wasser vollsaugen

und auf den nächsten Tag konzentrieren können, ohne gleich von der Morgensonne beansprucht zu werden. Und, auch nicht zu vergessen: Pflanzen, die abends gegossen werden, bilden meiner Erfahrung nach größere Früchte, da sie Wasser besser und länger einspeisen können. Wie gesagt sind sie gleichzeitig aber auch anfälliger für Krankheiten und später in der Saison eher hinüber – und das war's dann mit der Ernte.

Mein Fazit: Der beste Zeitpunkt zum Gießen ist um 4 Uhr morgens. So haben die Pflanzen bis zum Sonnenaufgang länger Zeit, das Wasser aufzunehmen. Allerdings kann ich mir nicht vorstellen, dass irgendjemand so verrückt ist und nur für ein paar Gramm mehr Ernte nachts im Pyjama seine Pflanzen gießt. Ich bin's auf jeden Fall nicht. Stattdessen habe ich mir eine günstige Bewässerungsautomatik installiert, die um 4 Uhr selbstständig startet. Das Prinzip ist dabei ganz einfach auch für euch umsetzbar.

SCHRITT FÜR SCHRITT ZUM »AUTONOMEN« GIESSEN

1. Bewässerungscomputer bestellen: Er ist euer Helfer für eine reiche Ernte. Preislich liegen die Bewässerungscomputer bei 40–65 Euro, je nach Modell und Hersteller.

2. Computer installieren: Der Bewässerungscomputer wird direkt am Wasserhahn montiert. Bei der Installation gebt ihr gleich den aktuellen Wochentag und die aktuelle Uhrzeit ein. Bei der Programmeinstellung gebt ihr dann diejenige Uhrzeit ein, in der der Durchfluss starten und an welchen Tagen das Programm laufen soll, außerdem eine Durchlaufzeit, nach der er wieder stoppen soll.

3. Schlauch verlegen: Das Schlauchende wird unten am vorgesehenen Anschluss angeklickt. Kann eigentlich nichts schiefgehen.

4. Wasser aufdrehen: Den Wasserhahn voll aufdrehen. Durch den Computer wird das Wasser gestoppt und nur zur passenden Zeit durchgelassen.

5. Bewässern: An der Stelle, wo ihr den Gartenschlauch hingelegt habt, geht es an den eingestellten Tagen und zur passenden Uhrzeit mit der Bewässerung los. Der Sprenger auf dem Rasen oder der Tropfschlauch im Gewächshaus versorgt so halbautomatisch eure Pflanzen. Wollt ihr mehrere Flächen bewässern, braucht ihr nur die Position der Beregnung ändern, indem ihr den Gartenschlauch mit dem Rasensprenger anders positioniert.

Ziemlich praktisch so eine Bewässerungsanlage – und wirklich ganz einfach zu installieren.

Was wächst wo? Hochbeet, Gewächshaus und Freiland

Wo was im Garten am besten wächst und die beste Ernte bringt, hängt vor allem von der Kultur ab. Tomaten zum Beispiel wachsen am besten im Gewächshaus und im Freiland. Kartoffeln kommen bei mir mal ins Beet, mal ins Hochbeet. Jede Pflanze hat eben ihren Lieblingsplatz.

Am meisten habe ich in den letzten Jahren durch Ausprobieren gelernt. Bevor ich sage, dass eine Kultur bei mir nicht klappt, teste ich sie an allen Standorten, mit verschiedenen Sorten und unterschiedlichen Anbaumethoden. Von Jahr zu Jahr funktioniert das meiste immer besser und die Ernte wächst. Also lasst uns einfach mal schauen, welche Möglichkeiten es überhaupt gibt.

HOCHBEETE

Wenn ich ehrlich bin, bin ich kein großer Freund von Hochbeeten. Die Grundidee dahinter war ja mal das rückenschonende Arbeiten, vor allem für ältere Hobbygärtner. Dazu baute man günstige Hochbeete aus Paletten oder anderem Restholz. Heute sind Hochbeete Trend und meistens unglaublich teuer. Wenn ich im Internet »Hochbeet kaufen« in die Suchmaschine eingebe, ploppen Hunderte Anbieter auf. Die günstigsten Beete kosten etwa 40 Euro, sehen allerdings auch so aus, als würden sie nur eine Gartensaison halten. Andere wirken äußerst langlebig, kosten dafür aber auch an die 1000 Euro – für zwei Quadratmeter Anbaufläche wohlgemerkt. Dazu kommen in vielen Fällen noch die Kosten für die Befüllung, denn nicht jeder hat ja gerade Heckenschnitt, Grassoden, Mist und Gartenerde in den benötigten Mengen übrig. Und man braucht wirklich viel davon für ein Hochbeet. Meiner Meinung nach ist also der wohl häufigste Grund, sich ein Hochbeet anzuschaffen, die Optik. Dennoch werden scheinbar ziemlich viele von ihnen verkauft. Nicht, dass ihr mich falsch versteht: Ich habe wirklich gegen niemanden etwas, der Hochbeete benutzt. Ich habe ja selbst welche im Garten und erzähle euch deswegen auch gleich noch, wie man sie optimal nutzt. In diesem Buch geht

Für mich ist mit das Beste am Hochbeet, dass ich so viele Gartenabfälle darin unterkriege.

es ja aber vor allem darum, wie ihr maximal viel erntet – und das am besten auch noch mit wenig Aufwand und wenig Geld. Und für ein paar Salatköpfe und Zwiebeln lohnt sich so ein teures Hochbeet preislich und vom Aufwand her eben gar nicht.

Ein guter Kompromiss ist, wie früher auf selbst gebaute Hochbeete zu setzen. Im Internet gibt es dafür eine Vielzahl an nützlichen Anleitungen, auch in Videoform. Meine 16 Hochbeete haben mich inklusive der Befüllung gerade mal 5 Euro gekostet, da ich zu Beginn sehr viel Füllmaterial hatte. Die Beete sind Reste von dicken Isolierungsrohren, die bei der Firma übrig geblieben sind, neben der sich mein Garten befindet. Gefüllt habe ich sie mit 70 Prozent Grassoden, Heckenschnitt und Pferdemist. Nur für die oberste Schicht habe ich mir einen Autohänger voll wertvollen Gartenkomposts geholt. Die wichtigste Schicht im Hochbeet sind nämlich die letzten 30 Zentimeter, in denen die Pflanzen wachsen und die Nährstoffe und Wasser halten sollen. In der unteren Schicht kann man dagegen alles verschwinden lassen, was man im Garten gerade loswerden will: Steine, Schotter, Dachziegel, Unkräuter, Hecken- und Rasenschnitt. Nein, den Partner oder die Partnerin solltet ihr dort besser nicht entsorgen. Kleiner Spaß.

Der Wasserverbrauch ist im Hochbeet tendenziell höher, auch weil das Wasser meist recht schnell nach unten durchfließt.

Was wächst im Hochbeet besonders gut?

Es gibt durchaus Kulturen, die im Hochbeet besonders gut wachsen. Zum einen, weil sie weniger Konkurrenz haben, da man Unkräuter darin einfacher entfernen kann. Zum anderen ist es im Hochbeet wärmer als am Boden, weil sich das Beet infolge des begrenzten Raums und durch die Verrottung stärker aufheizt. Dadurch können Pflanzen früher und länger kultiviert werden. Mit einer Frühbeethaube lässt sich der Erntezeitraum noch zusätzlich verlängern. Ein weiterer Vorteil ist, dass Hasen und Kaninchen nicht an die Pflanzen kommen. Und gegen Schnecken lassen sich Hochbeete immerhin etwas einfacher schützen als ebenerdige Beete. Dafür ist so ein Hochbeet aber ein Paradies für Wühlmäuse! Sie lieben es, darin zu wohnen. Wenn ihr eure Ernte nicht teilen wollt, solltet ihr beim Bau deshalb unbedingt ein Wühlmausgitter oder eine stabile Noppenfolie auslegen.

Besonders Kartoffeln fühlen sich im Hochbeet wohl: Die Erde ist sehr locker und die Knollen werden größer. Bei regelmäßigem Gießen habe ich dort pro Pflanze deutlich mehr Ernte. Das Gleiche gilt für Möhren und Zwiebeln. Knoblauch lässt sich ebenfalls sehr gut in einem Hochbeet anbauen.

Platzsparend ist ein Hochbeet zudem für Kürbisse, Gurken und Melonen. Sie brauchen fürs Wurzelwachstum nur wenig Platz und können deshalb gut am Rand des Beets eingesetzt werden. Dort können sie dann am Beet entlang nach unten ranken und die Früchte liegen meistens nicht im Dreck.

Auch mehrjährige Kulturen können ins Hochbeet. Ich habe in einigen Hochbeeten Erdbeeren, die ich mit Stroh mulche. Ihr könnt euch aber zum Beispiel auch ein dauerhaftes Hochbeet mit mehrjährigen Kräutern, Rhabarber oder Stauden anlegen.
Am liebsten mag ich an meinen Hochbeeten aber, dass ich auf normaler Höhe ernten kann. Gerade Kartoffeln, die ich im Beet oft mühsam ausgraben muss, kann ich in der lockeren Erde ganz entspannt absammeln.
Zum Schluss noch ein Tipp: Wenn Hochbeete mit der Zeit absacken, ist es sinnvoll, nicht immer nur mit neuer Erde aufzufüllen. Ich entferne stattdessen kurzzeitig die oberste Schicht und fülle neues organisches Material in der mittleren Schicht auf. So brauche ich keine neue Gartenerde zu kaufen und kann gleichzeitig wieder Material aus dem Garten »verschwinden« lassen. Zur Bodenverbesserung könnt ihr, nachdem auch die oberste Schicht wieder eingefüllt wurde, noch eine Schicht Kompost neu auftragen. So sind auch wieder Nährstoffe vorhanden.

Erdbeeren

Im Hochbeet sind die Beeren recht gut vor Schimmel und Fäulnis geschützt, weil das Wasser schneller abläuft. Hängende Sorten können am Rand des Beets hinunterwachsen.

KÜBEL

Alles eine Nummer kleiner, aber dennoch effektiv ist ein Minihochbeet, in dem Gemüse ebenso gut gedeiht. Sogar in einem Kübel auf dem Balkon oder auf der Terrasse könnt ihr Gemüse auf engstem Raum anbauen. Vor allem Paprika und Chilis gedeihen super auf der warmen Terrasse. Erdnüsse brauchen ebenfalls nicht viel Platz und wachsen in einem kleinen Eimer auch auf dem Balkon. Bei Physalis gibt es sogar extra kleinere Topfsorten. Auch Buschtomaten bleiben recht klein und eignen sich hervorragend für Balkon und Terrasse. Außerdem könnt ihr dort Erdbeeren in Ampeln aufhängen und Tomaten im Kübel an der Hauswand ziehen.
Der große Vorteil von Kübeln ist, dass sich die Wurzeln schneller erwärmen und Nährstoffe sowie Wasser an der Pflanze bleiben. Bei starkem Regen könnt ihr sie außerdem ohne viel Aufwand vorübergehend ins Trockene stellen, um die Krankheitsgefahr oder das Faulen der Wurzeln zu verhindern. Überhaupt ist es bei Eimern, Kübeln und Töpfen wichtig, Staunässe zu vermeiden. Pflanzen und ihre Wurzeln wachsen in Trockenheit viel besser und bringen mehr Ertrag. Auch praktisch: Mehrjährige Kulturen können im Keller des Wohnhauses oder in einer geschlossenen Garage im Topf überwintert werden.

GEWÄCHSHAUS

Ein Gewächshaus ist der Traum vieler Hobbygärtner, weil es die Gartensaison enorm verlängert, wenn die Pflanzen das ganze Jahr geschützt und im Trockenen stehen. Allerdings gibt es einige Unterschiede, was Bauweise und Material betrifft – und somit auch hinsichtlich des Wachstums der Pflanzen.

Folientunnel

Eine günstige Gewächshausvariante! Ich empfehle euch aber statt meines klassischen Modells eines mit höheren Seitenwänden, damit auch große Pflanzen wie Tomaten genug Platz darin haben.

Gewächshäuser aus Glas

Ich habe mich damals für mein Glashaus entschieden, weil es mir sehr hochwertig und stabil erschien. Außerdem gefiel mir, dass man Pflanzen, Blüten und Ernte durch die Glasscheiben sehen kann – optisch ein echtes Highlight. Was ich nicht bedacht habe: Das Glas wirkt in der vollen Sonne wie eine Lupe, Pflanzen vertrocknen und Früchte verbrennen. In besonders warmen und sonnigen Sommern hat es im Glashaus ständig 40 Grad und mehr, wodurch sich die Pflanzen kaum erholen können. Das merkt man dann auch am geringeren Ertrag.

Zur Anzucht hingegen funktioniert das Glashaus wunderbar. Es kommt ungefiltert Licht an die kleinen Pflanzen, was das Wachstum fördert. Und schon im März erreichen die Temperaturen tagsüber 20 Grad. Leider ist die Isolierung nicht besonders gut, und so ist es nachts oft genauso kalt wie draußen. Aber mit einem Gartenvlies kann ich die warme Tagestemperatur länger an den Pflanzen halten (siehe Seite 49).

Im Sommer habe ich vor allem Paprika, Chilis und Auberginen im Glashaus. Sie kommen am besten mit den Voraussetzungen darin zurecht. In einer besseren Lage, zum Beispiel halbschattig, wäre das Gewächshaus aber sicher weitaus effektiver.

Ein schönes Extra ist auf jeden Fall meine automatische Fensteröffnung. Das Dachfenster ist mit einem kleinen Stab und Gewinde verbunden. In dem Stab ist eine Flüssigkeit, die sich bei Hitze ausdehnt und so das Fenster öffnet. An dem Gewinde kann ich die Weite der Öffnung einstellen. Zudem ist für mehr Frischluft ein Fenster an der Rückwand gegenüber der Tür sinnvoll.

Im Sommer lasse ich die Gewächshaustür durchgehend offen stehen. Es wird darin auch mit offener Tür mehr als warm und die Pflanzen werden besser mit frischer Luft versorgt. Eine zu hohe Luftfeuchtigkeit führt nämlich auch im Gewächshaus zu Mehltau, Kraut- und Braunfäule oder Spinnmilben.

Gewächshäuser aus Folie

Neben dem Glashaus habe ich noch den Folientunnel, in dem das Klima ganz anders ist – was zum einen daran liegt, dass beide Enden offen stehen und die Luft gut entweicht, zum anderen an den Folien, die häufig das Sonnenlicht dimmen und vor Sonnenbrand schützen.

Gerade Wassermelonen lieben es, wenn es nicht zu heiß ist. Im Glashaus oder in anderen Gewächshäusern hatte ich mit ihnen nie so gute Erfolge wie im Tunnel. Entscheidend sind hier die Temperaturen um die 30 Grad statt um die 40 und die damit einhergehende bessere hohe Luftfeuchtigkeit. Meine Wassermelonen fangen gerade wieder an zu wachsen, bald ist der Boden komplett mit Grün bedeckt. Perfekt, um dann genügend Melonen zu bilden.

Folientunnel sind vergleichsweise günstig und bieten viel Platz für Pflanzen. Mein Tunnel misst 3,7 x 9 Meter und aktuell wachsen darin auf der einen Seite 27 Paprika, auf der anderen noch mal fünf Paprika, zehn Erdnüsse, eine Pepino (Melonengurke) und 18 Melonen.

Der Nachteil an Foliengewächshäusern ist, dass die meisten Modelle rund gebogen sind. Auch bei meinem Tunnel biegen sich die Stangen sehr früh und Kulturen, die etwas größer werden, haben deshalb kaum Platz, um nach oben zu wachsen. Außerdem muss ich mich, wenn ich den Boden mit der Broadfork bearbeiten möchte, immer schräg hinstellen. Das ist auf Dauer auch nicht angenehm. Ich empfehle euch deshalb, nach einem Modell mit höheren Seitenwänden zu suchen. Bei meinem nächsten Folientunnel werde ich definitiv auch darauf achten.

Folientunnel sind, wenn sie erst einmal richtig gesichert sind, windstabil. Am besten spannt ihr die Folie bei Temperaturen von über 15 Grad, denn wenn es in der Sonne warm wird, ist das Material elastischer. Meine erste Folie habe ich im Februar auf den Tunnel gespannt, häufig baut man ein neues Gewächshaus ja schon vor der Saison auf. Ich habe damals allerdings gemerkt, dass, obwohl ich sie im Winter straff gespannt hatte, deutlich mehr Bewegung in der Folie war, sobald es warm wurde.

Ich grabe die Folie an den Seiten immer in den Boden ein, das sorgt für deutlich mehr Stabilität. Dazu hebe ich rund um das Gestell einen circa 20 Zentimeter tiefen Graben aus. Wenn ich die Folie dann spanne, fixiere ich sie erst mal an einigen Stellen mit etwas Erde im Graben. Auf diese Weise kann ich immer wieder anpassen und nachspannen. Zum Schluss spanne ich mithilfe von Einschlaghülsen noch ein Seil wie einen Schnürsenkel über den Folientunnel. Dadurch wird verhindert, dass die Folie bei Wind an den Stützen reibt, wodurch sie schnell porös wird und reißen kann.

Mit einem Gewächshaus oder Folientunnel könnt ihr die Gartensaison natürlich enorm in die Länge ziehen.

Gewächshäuser aus Hohlkammerplatten

Bei den klassischen Gewächshäusern mit Hohlkammerplatten gibt es besonders viele Qualitätsmerkmale. Die günstigsten Gewächshäuser dieser Art kosten etwa 250 Euro. Grundsätzlich ist vor allem die Stärke der Gewächshausplatten entscheidend. Gängige Stärken sind 4, 6,10 und 16 Millimeter, und je dicker die Hohlkammerplatte ist, desto besser ist die Isolierung – im Winter, wenn Wärme gehalten werden soll, aber auch im Sommer, damit das Klima drinnen nicht überhitzt.

Eine Rolle spielt auch, wie die Kammerplatten befestigt werden. Die gängigste Methode ist die mit einfachen Clips. Bei einem Sturm werden die Platten jedoch schnell herausgedrückt, da der Druck mittig auf die Platten wirkt und sie in der Folge herausspringen. Die Platten gehen dabei zwar nur selten

kaputt, sie werden aber im ganzen Garten verteilt und man muss sie jedes Mal wieder zusammensammeln und neu einsetzen.
Bei anderen Gewächshäusern werden die Platten beim Aufbau in einen Rahmen geschoben. Diese Häuser sind deutlich stabiler. Der Rahmen ist also ebenso wichtig wie die Platte.

Geld spielt nicht die Hauptrolle
Die Anschaffung eines Gewächshauses ist mit teilweise hohen Kosten verbunden. Je nach Qualität können Gewächshäuser für den Hobbygarten mehrere Zehntausend Euro kosten. Allerdings lässt sich gute Qualität nicht immer am Preis erkennen. Das teuerste Gewächshaus muss nicht zwangsläufig das beste sein. Den Pflanzen ist es ziemlich egal, wie stabil das Gewächshaus ist und wie lange es letztendlich steht. Tomaten wachsen im 400-Euro-Gewächshaus genauso gut wie im 4000-Euro-Gewächshaus. Für sie ist ein warmer, trockener, möglichst gut belüfteter Ort wichtig. Ob das (Dach-) Fenster von Hand oder automatisch geöffnet wird, ist ihnen egal und daher nur eine Frage der eigenen Bequemlichkeit.
Tipp: Damit ihr möglichst lange etwas von eurem Gewächshaus habt, empfehle ich euch, vor allem auf die Stärke der Scheiben zu schauen. Alternativ könnt ihr diese nach ein paar Jahren aber oft auch einfach noch mal gegen dickere Exemplare austauschen.

Die Vorteile teurer Gewächshäuser liegen häufig nur in der Qualität, also in der Langlebigkeit, sowie in der Optik.

Auswirkungen auf die Pflanzen
Gerade auf Tomate, Gurke und Paprika hat wenig Regen von oben viele Vorteile. Wasser auf der Pflanze kann nicht nur das Risiko eines Sonnenbrands erhöhen. Jedes Mal, wenn kalter Regen auf eine erwärmte Pflanze kommt, bedeutet das für die Pflanze Stress, von dem sie sich wieder erholen muss. Das kann das Wachstum schwächen.
Je weniger Wasser an manche Pflanzen kommt, desto besser wachsen sie. Während Tomaten bei Trockenheit in kürzeren Abständen Rispen bilden, wachsen Paprika und Chilis stabiler und bilden einen kräftigen Stamm. Im Gewächshaus lässt sich Wasser gut steuern und kann effizient nur an der Pflanze eingesetzt werden. In den letzten Jahren gab es außerdem immer häufiger Starkregen, Hagel und starken Wind. Durch Wind und heftige Gewitter knicken mir immer viele Pflanzen ab, ein kräftiger Hagelschauer kann die Pflanzen regelrecht durchlöchern.
Weniger Regen und kaum Feuchtigkeit hat noch was für sich: Das Klima im Gewächshaus ist superunattraktiv für Schnecken. Die einzigen Schädlinge, die sich bei mir im Gewächshaus wohler fühlen als draußen, sind Mäuse.
Dass Wassermelonen den Folientunnel bevorzugen, habe ich ja eben schon

geschrieben. Je nach Sorte funktionieren sie aber auch im Freiland (achtet auf den Hinweis »Für das Freiland geeignet« auf dem Sortenetikett): Sie haben nicht nur bessere Resistenzen gegenüber dem Wetter, sie sind meistens auch schneller reif und kommen mit weniger Wärme und Sonne aus. Während andere Sorten sehr viele Tage zum Reifen brauchen und bei voller Sonne im Gewächshaus ausreifen müssen, werden diese Sorten auch unter weniger optimalen Bedingungen etwas.
Kohlpflanzen können im Gewächshaus schon Anfang März gepflanzt werden. Im Freiland pflanze ich Kohl dagegen erst Ende März bis Mitte April, wenn es auch dort warm genug für ihn ist. Im Juli pflanze ich dann noch mal späte Kohlsorten wie Grünkohl für den Winteranbau.
Dieses Jahr habe ich Brokkoli, Blumenkohl und Kohlrabi schon sehr früh im Glashaus in die Erde gebracht, während draußen noch lange nicht ans Gärtnern zu denken war. So früh im Jahr gehen die Kohlpflanzen nicht so schnell in Blüte und bilden im Mai kräftige Köpfe. Auch gegen Kaninchen sind die Pflanzen geschützt. Ernten konnte ich den Kohl dann bereits im Mai, kurz danach konnte ich auf den nun frei gewordenen Platz die Tomaten pflanzen.
Ein großer Vorteil von Gewächshäusern ist also auf jeden Fall die längere Ernteperiode: Während mein Gemüsebeet (noch oder schon wieder) Winterpause hat, gibt es im Gewächshaus etwas zu ernten. Und Salate, Radieschen, Feldsalat und Spinat wachsen bei mir sogar den ganzen Winter über.

Mikroklima

Das Klima im Folientunnel ist ideal zum Abhärten der Jungpflanzenanzucht und später als Standort für Paprika, Chilis und Wassermelonen. Aber: Lüften nicht vergessen.

FREILAND

Es gibt Kulturen, die am liebsten im Freiland wachsen wollen und ungern in ein Gewächshaus ziehen. Kartoffel, Mangold, Zwiebel, Kürbis, Möhre, Zuckererbse, Mais, Zucchini und Blumen im Allgemeinen habe ich noch nie im Gewächshaus angebaut. Diese Kulturen lieben es windig und bevorzugen etwas feuchtere und kühlere Böden.
Abgesehen davon ist das Gemüsebeet von den Kosten her mit Abstand am günstigsten. Wer also als Selbstversorger für möglichst wenig Geld möglichst viel Gemüse anbauen will, sollte mehr im Beet machen. Der Schädlingsdruck ist hier zwar höher, aber mit den richtigen Mitteln immer noch recht einfach abzuwehren (siehe ab Seite 203).
Das Bodenleben könnt ihr im Beet auch besser fördern. Im Gewächshaus trocknet der obere Boden durch die höheren Temperaturen und die stärkere Trockenheit schneller aus. Regenwürmer und Mikroorganismen, die Pflanzenreste vertilgen und zu gutem Gartenboden umwandeln, werden weniger. Im Freiland dagegen fördert der Regen ihr bevorzugtes Umfeld. Außerdem braucht ihr anders als im Gewächshaus nicht zu lüften. Und nicht zuletzt können Nützlinge und Bestäuber der Blüten besser an die Pflanzen kommen.

EXKURS
MULCHEN

Mulchen mit Rasenschnitt

Mulchen hat sich bei mir im Garten als überaus sinnvoll erwiesen. Die richtige Menge hilft, Unkräuter zu unterdrücken, den Boden länger feucht zu halten und das Bodenleben zu aktivieren. Davon profitieren die Pflanzen.

AUGEN AUF BEI DER MULCHAUSWAHL

Generell ist Mulchen vor allem etwas fürs Gewächshaus, weil es dort nicht regnet und so Feuchtigkeit und Wasser gespart werden kann. Aber auch im Hochbeet ist Mulch supergeeignet. Und im Gemüsebeet? Das mache ich in jedem Jahr abhängig vom Wetter. Ist es ständig nass und regnet es genug, brauche ich die Vorteile des Mulchens nicht und locke höchstens Wühlmäuse an, die sich unter der Mulchschicht ein neues Zuhause inmitten der Regenwürmer bauen. Ist es dagegen wochenlang heiß und sonnig, nutze ich den Rasenschnitt bei den wichtigen Kulturen wie Freilandtomaten, Paprika oder Mais, um Wasser einzusparen. Mulchen kann das Pflanzenwachstum allerdings auch negativ beeinflussen und manchmal hat es auch überhaupt keine Auswirkung – weder eine positive noch eine negative.

Für eine erfolgreiche Ernte ist das Mulchmaterial genauso entscheidend wie die Dicke der Mulchschicht. Stroh zum Beispiel ist zu trocken und zersetzt sich nicht. Am Ende der Gartensaison muss man es deshalb mühsam aus dem Gewächshaus aufkehren und auf dem Kompost entsorgen. Stroh ist außerdem zu luftig und lässt deswegen Feuchtigkeit entkommen. Zudem enthält es oft Getreide, das nicht ganz abgeerntet wurde und im Beet wieder zu keimen beginnt. Es ist zwar leicht, Getreide wieder herauszureißen, optimal ist es aber nicht. Die einzige Kultur, bei der Stroh als Mulch Sinn macht, sind Erdbeeren. Denn die brauchen ein trockenes Material, das sich nicht

zersetzt, um ihre Früchte ablegen zu können. Liegen die Erdbeeren im Sand oder Rasenschnitt, fangen sie schnell an zu vergammeln.
Alle Materialien aus Holz sind ebenfalls nicht im Gemüsegarten geeignet, weil sie den Pflanzen Nährstoffe wie Stickstoff rauben. Fangen die Mikroorganismen nämlich an zu arbeiten und den Mulch zu zersetzen, wird dafür Stickstoff benötigt. Gerade bei stark zehrenden Gemüsepflanzen ist das ein Problem. Im Staudenbeet ist Holz hingegen als Mulch gut geeignet. Dort lässt sich der Nährstoffverlust mit Dünger leicht wieder ausgleichen.

Deshalb Rasenschnitt!
Ich setze beim Mulchen schon seit einigen Jahren auf Rasenschnitt. Er trocknet im Gewächshaus schnell ab und fängt so in der richtigen Stärke auch nicht an zu schimmeln. Sinnvoll ist eine Schicht von 5–10 Zentimeter.
Der Rasen zersetzt sich schnell und dabei entsteht jede Menge wertvolles Futter für Mikroorganismen. Das Bodenleben wird aktiviert und der Gartenboden verbessert sich langfristig. Sattes, grünes Gras bringt zudem eine Vielzahl an wichtigen Nährstoffen zur Pflanzenversorgung mit in den Boden und somit direkt an die Wurzeln der Pflanzen. Sie haben dadurch nicht nur mehr Feuchtigkeit zur Verfügung und weniger Konkurrenz durch Unkräuter, sondern auch neue Nährstoffe fürs gesunde Wachstum.
Achtung: Der erste Rasenschnitt des Jahres enthält meist Blüten und Samen der Gräser. Er sollte noch nicht benutzt werden, sonst laufen die Gräser im Gewächshaus auf. Später dann sollte Rasen nicht zu knapp abgemäht werden, damit die Mulchschicht sich gut ineinander verzweigt. Erst etwas längere Halme verschließen sich gut ineinander und bilden eine dichte Oberfläche. Etwa alle vier Wochen kann neuer Rasenschnitt aufgetragen werden, um lichte Stellen aufzufüllen.

DER OPTIMALE ZEITPUNKT ZUM MULCHEN

Ich empfehle euch, nicht vor Mitte Mai zu mulchen, denn der Gartenboden soll sich erst einmal erwärmen. Unter einer dicken Mulchschicht bleibt er länger kühl, und das hemmt das Wachstum eurer Pflanzen. Ab Mitte Mai, wenn es tagsüber richtig warm und nachts selten noch mal kalt wird, kann es dann losgehen. Gerade für Tomaten, Paprika und Chilis, die erst nach den Eisheiligen gepflanzt werden, ist das gut. Beim Anwachsen profitieren sie mit ihren noch kleinen wenigen Wurzeln von mehr Feuchtigkeit im Boden.
Pflanzen, die über den Boden kriechen wie Melonen oder Kürbisse, werden nicht gemulcht. Bei Radieschen, Zwiebeln und Salat verzichte ich ebenfalls aufs Mulchen, weil der Rasenschnitt, wenn er direkt an den Früchten oder am Salat liegt, bei zu viel Feuchtigkeit zu gären anfängt.

Rasenmulch

Rasen habe ich in meinem Garten mehr als genug. Jedes Mal, wenn ich mähe, kippe ich den Fangkorb vor dem Gewächshaus aus, um danach meine Pflanzen mit dem Schnitt zu versorgen.

Schutz vor Schädlingen

Es gibt einige gefräßige Tierchen, die uns Hobbygärtnern die große Ernte stibitzen wollen, so wie zum Beispiel Wühlmäuse, Schnecken, Tauben und andere Vögel, Kaninchen oder Ameisen. In diesem Kapitel verrate ich euch, was ich gegen diese »Räuber« in meinem Garten unternehme.

Grundsätzlich bin ich ja ein sehr tierfreundlicher Mensch und auch in meinem Garten dürfen gerne Tiere wohnen. Sie sollen sich aber an meine »Regeln« halten und müssen damit leben, dass ich sie mit den entsprechenden Maßnahmen von meiner Ernte fernhalte. Wobei ich mich früher vor allem über den Maulwurf geärgert habe – eine Zeit lang hat er mich regelrecht zur Verzweiflung gebracht. Mittlerweile habe ich mich mit ihm versöhnt, denn er kommt ja nur im Winter nach oben und liefert mir als Gegenleistung ein paar Schubkarren voll Gartenerde. Im Sommer ist er wahrscheinlich aufgrund der Hitze und meines Lärms woanders oder in tieferen Erdschichten unterwegs und stört mich nicht. Maulwürfe sind zudem reine Fleischfresser, lassen also meine Pflanzen in Ruhe und vertilgen sogar Fraßfeinde wie Käfer, dazu reichlich Schneckeneier. Zwar fallen ihm auch einige Regenwürmer zum Opfer, aber das kann ich verschmerzen. Das Einzige, was sich mein Freund sparen könnte, sind die vielen Gänge an der Oberfläche, in die ich ständig einsacke.

Gegen Fraß- und Wühlfeinde vorzugehen ist für Hobbygärtner leider ein ewiger Kampf, den man noch dazu oft verliert. Da hilft nur eins: Nehmt es sportlich!

WÜHLMÄUSE

Schädlicher als Maulwürfe sind da schon die Wühlmäuse. Sie sind bei mir hauptsächlich in den Hochbeeten und bei den Obstbäumen unterwegs. Letztere habe ich deswegen beim Pflanzen in Drahtkörbe gesetzt, um ihre Wurzeln zu schützen.

Ich habe 16 Hochbeete und es wäre sicher sinnvoll gewesen, auch hier schon beim Aufbau an einen Wühlmausdraht beziehungsweise ein Wühlmausgitter zu denken. Habe ich aber nicht, und deshalb wohnen in den Hochbeeten jetzt eine Menge dieser Tierchen. Sie laufen auch gerne durch das frisch gemulchte Beet und scheinen sich unter dem Rasenschnitt sichtlich wohlzufühlen. Aber ich habe ja noch Glück: Selten richten sie wirklich Schaden am Gemüse an. Allerdings sorgen die Gänge der Wühlmäuse dafür, dass die Pflanzen herausgedrückt werden oder die Wurzeln kaum noch Halt haben. Von Jahr zu Jahr sehe ich außerdem, dass Tulpen und andere Frühlingsblüher verschwinden.

So eine Wühlmaus bekommt man normalerweise selten zu Gesicht. Oft entdeckt man erst, wenn es ans Ernten geht, dass sie es sich im Gemüsegarten gemütlich gemacht hat.

Den Aufwand, etwas dagegen zu unternehmen, mache ich mir allerdings auch nicht. Es heißt ja, dass Knoblauch Wühlmäuse abschrecken würde. Aber nachdem die Wühlmäuse bei mir selbst im Knoblauchhochbeet unterwegs sind, glaube ich das nicht. Einmal habe ich sogar einige auslaufende Knoblauchzehen im Wühlmausgang entdeckt – die Tiere haben sie wohl einfach woanders hingebracht. Am effektivsten ist in meinen Augen noch eine »Lärmbehandlung«. Wo ich bin, ist es ohnehin schon recht laut, weil ich mit dem Rasenmäher fahre oder andere Gartenarbeiten erledige. Zusätzlich kann man noch ein Gerät in den Boden stecken, das die Wühlmäuse mit Schallwellen und Vibration vertreiben soll. Ich bin aber ganz ehrlich: Möchte man Wühlmäuse wirklich loswerden, hilft nur eine Falle. Mit allem anderen scheucht man sie im Garten nur ständig von A nach B.

AMEISEN

In diesem Jahr hatte ich das erste Mal im größeren Ausmaß mit Ameisen zu kämpfen. Überall da, wo sie einfach nur auf einer Straße durchs Beet laufen, habe ich normalerweise keine Probleme mit ihnen. Schwierig wird es allerdings, wenn sie in der Nähe einer Pflanze ihr Nest bauen oder sich dort sammeln. Dann verfaulen nämlich die Wurzeln, weil die Ameisen daran knabbern.

Bei mir im Garten gibt es zwei Arten Ameisen: die gelben und die schwarzen. Beide waren zwar auch schon in den letzten Jahren da, allerdings nicht in der Menge. Diesmal haben mir die gelben bei der Anzucht einige Pflanzen geraubt, weil sie von unten in die Töpfe reingekrochen sind und sich dort eingenistet haben. Die Pflanzen fingen dann ohne erkennbaren Grund ziemlich schnell an zu welken – und wenn man das gesehen hat, war es meist schon zu spät, noch etwas dagegen zu tun.
Um die Ameisen am Einnisten zu hindern, habe ich dann den Boden im Gewächshaus mit Gartenvlies abgedeckt. Die Ameisen waren zwar immer noch da, blieben aber darunter und konnten, weil sie nicht an die Pflanzen kamen, keinen Schaden mehr anrichten. Allerdings war das Gartenvlies Mitte Mai nicht mehr zu gebrauchen und musste entsorgt werden.

Als ich im Frühjahr meine Paprika ins Gewächshaus umgepflanzt hatte, sind mir fünf ebenfalls durch Ameisenbefall eingegangen. Ich habe versucht herauszufinden, warum sich die Ameisen genau dort einnisten: Sie bevorzugen scheinbar schattige, feuchte Orte – ich finde sie auch sehr oft unter Steinen oder Mulch. Zum anderen locken natürliche Gartendünger viele Bodenlebewesen an – darunter eben auch Ameisen. Wirklich viel kann man dagegen nicht machen. Es hilft, die Pflanzen an eine andere Stelle umzusiedeln, wo sie nach einer kurzen Erholung weiterwachsen können.
Vermehrt Ameisen finden sich auch überall da, wo auch Blattläuse sind – die beiden Insekten scheinen echte Buddys zu sein. Ein Profigärtner hat mir mal erzählt, dass die Ameisen sogar die »Bodyguards« der Blattläuse wären und sie vor Marienkäfern schützen, die sie gerne fressen. Im Gegenzug erhalten sie den Honigtau, also das klebrige Zeug, das die Blattläuse ausscheiden.
In diesem Fall kann Brennnesselsud (siehe Seite 185) hilfreich sein, denn er bekämpft als natürliches Spritzmittel Blattläuse – und damit indirekt auch die Ameisen, die mit ihnen »zusammenleben«.
Es kann auch helfen, die Ameisen mitsamt dem Nest umzusiedeln. Dafür grabt ihr einfach die Erde in diesem Bereich aus, füllt sie in einen Eimer und bringt die Ameisen dann weit weg von euren Gemüsepflanzen. Allerdings verlagert man damit das Problem eigentlich nur. Genauso ist es bei den vielen Haushaltstipps, die angeblich gegen Ameisen helfen sollen, so wie zum Beispiel Backpulver oder Babypuder.

Marienkäfer sind die natürlichen Gegner der Blattläuse und futtern sie direkt auf. Deswegen freue ich mich über sie am meisten.

SCHNECKEN

Ein noch größeres Problem sind Schnecken im Garten. Es gibt Jahre, da wimmelt es nur so von ihnen – und sie lieben wirklich alles, was bei mir im Beet wächst, ganz besonders frisches Gemüse und Salate.

Hinter meinem Garten verläuft ein Bach. Bis zum Gemüsebeet sind es von dort noch vier bis fünf Meter und auf dem Wall wächst eine Wildhecke, die viel Schatten und Feuchtigkeit bietet. Mir ist aufgefallen, dass sich die meisten Schnecken in diesem Bereich und am Bach aufhalten. Abends allerdings, wenn es kühler und feuchter wird, oder nach einem Regenschauer kommen sie raus und machen sich auf in Richtung Beete.
In den Anfangsjahren habe ich Schnecken noch fleißig eingesammelt. Aber egal, was man danach mit ihnen anstellt – zerschneiden, ertränken, aussetzen –, ist man stundenlang beschäftigt. Und wirklich weniger werden sie auch nicht.
Wenn ihr trotzdem sammeln wollt, könnt ihr die Tiere anlocken, indem ihr zum Beispiel eine Bierfalle aufstellt. Noch effektiver ist es, eine Gurke klein zu schneiden und als Köder auszulegen. Gurken enthalten viel Wasser und duften stark. Das lieben die Schnecken. Wenn sich alle zu einem Ort aufmachen, ist es auf jeden Fall leichter, sie abzusammeln.

Nacktschnecken sind unglaublich gefräßig. Wie man sein Beet zu 100 Prozent vor ihnen schützt, habe ich noch nicht herausgefunden. Was aber zumindest oft hilft: Pflanzen vorzuziehen und erst einzusetzen, wenn sie schon etwas größer sind.

Um die Schnecken von meinem Gemüse fernzuhalten, lege ich als Ablenkung auch gerne Kohlblätter um die Pflanzen aus. Dadurch wird nicht nur der Boden gemulcht, auch die Schnecken verstecken sich unter dem kühlen und feuchten Material. Und weil sie direkt daran knabbern, ziehen sie, wie es scheint, auch erst später in der Nacht zum Gemüse weiter und richten so weniger Schaden an.
Vor einigen Jahren habe ich im Rahmen einer Kooperation einen elektrischen Schneckenzaun getestet. Er funktioniert mit einer 9-Volt-Blockbatterie, einem kleinen Bedienelement und einem stromleitenden Band, das am Hochbeet entlang festgeklebt werden kann. Ist der Stromkreislauf geschlossen, leuchtet die Lampe grün und der Schneckenzaun ist aktiv.
Wenn ich an den Zaun lange, spüre ich höchstens ein ganz leichtes Kribbeln. Wenn die Schnecken auf dem Weg ins Beet über den Zaun wollen, löst dieser offenbar auch bei ihnen ein Kribbeln aus: Sie ziehen die Fühler ein und drehen um. Das Ganze funktioniert wirklich super. Allerdings: Wenn ich alle meine 16 Hochbeete mit elektrischem Schneckenzaun umfassen würde, wäre das nicht nur ziemlich teuer, sondern auch sehr aufwendig und unschön. Alternativ zum »Elektroschocker« wird oft auch Kupferband oder Kupferfolie empfohlen. Darüber kriechen Schnecken ebenfalls ungern und drehen um.

Ich finde diese Methode ebenfalls zu teuer und in einigen Fällen haften die Bänder auch nicht fest am Material. Effektiver sind in meinen Augen Schneckenkragen und spezielle »Zäune«, die an Hochbeeten angebracht werden. Die Schnecken können sie nur schwer überwinden, weil sie kaum Halt daran finden und noch dazu über Kopf kriechen müssen. Allerdings kostet auch das Geld und vor allem die Plastikkragen sehen im Beet nicht gerade schön aus. Zu Hause bei meinen Eltern habe ich ein Hochbeet aus Cortenstahl. Dessen rostige Oberfläche hält Schnecken ebenfalls fern. Später im Jahr hängen jedoch die Kürbisse aus dem Hochbeet und dienen den Schnecken als Leiter, über die sie nach oben zu ihrer »Beute« gelangen.

Weil Schnecken keine trockenen und rauen Oberflächen mögen, hat auch Mulchen einen positiven Einfluss. Gerade über Stroh und Rindenmulch scheinen sie ungern zu kriechen – ideal, um Erdbeeren und Blumenbeete zu schützen.

Fazit: Letztendlich hilft am besten ein Mix aus verschiedenen Maßnahmen. Nur von Schneckenkorn sehe ich ab. Da müsste ich bei mir Massen ausbringen.

VÖGEL

Weil ich organisch dünge, locke ich damit einige Bodenlebewesen an wie Ameisen, Kellerasseln oder Regenwürmer. Gartenvögel lieben dieses Getier und suchen deswegen gerne direkt an den Pflanzen nach Futter. Leider holen sie dabei auch einige gesetzte Erdballen wieder heraus.

Aber nicht nur kleine Tierchen sind bei den Gartenvögeln beliebt. Immer wieder picken sie auch keimende Erbsen, Bohnen und Maiskörner aus der Erde. Und wenn die Pflanzen einmal wachsen, dann kommen die Tauben und tun sich an Blättern, Kohlköpfen und Maiskolben gütlich. Vor ein paar Jahren habe ich mal Getreide für eigenes Brot und Vogelfutter angebaut. Allerdings wollte ich das Getreide erst ernten und dann an die Wildvögel und Hühner verfüttern. Aber die Spatzen haben mir einen Strich durch die Rechnung gemacht und die reifen Ähren direkt vor Ort schnabuliert. Auch die schönen Sonnenblumenkerne werden meistens schon von irgendwelchen Vögeln aufgefuttert, ehe ich sie ernten kann.

Aber gibt es überhaupt etwas, was gegen Gartenvögel hilft? Kohl unter Netze zu packen wäre eine Möglichkeit. Sie schützen die Pflanzen gleich noch vor dem Kohlweißling, der gern seine Eier auf ihm ablegt und dessen Raupen alles ratzekahl fressen.

Meine Sonnenblumen sind zu einer Art Selbstbedienungsrestaurant für die Vögel in meinem Garten geworden. Für mich bleiben so gut wie keine Kerne übrig.

Ja, Vögel picken auch mal im Gemüsebeet. Das ist ärgerlich. Aber sie vertilgen dafür ja auch viele Schädlinge.

Erbsen säe ich mittlerweile etwas dichter und Erdballen setze ich tiefer in den Boden, drücke und gieße sie außerdem gleich an, für einen besseren Bodenschluss und -halt. Und den Getreideanbau habe ich mittlerweile aufgegeben. Es ist ein Riesenaufwand für ein paar Brote – und nur um Vogelfutter anzubauen, dazu ist mir der Platz zu schade.

Mein Vorteil ist, dass ich bei meiner Gartengröße selbst bei einem kleinen Verlust noch mehr ernte, als ich verbrauche. Das ist wie bei einem Kirschbaum: Ist der noch jung und trägt nur wenige Kirschen, möchte ich alle für mich. Aber wenn der Kirschbaum so groß und die Ernte so ertragreich ist, dass ich nie im Leben alles abernten und verarbeiten kann, dann stören mich auch die paar Vögel nicht, die sich an den Kirschen satt essen.

Ich kann mit dem Verlust mittlerweile leben. Aber wenn ihr das Maximum aus eurem Beet oder von eurem Obstbaum rausholen möchtet, empfehle ich eine Vogelscheuche oder gespannte Vogelschutznetze.

KANINCHEN

Sie sind in meinem Garten zwar die schlimmsten Fraßfeinde, aber dennoch herzlich willkommen: Kaninchen. Durch ein nah gelegenes Feld, viele umliegenden Wiesen, den Bach und die große Wallhecke finden sie rund um meinen Garten den perfekten Lebensraum. Wenn im Industriegebiet alle Feierabend haben, ich nicht mehr groß im Garten unterwegs bin und die Sonne langsam untergeht, kommen sie aus ihren Verstecken. Ich kann dann beobachten, wie sich die Kaninchengroßfamilie auf meinem Rasen satt futtert. Der Anblick ist wirklich toll – bis ich näher komme und sehe, dass es schon wieder eins der Kaninchen zu meinen Gemüsepflanzen geschafft hat.

Gerade im Frühjahr, wenn die Pflanzen noch klein und sattgrün aus der Erde kommen, sind die Kaninchen immer schnell dabei und fressen alles komplett zurück. In der Umgebung gibt es ja auch noch keine Alternativen: Die Wallhecke ist kahl, der Rasen wächst noch nicht und der Acker liegt brach. Da kommen meine Jungpflanzen natürlich gelegen! Später sind im Gemüsebeet vor allem Kohl und Salate beliebt. Paprika, Tomaten und Gurken, eigentlich alle Fruchtgemüse, werden dagegen in Ruhe gelassen.

Damit die Kaninchen nicht ans Gemüse kommen, habe ich es eingezäunt: In die Erde eingegraben und etwa einen Meter hoch zieht sich ein Hasenzaun direkt um mein Beet. Das klappt an sich gut, denn der Zaun ist unten noch dazu mit Rasen eingewachsen, sodass für die Kaninchen kein Durchkommen ist. Allerdings habe ich ein einfaches Zaunelement eingesetzt, um auch mit Fräse und Schubkarre in das Gemüsebeet zu kommen. Und genau an dieser Stelle quetscht sich eben immer wieder mal auch ein Kaninchen durch, besonders die kleinen im Frühjahr.

Sehr beliebt bei den Kaninchen sind auch meine Stauden. Die Rosen haben sie komplett zurückgefuttert und auch der Salbei kommt erst im Sommer so richtig durch. Meine Dahlien knabbern sie zwar nur an, dafür fressen sie aber die Rinde der Obstbäume stark zurück. Um dem vorzubeugen, habe ich mir aus dem Hasendraht eine Menge Schutzumrandungen gebaut, die ich um die Pflanzen stelle, damit sie erst einmal in Ruhe austreiben können. Die Baumstämme schütze ich mit einer Kunststoffmanschette, in der Löcher dafür sorgen, dass die Rinde weiter atmen kann.
Am allermeisten jedoch stören mich die Kaninchenbauten. Obwohl zum Beispiel die Tür des Gewächshauses immer zu war, kamen sie erst neulich wieder durch einen langen Tunnel mittenrein. Es wurde zwar keine Pflanze beschädigt. Aber ich fülle ungern guten Kompost auf meinen sandigen Boden auf, damit die Kaninchen mir dann wieder den staubtrockenen Sand nach oben buddeln. Im letzten Herbst, als ich die alten erfrorenen Pflanzen rausräumen wollte, bin ich dort, wo die Kaninchen unterirdisch entlanggelaufen sind, zweimal sogar richtig tief in den Boden eingesackt.

Auch eine Möglichkeit, Schädlinge und Vögel abzuhalten: die Kultur im Folientunnel oder Gewächshaus.

Das Wetter muss auch mitspielen

Neben der guten Pflege eurer Pflanzen spielt natürlich auch das Wetter eine Rolle für eine reiche Ernte. Es gibt zwar Zeiten, zu denen ist das Wetter ziemlich egal. Aber dann gibt's eben auch welche, da muss es auf den Punkt passen. Die Frage ist also: Bei welchem Wetter hat man den größten Erfolg im Garten und was kann man Positives aus den Wetterextremen ziehen?

Die ersten drei Monate im Jahr dürfen gerne so sein, wie sie wollen. Ein paar trockene Tage sind zwar durchaus sinnvoll, um gegen Ende des Winters den Gartenboden vorzubereiten und in die Saison zu starten. In dieser Zeit ist die Gartenarbeit allerdings noch überschaubar und es kommt nicht auf einen bestimmten Zeitpunkt an.

WETTER IM FRÜHLING

Spannend wird es bei mir erst ab Ende März, Anfang April, wenn die Jungpflanzenanzucht aus dem Haus in die Gewächshäuser zieht. Dann freue ich mich über überwiegend sonnige und warme Tage, die im Gewächshaus für um die 25 Grad sorgen, was für meine Jungpflanzen am besten funktioniert. Ende April sind die Pflanzen schon größer und in den Gewächshäusern wird es bei gutem Wetter schnell zu heiß. Das kann dazu führen, dass Pflanzen unter Stress verdursten und das Wachstum kurzzeitig einstellen, um sich regenerieren zu können. An manchen Tagen fahre ich dann zweimal zum Garten: Morgens öffne ich die Fenster und Türen vom Gewächshaus, damit es tagsüber nicht zu warm wird, und abends schließe ich sie wieder, um in den noch kühlen Nächten die Wärme drinnen zu halten.
Für die ersten Kulturen in den Beeten und für die Obstbäume hoffe ich immer auf ein mildes und nasses Frühjahr. Dann sprießt die Natur. Gerade Spätfröste führen zu sichtbaren Ernteeinbußen. Jungpflanzen kann man sich zu dieser Zeit zwar noch an jeder Ecke nachkaufen. Aber wenn die Blüten an den Obstbäumen erfrieren, ist die große Ernte schon mal dahin. Zu dieser Zeit muss das Wetter also stimmen.

Schon eine einzige frostige Nacht kann reichen und es ist vorbei mit der XXL-Ernte.

Auch wenn Mitte Mai die Tomaten, Paprika, Zucchini und Melonen nach draußen umziehen, entscheidet das Wetter mit. Dieses Jahr hatten wir zum Beispiel noch lange kalte Nächte und die meisten Pflanzen liegen momentan entwicklungsmäßig im Vergleich zu den Vorjahren zurück. Am Ende dieser Saison werden also viele unreife Früchte übrig bleiben, die nicht rechtzeitig ausgebildet wurden. Zudem war es im Frühjahr sehr trocken. Die Landwirte bewässerten ihre Felder und ich stand morgens früh oder abends spät im Garten und goss meine Pflanzen im Gewächshaus.

WETTER IM SOMMER

Hätte ich keinen Garten, könnte es für mich im Sommer nicht warm genug sein und zur Abkühlung würde ich einfach jeden Tag in den Swimmingpool springen. So aber wünsche ich mir zwar auch überwiegend Sonnenschein und Temperaturen von 22–28 Grad. Aber zwei Tage die Woche soll es dazu bitte einen sanften, langen Landregen geben. Für die Natur wäre das sicher das Beste. Für mein Gemüse auch. Nur leider gab es dieses perfekte Gartenwetter in den letzten Jahren selten.

Zu viel Regen macht den wenigsten Pflanzen etwas aus, zu viel Sonne schon.

Mal war es viel zu warm und trocken, dann wieder hörte es kaum auf zu regnen und die Felder und Wiesen standen unter Wasser. Während ich diese Seiten schreibe, hat es draußen 33 Grad. Bewässern ist in den Gewächshäusern erst nach 21 Uhr möglich. Die Bewässerungsanlage ist von 2–6 Uhr in verschiedenen Bereichen aktiv, damit die Pflanzen sich ordentlich mit Wasser vollsaugen können. Morgen sind bei 35 Grad dann Gewitter mit 30 Liter Regen angekündigt – und wahrscheinlich kommt danach wieder wochenlang nichts. Einerseits ermöglicht uns das warme Wetter den Anbau von Wassermelonen, Chilis, Erdnüssen, Bananen und jeder Menge weiterer exotischer Obst- und Gemüsearten. Paprika, Tomaten, Zucchini und Gurken funktionieren plötzlich auch im Freiland. Und Krankheiten wie Mehltau oder Krautfäule befallen die Pflanzen deutlich später. Andererseits muss ich mich viel mehr um den Garten kümmern, denn an derart warmen Tagen gieße ich täglich, nicht nur alle paar Tage wie sonst. Sonst stehen alle Gemüsepflanzen mit flachen Wurzeln überwiegend im Trockenen. Und wenn eine Pflanze nicht richtig mit Wasser versorgt wird, bleibt sie kleiner und bildet weniger Früchte.

NICHTS ERSETZT DEN REGEN

Regen ist ein Wachstumsbooster. Viele trockene Phasen, gerade zwischen April und Anfang Juni, sind dagegen ein Problem. Die Pflanzen haben dann noch recht kleine Wurzeln und sind deswegen auf tägliches Wasser angewiesen, um nicht einzugehen. Natürlich können wir ständig wässern und die Pflanze so mit Wasser versorgen. Aber Regentage sind auch wie eine Art

Pause für den Garten. Es regnet ja nicht nur, die Luftfeuchtigkeit ist ebenfalls hoch und der Himmel ist bedeckt. Keine Sonne lässt das Wasser verdunsten, und so kann sich die Natur erholen. Wenn diese Erholungstage fehlen, kommen wir mit dem Gießen kaum hinterher. Überlegt mal, wie es wäre, wenn wir den ganzen Tag lang Sport machen würden. Irgendwann ließe die Leistung nach, und so ist es auch bei unseren Pflanzen.
Wenn es deutlich zu nass ist, wachsen die üblichen Kulturen zwar überdurchschnittlich. Allerdings ist das Krankheitsrisiko für Tomaten, Gurken, Kürbisse und Melonen deutlich höher als normalerweise.

SCHUTZ VOR ZU VIEL SONNE

Nicht alle Pflanzen sind Sonnenanbeter. Einige benötigen ein wenig Schatten, um besser wachsen zu können. Leider habe ich mein Glashaus, als ich in den neuen Garten gezogen bin, denkbar ungünstig platziert. Es steht vor einer hellen weißen Hauswand an der Südseite, im Sommer hat es drinnen bis zu über 50 Grad. Weil das Pflanzengewebe ab etwa 42 Grad abstirbt und die Pflanze zu schwächeln beginnt, ist es also sinnvoll, ein Schattiernetz anzubringen oder Pflanzen zur Begrünung zu pflanzen.
Vor einigen Jahren hatte ich außen um das Gewächshaus Sonnenblumen gesät. Die kommen zum Sommer hin schnell hoch, kriegen große Blätter und spenden so den Pflanzen im Haus Schatten. Heute pflanze ich gerne Dahlien an mein Gewächshaus. Sie werden besonders dicht und locken mit ihren schönen Blüten gleich noch viele Insekten ins Gewächshaus.

SCHUTZ VOR WIND

Dass Pflanzen bei Sturm abbrechen und sich Scheiben aus dem Gewächshaus lösen, ist sicher keine Seltenheit. Alle Pflanzen im Gemüsebeet, die etwas größer werden, stütze ich daher mit einfachen Holzpfählen und binde sie mit Jutegarn daran fest.
Bei einem meiner Glashäuser werden die Scheiben mit Klammern eingesetzt. Die fliegen bei einem ordentlichen Sturm fast immer raus. Ein guter Tipp war, die Fugen zusätzlich mit Silikon abzudecken, dadurch halten die Klammern etwas mehr aus. Bei einem anderen Gewächshaus liegen die Platten in einem Rahmen. Dadurch haben sie keinen Spielraum und das Ganze ist sturmsicher. Besonders sturmgefährdet sind auch Folientunnel. Als ich nach dem Umzug in den neuen Garten die Folie aufzog, bekam ich den Tipp, von innen auf den Stangen Polster anzubringen, die dafür sorgen, dass die Folie bei Wind nicht über das Metall scheuert. Das war wirklich ein guter Ratschlag, ebenso wie die Folie von oben mit einem Spannseil zu straffen. Das Wichtigste aber ist, der Folie so wenig Spielraum wie möglich zu geben.

NACHTS
Welche Nachttemperaturen Pflanzen mögen, kann genauso variieren wie ihre sonstigen Ansprüche. Paprika, Melonen, Tomaten, Kürbisse und Gurken zum Beispiel lieben besonders warme Nächte. Nicht zu warm haben es gerne folgende Pflanzen: Grünkohl, Pak Choi, Salate, Mangold, Zwiebeln, Porree, Lauchzwiebeln, Radieschen und Rosenkohl.

originals studio

Erntezeit

Es ist Dienstagmorgen und ich fahre zu meinem Garten. Ich parke mein Auto direkt neben dem kleinen Holzhaus, in dem ich meine überschüssige Ernte verkaufe. Im Schatten des großen Ahornbaumes liegen Kartoffeln, Zucchini, Zwiebeln, Paprika, Hokkaido-Kürbisse und Pimientos-de-Padrón-Bratpaprika, die gestern Abend frisch geerntet wurden und nun in Kisten auf Kundschaft warten. Eine ältere Dame kommt gleichzeitig mit mir beim Garten an. Sie ist öfter hier, um sich frisches Gemüse abzuholen.

»Guten Morgen, sind Sie der junge Herr, der hier das Gemüse anbietet?«
Ich grüße höflich und stelle mich kurz vor. Sie erzählt mir, dass sie früher auch gerne im Garten gearbeitet und selbst viel Gemüse angebaut hat. Weil das heute aber aus gesundheitlichen Gründen nicht mehr möglich sei, freue sie sich, dass sie hier so schönes frisches Gemüse bekomme.
»Warum machen Sie das hier eigentlich alles?«, fragt sie mich. Ich überlege kurz. »Ich glaube, ich bin einfach sehr gerne im Garten und baue dabei immer zu viel an.« Ich merke, dass das noch nicht alles ist, und ergänze: »Es gibt so viele Sorten, die ich testen möchte, und wenn ich alles in großen Versuchen anbaue, bleibt eben eine Menge übrig.« Tatsächlich pflanze ich für zuverlässige Tests häufig deutlich mehr an, als ich für den Eigenbedarf brauche. Ich probiere dabei nicht nur verschiedene Sorten aus, sondern dünge und pflege die Pflanzen auch unterschiedlich und setze sie an verschiedene Standorte, um zu schauen, was wo am besten klappt.
Nachdem wir uns verabschiedet haben, gehe ich in den Garten. Auf dem Rasen liegt bereits vereinzelt Ahornlaub. Es ist seit einigen Wochen sehr trocken, und deswegen verlieren die Bäume in diesem Jahr recht früh die ersten Blätter. Wir haben Ende August und die Ernte läuft auf Hochtouren. In den Gewächshäusern strahlen farbenfroh die Paprika, im Folientunnel riecht es angenehm nach reifen Wassermelonen. Die Pflanzen sind allerdings krank, befallen von Spinnmilben, die Blätter trocknen immer weiter aus. Also ernte ich die letzten 26 Melonen ab. In diesem Jahr ist erstmals auch eine gelbe Sorte dabei, die mich geschmacklich aber nicht wirklich überzeugt.
Im Glashaus reifen die ersten Chilis ab, eine der Kulturen, die sehr spät dran sind. Die leuchtenden Früchte sind von Weitem zu erkennen. Das reicht wieder für eine große Portion Chilipulver, denke ich bei mir und freue mich.

Während der Erntezeit ist immer viel zu tun, aber die Arbeit macht dann noch mehr Spaß als sonst.

Lange Ernte

Bei Tomaten erstreckt sich die Erntezeit über mehrere Wochen. Und im Herbst könnt ihr die letzten grünen Früchte abernten und im Haus nachreifen lassen.

Im neu gebauten Gewächshaus stehen die Tomaten immer noch ganz gesund da, kein Anzeichen von Kraut- und Braunfäule. Ich bin begeistert von der kleinen braunen »Black Cherry«. Ich habe noch nie so vollhängende Rispen gesehen. Nur schade, dass die recht weichen Früchte schnell aufplatzen.
Im Freiland sehen die Tomaten schlechter aus: Einige Pflanzen haben Braunfäule, andere sind leicht vertrocknet. Wir hatten in diesem Sommer längere Trockenperioden, aber auch recht feuchte Phasen – beides ist nicht optimal für das Pflanzenwachstum.
Im Beet reifen neben den Tomaten aktuell auch Paprika, Maiskolben, Sonnenblumen, Süßkartoffeln und Melonen aus. Auf einem Stück keimen schon die Gründünger, die den Boden wieder fit machen sollen. Und an einer anderen Stelle wächst noch Wintergemüse – Wirsing, Lauch, Salate und Grünkohl.

WANN IST DIE ZEIT DES WARTENS VORBEI?

Wenn alles so am Wachsen ist, stellt sich natürlich direkt die Frage, wann geerntet wird. Bei einigen Gemüse fängt die Erntezeit schon im Mai an. Dann ist im Beet alles gepflanzt und erste Zucchini, Salate und Erbsen sind zeitnah reif. Die meisten Pflanzen brauchen Zeit – und wir Hobbygärtner somit Geduld. Die Haupterntezeit ist ab Mitte Juli und Mitte September.
Einige Gemüse, etwa Paprika, schmecken auch unreif im grünen Zustand. Ich ernte außerdem immer einige Paprika schon ab, wenn sie erst rund 80 Prozent ihrer Farbe erreicht haben, also noch leicht grün schimmern. Das habe ich mal im Urlaub gesehen und getestet – und entdeckt, dass sich so der unreife und reife Geschmack »vermengen«, was zu neuen leckeren Kombinationen führt.
Mais, Möhren, Salat und Zucchini schmecken besonders gut, wenn sie noch klein und zart sind. Hier gilt: Je früher sie geerntet werden, desto besser. Tomaten können wie Paprika notfalls auch grün geerntet werden und dann im Haus nachreifen, andere wie Grünkohl ruhig länger stehen bleiben. Es ist wichtig zu verstehen, dass alles im Garten seine Zeit hat.

VOM KLEINEN SAMENKORN ZUR XXL-ERNTE

Der Titel dieses Buches spiegelt ziemlich genau wider, was mich an dieser großen Ernte immer wieder aufs Neue fasziniert: Im Januar stehe ich mit einer Schachtel voller Saatguttütchen in meinem kleinen dunklen Kellerraum, draußen ist es kalt und ich plane im Warmen tagelang meine Gartensaison durch. Von Kultur zu Kultur suche ich mir meine Lieblingssorten heraus und überlege, welche davon ich diesmal im Gewächshaus anbauen werde und welche ins Beet oder ins Hochbeet kommen.
Mitte Mai werde ich in meinem Gewächshaus aus dem Saatgut dann schon ungefähr 3000 Pflanzen herangezogen haben. Und auch wenn viele davon

über meinen Pflanzenverkauf in die Umgebung gehen und nicht alle in meinem Garten heranwachsen, weiß ich: Aus diesen paar Samenkörnern werden Tonnen an Lebensmitteln entstehen. Ich ziehe im Frühjahr allein 600 Tomatenpflanzen vor. Am Ende der Saison liefert bei durchschnittlicher Ernte jede davon drei Kilo Tomaten. Das macht zusammen 1,8 Tonnen. Bei den Zucchini ist es ähnlich: Ich habe dieses Jahr 250 Zucchinipflanzen herangezogen. Bei durchschnittlich je vier Kilo Ernte habe ich eine Tonne Lebensmittel produziert. Selbst wenn ihr das auf ein einziges Beet in eurem Garten runterrechnet, ist also immer noch ein ordentlicher Ertrag möglich.

Es ist und bleibt für mich unglaublich faszinierend, Pflanzen aus Samen heranzuziehen und diese dann im Sommer und Herbst erfolgreich zu beernten. Für mich ist es das schönste Hobby der Welt: Man ist an der frischen Luft, schafft sehr viel mit seinen eigenen Händen, feiert kleine und größere Erfolge und am Ende hat man auch noch ganz viele gesunde Lebensmittel.

Ich wünsche euch allen viel Erfolg und eine große Ernte im eigenen Garten!

Ertragreiches Gartenjahr, gutes Gartenjahr! Nach der Ernte freue ich mich zwar auf die kurze Winterpause, noch mehr aber auf die nächste Saison.

Meine Empfehlungen

Bei diesen Herstellern und Händlern beziehe ich das meiste für meinen Garten.

SAATGUT

www.bobby-seeds.com
Für Kürbisse und Profisorten.

www.kiepenkerl.de
Für bewährte und moderne Sorten.

www.bingenheimersaatgut.de
Für samenfestes Saatgut.

www.reinsaat.at
Für schöne Biosorten.

www.sativa.bio
Für Besonderheiten.

GARTEN-ONLINESHOPS

www.bodenstaendig.shop
Für Dünger und Mikroorganismen.

samen-knieke.de
Für Gemüsesamen, Blumenzwiebeln, Pflanzkartoffeln und Exoten.

www.borago.de
Für Aussaatequipment und Gartenwerkzeuge.

ANZUCHT- UND GARTENERDE

www.floragard.de

GARTENDÜNGER

www.compo.de
Hat Guanodünger und geeignete Flüssigdünger.

cuxin-dcm.de
Bevorzuge ich für Rasendünger und mineralischen Dünger. Auf der Seite findet ihr auch viele Gartentipps.

oscorna.de
Bietet einen guten Bodenaktivator.

KOMPOST

Hole ich vom Kompostwerk, meistens gibt es den auch bei Zentraldeponien. Im Internet könnt ihr einfach nach »Kompost kaufen in (euer Ort)« suchen.

GEWÄCHSHÄUSER

www.kgt-gmbh.de
Hier gibt es hochwertige Gewächshäuser, Zubehör wie Gewächshaustische und auch eine gute Beratung.

fvg-shop.de
Neben verschiedenen Folientunneln könnt ihr hier auch nur Folien und Schutznetze kaufen.

Natürlich könnt ihr euer Gewächshaus auch selbst bauen. Eine Anleitung dafür findet ihr auf Seite 82–85.

BROADFORK UND PENDELHACKE

terradix.com
Mit zusätzlichen Infos zur Bodenbearbeitung.

Register

BILDNACHWEIS

Cover und U4:
Fotos: Sibylle Pietrek
Illustrationen: Shutterstock

Alle Bilder stammen von Sibylle Pietrek mit Ausnahme von:
AdobeStock: 34, 42, 45, 81-1, 101, 104, 105, 107, 125-3, 143-2, 154-3, 160-1, 172, 173, 202
Bobby Seeds/Uniseeds: 125-2, Bobby Seeds/Semo: 96-2, 149-1
Felix Wilming: 2-3, 8, 9, 11, 12, 15, 16, 19, 29, 35, 43, 52, 63, 64, 80-1, 80-2, 83 alle, 85 alle, 90-3, 91 alle, 97-1, 103-1, 108 alle, 109 alle, 111, 121, 123, 124-2, 130-1, 131-1, 131-3, 136-1, 137-1, 142-1, 143-1, 145, 148-1, 148-3, 154-1, 155-2, 157, 161-1, 164, 166-1, 167-1
FloraPress/Descat, Dominique: 167-3, FloraPress/Diez, Otmar: 163, FloraPress/Klaphake, Ute: 167-2, FloraPress/Meyer-Rebentisch, Dr. Karen: 51, 155-1, FloraPress/Vision Pictures: 96-1
Gartenbildagentur Friedrich Strauss/Steiner, Doris: 102-2
GAP Photos/Maddie Thornhill: 130-3, GAP Photos/Maxine Adcock: 142-2, GAP Photos/Nova Photo Graphik: 118-1, 137-2, 148-2, GAP Photos/Tim Gainey: 131-2
Getty Images: 80-3, 115
IMAGO/Avalon.red: 166-2, IMAGO/Hanna Wagner: 161-3
Nova Photos: 81-3
Sativa Rheinau, www.sativa.bio: 119-2, 149-3, 161-2, 166-3
Shutterstock: 96-3, 136-3, 146, 204, 206
Illustrationen Layout: AdobeStock, Shutterstock

DANKE

Als Erstes möchte ich mich natürlich bei euch bedanken: Danke, dass ihr mein Buch gekauft habt. Ich hoffe, ich konnte eure Erwartungen erfüllen und das Buch ist eine Motivation für euch, im Garten auch nach vermeintlichen Misserfolgen weiterzumachen.

Es war nicht einfach, beim schönsten Sommerwetter am Schreibtisch zu sitzen und zu schreiben – gerade für einen Hobbygärtner wie mich, der 1000-mal lieber im Garten ist, als am Bildschirm zu arbeiten. Immerhin hatte ich großartige Unterstützung – von Menschen, die mich immer wieder motiviert haben, die an diesem Buch mitgearbeitet haben und die im Garten geholfen haben.

Ich danke Julia Herko und dem GU-Verlag für die Unterstützung über die letzten Monate von der Idee bis zum fertigen Buch.

Vielen Dank an Sylvie Hinderberger für die Aufwertung der erstellten Texte und an Sibylle Pietrek für das Fotoshooting und die Bilder zum Buch.

Ein großer Dank geht auch an Niklas Jaske und an meinen Vater Wilfried für die Unterstützung bei der Gartenarbeit. Danke natürlich auch an meine Mutter Sylvia, an meine Partnerin Emely und an meine Schwester Hannah für all die guten Ratschläge, die dauerhafte Unterstützung und den Rückhalt.

Der Firma Heilen GmbH aus Lingen ein großes Dankeschön, dass ich die Wiese, auf der sich mein Garten befindet, nutzen darf.

Mit diesem Buch gedenke ich auch meiner bereits verstorbenen Uroma, mit der ich schon in jungen Jahren Gartenvögel beobachtet habe und mit Hühnern, einem Walnussbaum und Johannisbeersträuchern erste Gartenerfahrungen machen durfte.

ZUM AUTOR

Felix Wilming gärtnert schon, seit er mit zwölf Jahren im Garten seiner Eltern sein erstes eigenes Gemüsebeet angelegt hat. Mittlerweile – 13 Jahre später und um einiges reicher an Erfahrung – hat er sich auf knapp 2.500 Quadratmetern seinen Gartentraum samt Gewächshäusern, Hochbeeten, Hühnern und Obstbaumwiese erfüllt. Als Felix Hobby Garten teilt er seine Gartentipps mit zahlreichen Followern auf Instagram und YouTube.

Besuche Felix auf:

DIE BÜCHERMENSCHEN HINTER FELIX' PROJEKT

Verlagsleitung: Nadja Harzdorf-van Wickeren
Projektleitung: Julia Herko
Lektorat: Sylvie Hinderberger
Korrektorat: Christian Wolf
Cover: zero-media.net, München
Layout: kral&kral design, Dießen a. Ammersee
Bildredaktion: Petra Ender, Natascha Klebl (Cover)
Satz: Christopher Hammond
Herstellung: Gloria Gabriela Schlayer
Fotografie: Sibylle Pietrek
Reproduktion: Medienprinzen, München
Druck & Bindung: Firmengruppe Appl, aprinta GmbH, Wemding

Grillparzerstraße 8, 81675 München

www.gu.de/kontakt | hallo@gu.de

GU ist eine eingetragene Marke der GRÄFE UND UNZER VERLAG GmbH

1. Auflage 2026, ISBN: 978-3-8338-9967-6

WICHTIGER HINWEIS

Die Gedanken, Methoden und Tipps in diesem Buch basieren auf den Erfahrungen unserer Autorinnen und Autoren. Sie wurden nach bestem Wissen erstellt und mit größtmöglicher Sorgfalt geprüft. Weder die Autoren noch der Verlag können jedoch für eventuelle Nachteile oder Schäden, die aus den im Buch gegebenen praktischen Hinweisen resultieren, eine Haftung übernehmen.

LIEBE LESERIN, LIEBER LESER,

wie wunderbar, dass du dich für ein Buch von GU entschieden hast! In unserem Verlag dreht sich alles darum, dir mit gutem Rat dein Leben schöner, erfüllter und einfacher zu machen. Unsere Autorinnen und Autoren sind echte Expertinnen und Experten auf ihren Gebieten, die ihr Wissen mit viel Leidenschaft mit dir teilen. Und unsere erfahrenen Redakteurinnen und Redakteure stecken viel Liebe und Sorgfalt in jedes Buch, um dir ein Leseerlebnis zu bieten, das wirklich besonders ist. Qualität steht bei uns schon seit jeher an erster Stelle – jedes Buch ist von Büchermenschen für Buchbegeisterte gemacht, mit dem Ziel, dein neues Lieblingsbuch zu werden.

Deine Meinung ist uns wichtig, und wir freuen uns sehr über dein Feedback und deine Empfehlungen – sei es im Freundeskreis oder online.

Viel Spaß beim Lesen und Entdecken!

PS: Hier noch mehr GU-Bücher entdecken: www.gu.de

FÜR DIE UMWELT

Dieses Buch wurde auf PEFC-zertifiziertem Papier aus nachhaltiger Waldwirtschaft gedruckt. Aus Liebe zur Natur verwenden wir leichtes Papier.

WERDE TEIL DER GU-COMMUNITY!

Du und deine Familie, dein Haustier, dein Garten oder einfach richtig gutes Essen. Egal, wo du im Leben stehst: Als Teil unserer Community entdeckst du die neuesten GU-Bücher als Erstes, du genießt exklusive Leseproben und wirst mit wertvollen Impulsen und kreativen Ideen bereichert.

Worauf wartest du? Sei dabei!

www.gu.de/gu-community

WARUM UNS DAS BUCH BEGEISTERT

Mit Felix holst du das meiste aus deinem Garten heraus – seine Begeisterung für Gemüse ist einfach ansteckend!

Nadja Harzdorf-van Wickeren, Verlagsleitung